Dieter Ammon

Modellbildung
und Systementwicklung
in der Fahrzeugdynamik

Leitfäden der angewandten Mathematik und Mechanik

Herausgegeben von
Prof. Dr. Dr. h. c. mult. G. Hotz, Saarbrücken
Prof. Dr. P. Kall, Zürich
Prof. Dr. Dr.-Ing. E. h. K. Magnus, München
Prof. Dr. E. Meister, Darmstadt

Band 73

 B. G. Teubner Stuttgart

Modellbildung und Systementwicklung in der Fahrzeugdynamik

Von Dr.-Ing. Dieter Ammon, Stuttgart

Mit 85 Abbildungen

 B. G. Teubner Stuttgart 1997

Dr.-Ing. Dieter Ammon

Geboren 1961 in Grünstadt. Von 1980 bis 1985 Studium des Allgemeinen Maschinenbaus, 1989 Promotion an der Universität Karlsruhe (TH). Seit 1986 Mitarbeit im Ressort Forschung und Technik der Daimler-Benz AG, Stuttgart, von 1992 bis 1993 Leitung des strategischen Projekts Fahrzeugsicherheit, seit 1993 Leitung des Arbeitsgebiets Fahrzeugdynamik im Kompetenzzentrum Kybernetik und Simulation der Daimler-Benz AG. Arbeitsschwerpunkte: Analyse des Gesamtsystems Fahrer–Fahrzeug–Umgebung, problemspezifische Modellierung und Simulation mechatronischer Systeme, Fahrdynamik-Design.

Modellbildung und Systementwicklung in der Fahrzeugdynamik

Von der Fakultät für Maschinenbau der Universität Karlsruhe (TH) angenommene Habilitationsschrift

von Dr.-Ing. Dieter Ammon aus Remseck-Neckargröningen

Tag des Habilitationskolloquiums: 9. Juli 1996

Habilitationskommission:
Vorsitz: Prof. Dr.-Ing. U. Spicher
Referenten: Prof. Dr.-Ing. R. Gnadler
             Prof. Dr.-Ing. F. Mesch
             Prof. Dr.-Ing. W. Wedig

Die Deutsche Bibliothek – CIP-Einheitsaufnahme

Ammon, Dieter:
Modellbildung und Systementwicklung in der Fahrzeugdynamik / von
Dieter Ammon. – Stuttgart : Teubner, 1997
   (Leitfäden der angewandten Mathematik und Mechanik ; Bd. 73)
   Zugl.: Karlsruhe, Univ., Habil.-Schr., 1996
   ISBN 3-519-02378-4 Gb.

© B. G. Teubner, Stuttgart 1997

Printed in Germany
Druck und Bindung: Zechnersche Buchdruckerei GmbH, Speyer

Vorwort

Aufgrund des verstärkten Einsatzes elektronischer Regelungssysteme im Kraftfahrzeug gewinnt die Modellbildung und Simulation im Bereich der Fahrzeugdynamik und der Fahrzeugmechatronik zunehmend an Bedeutung, wenn es darum geht, die komplexen Wechselwirkungen des Systems Fahrer-Fahrzeug-Umgebung zu analysieren, zu verstehen und mit Hilfe regelungstechnischer Systemkonzepte zu optimieren. Dabei steht das Auffinden geeigneter Modellformulierungen im Vordergrund, welche die teilweise komplizierten nichtlinearen Aspekte der Fahrzeug- und Komponentendynamik wiedergeben können, gleichzeitig aber überschaubar und aus der Anschauung nachvollziehbar sind.

Die Analyse in diesem Buch konzentriert sich auf die Dynamik des Fahrzeugs, die für das Fahrverhalten wesentlichen Eigenschaften des Reifens sowie die Aktuatorik moderner Bremsregelungen. Damit wird sowohl die Untersuchung multidisziplinärer Subsysteme mit teilweise hochdynamischen elektromechanischen und hydraulischen Komponenten als auch die simultane Behandlung unterschiedlicher Wirkungsebenen diskutiert. Der Schwerpunkt der Betrachtung liegt stets auf der Erarbeitung der grundlegenden physikalischen Wirkmechanismen und deren direkter Umsetzung in mathematische bzw. algorithmische Modelle. Dadurch entsteht eine umfangreiche Modellbibliothek für die verschiedenen Aspekte des Fahrzeugverhaltens, die sowohl die klassischen Betrachtungsweisen – Längs-, Quer- und Vertikaldynamik – als auch die Analyse komplexer Fahrmanöver mit unterschiedlichen Wirkungsbeiträgen des Fahrzeugs und seiner Subsysteme effizient unterstützt.

Im Zusammenspiel mit dem Fahrversuch und detaillierten Fahrdynamiksimulationen erhält man die Möglichkeit, die entscheidenden Effekte einer gegebenen Problemstellung zu identifizieren und einer gezielten Optimierung zuzuführen. Das Konzept wird anhand der Themenschwerpunkte Fahrzeugbewertung und Fahrzeugregelung ausführlich erläutert. Aufgrund der Flexibilität hinsichtlich Modelltiefe und -umfang gelingt es, sowohl einfache Standarduntersuchungen als auch komplizierte fahrdynamische Fragestellungen, wie z.B. die Auslegung von Querdynamikregelungen, auf einfache und anschaulich interpretierbare Darstellungen zurückzuführen, ohne die quantitative Gültigkeit der Ergebnisse aufgeben zu müssen.

Auf dieser Grundlage werden verschiedene Systemkonzepte aus den Bereichen modellgestützte Meßdateninterpretation und -aufbereitung sowie Längs- und Querdynamikstabilisierung diskutiert. Die konsequente Orientierung an physikalischen Modellformulierungen führt hier auf vergleichsweise einfache, aber hocheffiziente Funktionsmodule, wie am Beispiel einer indirekten Schwimmwinkelmessung und anhand alternativer Bremsregelsysteme gezeigt wird. Ferner kommt zum Ausdruck, daß die modellbasierte Analyse in bestimmten Fällen auch direkte Ansätze zur Verbesserung der Systemstruktur bzw. seiner dynamischen Eigenschaften offenbart.

Die dargestellten Analysekonzepte können die vertiefende universitäre Ausbildung unterstützen sowie im Kontext industrieller Anwendungen wichtige Beiträge zum Verständnis fahrdynamischer Problemstellungen und zur Aufarbeitung des systemtechnischen Hintergrunds liefern.

Viele Ideen und Lösungsansätze dieses Buches sind aus aktuellen Fragestellungen der Fahrzeugforschung in der Daimler-Benz AG hervorgegangen. Eine Reihe von Kollegen – insbesondere die Herren Prof. Dr. rer. nat. M. Gipser, Dr.-Ing. J. Rauh und Dr.-Ing. B. Strackerjan – haben durch Ansporn, Diskussionsbereitschaft und viele wertvolle Anregungen wesentlich zum Gelingen beigetragen, wofür ich herzlich danken möchte! Ebenso richtet sich mein Dank an meine Vorgesetzen, Herrn G. Häfner, Herrn Dr.-Ing. M. Krämer sowie Herrn Prof. Dr.-Ing. H. Weule für die Schaffung der für eine solche Ausarbeitung erforderlichen Rahmenbedingungen, allem voran ein kooperatives Arbeitsklima und herausfordernde Projektaufgaben. Schließlich möchte ich meinen Referenten, den Herren Prof. Dr.-Ing. R. Gnadler, Prof. Dr.-Ing. F. Mesch und Prof. Dr.-Ing. W. Wedig für Ihre stete Unterstützung sowie eine Vielzahl wichtiger Hinweise danken.

Remseck-Aldingen, im März 1997   Dieter Ammon

Inhalt

1 Motivation

Gemessen an der Zahl der beteiligten Forscher und Ingenieure gibt es vermutlich kein anderes technisches System, welches so intensiv und detailliert erprobt, analysiert und dokumentiert ist wie das Kraftfahrzeug. Auf den ersten – zugegebenermaßen etwas oberflächlichen – Blick scheinen diese Anstrengungen nicht so recht greifen zu wollen, denn nach wie vor sind wichtige Fragen der Fahrzeugkonzeption offen: Etwa, wie muß das Fahrzeugverhalten bzw. das Fahrwerk gestaltet werden, damit den zentralen Kriterien – maximale Sicherheit, kundengerechter Komfort und akzeptable Kosten – Rechnung getragen wird? Oder, welche Antriebstechnik erfüllt die Forderungen nach maximaler Ressourcenschonung, Ökonomie und Dynamik – im Sinne der Gesamtsystemsicherheit – am besten?

Problemstellungen dieser Art sind geradezu typisch für das Dilemma der Fahrzeugtechnik, insbesondere der Fahrzeugdynamik: Erkenntnisse und Forschungsergebnisse zu einzelnen Themen liegen vor und werden stetig erweitert und vertieft. Es scheint jedoch ungleich schwieriger zu sein, die Bausteine dieses „Puzzles" zusammenzufügen, als einzelne Segmente dessen zu beleuchten (vgl. z.B. [151]). Die Ursachen hierfür mögen vielschichtig und kompliziert sein. Im Vergleich zu anderen technischen Produkten treten zwei Aspekte besonders hervor: Der Grad und Umfang der Interaktionen und Abhängigkeiten ist bei dem System Fahrer-Fahrzeug-Umgebung außerordentlich hoch, die Selektion und Vorkonditionierung der beteiligten Personen aber minimal. Zum zweiten ist die technologische Optimierung des Produkts „Fahrzeug" sehr weit fortgeschritten, so daß es den wissenschaftlichen Institutionen nur durch intensiven Kontakt mit der Fahrzeugentwicklung gelingt, den Innovationsfluß zeitgerecht zu vermitteln [27, 103, 136].

Im Bereich der aktiven Fahrsicherheit ist das Problem der ganzheitlichen Bewertung und Optimierung des Systems Fahrer-Fahrzeug-Umgebung seit Jahren Gegenstand intensiver Diskussionen [54, 56, 118]. Im Mittelpunkt des Interesses stehen dabei häufig herausragende technische Verbesserungen des Fahrzeugverhaltens, die entweder durch Innovationen der konventionellen Fahrwerkstechnik (vgl. z.B. [106]) oder durch die Applikation von Regelungssystemen erreicht wurden [37, 105, 127, 157, 171]. Beide Entwicklungsrichtungen verfolgen das Ziel, das Fahrzeugverhalten für den Fahrer leichter vorhersehbar und fehlertoleranter zu machen, um die Interaktionen zwischen Fahrer und Fahrzeug zu verbessern und dadurch die Sicherheit des Gesamtsystems wirksam zu steigern [151].

Sieht man von den gleichfalls wichtigen, übergeordneten Fragestellungen – wie sich z.B. eine bestimmte Fahrerpopulation mit technisch verbesserten Fahrzeugen im realen Verkehrsgeschehen verhalten wird, oder welche Verhaltensänderungen durch technische Modifikationen hervorgerufen werden können [16, 52, 57] – ab, so gestaltet sich bereits die Beurteilung des Fahrzeugverhaltens selbst als äußerst schwierig. Zwar liegen vielfältige und allgemein anerkannte Verfahren zur Fahrverhaltensanalyse vor [134, 135, 136], deren relative Gewichtung und die Vollständigkeit des Methodenkatalogs sind jedoch nach wie vor in Diskussion.

Ein zusätzliches Indiz für die bestehenden Unsicherheiten kann im steten Erscheinen neuer Bewertungsansätze für das Fahrzeug- und Komponentenverhalten gesehen werden [12, 40, 32, 104, 121, 123]. Weitaus gravierender erscheint jedoch die Tatsache, daß die Fahrzeugentwicklung auch heute, nachdem sowohl anerkannte objektive Bewertungsmethoden vorliegen als auch leistungsfähige Simulationsinstrumente zur Verfügung stehen [122, 128, 146, 155], aufwendige und umfangreiche Fahrversuche durchführen muß, wenn konzeptionelle Veränderungen am Gesamtfahrzeug oder an Fahrzeugkomponenten zuverlässig untersucht und ganzheitlich bewertet bzw. „optimiert" werden sollen.

Dabei ist unbestritten, daß der Fahrversuch zur Generierung verläßlicher Informationen über die realen Fahrzeugeigenschaften und zur abschließenden Beurteilung dieser unverzichtbar ist. Aufgrund der stets vorhandenen Fahrer- und Umwelteinflüsse, die die Aussageschärfe an sich einschränken, und des großen technischen Aufwands im Kontext parametrischer Variationen, sind Systemoptimierungen auf Versuchsbasis unter den gültigen Effektivitäts- und Effizienzanforderungen kaum noch zu rechtfertigen. Hier gerät der ansonsten unschätzbare Vorzug des Fahrversuchs, stets das Gesamtsystem mit all seinen spezifischen Effekten betrachten zu können, zum operativen Handicap, denn eben diese Eigenschaft macht es in praxi sehr schwierig, die dominanten Einflußgrößen zu lokalisieren und gezielt – im Sinne der vorliegenden Problemstellung – zu untersuchen, da die Ergebnisse vielfach durch Sekundäreffekte und latente Wechselwirkungen gestört werden.

Ein Ausweg aus diesem Dilemma wird im verstärkten Einsatz von Simulationswerkzeugen gesehen. Vor allem in den Konzeptions- und den frühen Entwicklungsphasen eines Fahrzeugs können durch simulationsbasierte Gesamtfahrzeuganalysen Potentialaussagen getroffen und richtungsentscheidende Bewertungen abgegeben werden; – zu einem Zeitpunkt, zu dem das Fahrzeug noch nicht in Hardware verfügbar, der gestalterische Freiraum zur Optimierung der Eigenschaften und zur Reduktion der Produktkosten aber noch vergleichsweise groß ist. Um diesem Anspruch gerecht zu werden, muß eine Modelltechnik entwickelt werden, die sich auf die dominanten physikalischen Effekte konzentriert und infolgedessen mit möglichst wenig Detailinformation über das betrachtete Fahrzeug auskommt.

Aufgrund der zentralen Bedeutung für die Produktentwicklung sind auch hierbei i.a. keine, zumindest keine generellen Beschränkungen der Nachbildungsgüte tolerierbar, denn unpräzise Modelle würden einerseits die Verwendung verfügbarer exakter Versuchsergebnisse erschweren, andererseits aber auch zu kaum überschaubaren Fehlerwirkungen in den Gesamtsystembeurteilungen führen.

Auf dem Wege zur Entwicklung in diesem Sinne geeigneter Simulationsmodelle erscheint es hilfreich, auf die speziellen Problemstellungen der Fahrdynamikanalyse und -bewertung einzugehen, verkörpern sie doch die systemimmanenten Rahmenbedingungen, denen das Fahrzeugverhalten – und folglich auch dessen Beschreibung – unterliegt. Als Kernprobleme einer ganzheitlichen Analyse sind folgende Punkte hervorzuheben:

1. Die Fahrzeugeigenschaften werden wesentlich durch starke nichtlineare Effekte bestimmt. Beispiele hierfür sind u.a. das Kraftübertragungsverhalten der Reifen oder der gezielte konstruktive Einsatz verteilter Elastizitäten in der Radführung, um die Fahrzeugeigenschaften in unterschiedlichen Betriebszuständen zu optimieren (vgl. [106]).

2. Die Anforderungen an das Fahrzeugverhalten sind sehr vielschichtig und teilweise widersprüchlich (vgl. [151]). Letzteres kommt z.B. in dem häufig diskutierten Designkonflikt zwischen Komfort- und Sicherheitseigenschaften zum Ausdruck. Eine der wesentlichen Ursachen dürfte in den Unsicherheiten hinsichtlich der Fähigkeiten und Grenzen des Fahrers [41, 118, 123] sowie der vielfältigen Umwelteinflüsse (z.B. Fahrbahnbelag, Wind, etc.) [42, 61, 66] zu sehen sein, denn diese Faktoren nehmen im Rahmen ihrer natürlichen Streubänder erheblichen Einfluß auf die Eigenschaften des Gesamtsystems Fahrer-Fahrzeug-Umgebung.

3. Aufgrund des breiten Anforderungsspektrums und der technischen Fortschritte hat sich das Fahrzeug selbst zu einem hochkomplexen System entwickelt, dessen Verhalten nicht nur durch mechanische Bauelemente, sondern mehr und mehr durch elektronische Regelungen und elektrische, hydraulische bzw. pneumatische Aktuatoren dominiert wird [127, 157, 105].

4. Zudem ist stets zu berücksichtigen, daß eine Reihe wichtiger Fahrzeugparameter im Betrieb und während der Nutzungsdauer mitunter erheblichen Änderungen unterliegen, etwa die Beladung oder der Reifenluftdruck. Zur Diskussion steht somit eine Klasse von Systemen gleicher Struktur, deren Parameter in gewissen Intervallen variieren können.

Die Konsequenzen dieser schwierigen Rahmenbedingungen sind für die Fahrzeugentwicklung wenig förderlich. So ist man aufgrund der unscharfen Einsatzbedingungen stets bestrebt, eine möglichst geringe Sensitivität der Fahrzeugeigenschaften gegenüber Umgebungseinflüssen und Verhaltensmustern unterschiedlicher Fahrer zu erreichen, muß diese aber nicht nur im Rahmen der gängigen

Testmethoden [134], sondern auch für eine Vielzahl weiterer Extremalkonfigurationen verifizieren. Die im Fahrverhalten teilweise dominanten Nichtlinearitäten lassen es jedoch nicht zu, von einem bekannten Betriebszustand in einfacher (linearer) Weise auf grundsätzlich andere Operationsbereiche zu schließen. Folglich ist es erforderlich, stets mehr oder minder vollständige Beschreibungen des Fahrzeugverhaltens *und* der zugehörigen Betriebsbedingungen zu diskutieren bzw. zu verifizieren, was im Rahmen der Komplexität heutiger Fahrzeuge zwar möglich ist (vgl. [122]), aber zum einen erhebliche Modellierungs- und Versuchsaufwände erfordert und zum anderen häufig in unbefriedigende – weil schwer interpretierbare – Ergebnisse mündet. Diese Situation wird durch die parametrischen Unschärfen des Fahrzeugs zusätzlich erschwert.

Die Gesamtproblematik läßt sich auflösen, wenn es gelingt, konsistente Systembeschreibungen zu entwickeln, die hinsichtlich Modellierungstiefe, -umfang und -genauigkeit flexibel an die jeweils vorliegende, konkrete Fragestellung angepaßt werden können. Grundlage hierfür sind die bekannten phänomenologischen Ansätze zur Nachbildung der Fahrzeugdynamik [102, 124, 125, 175] und der Fahrzeugkomponenten. Daraus läßt sich in Verbindung mit Konzepten und Überlegungen aus dem Feld der detaillierten Modellierung [4, 64, 122, 129, 133] eine „Familie" kompatibler Modellbausteine entwickeln, welche die spezifischen dynamischen Effekte und Interaktionen einzelner Komponenten hinreichend genau wiedergeben, ansonsten aber so einfach wie möglich gestaltet sind.

Im folgenden wird diese Vorgehensweise anhand ausgewählter Fragestellungen der Gesamtfahrzeug-, Reifen- und Bremsendynamik systematisch erarbeitet. Dabei zeigt sich, daß die jeweils dominanten Wirkungselemente aus dem Gesamtfahrzeugverhalten isoliert und in konsistente Teilmodelle überführt werden können. Umgekehrt läßt sich belegen, daß problemspezifische Kombinationen einfacher Modellansätze durchaus in der Lage sind, dieselben Aussagen und Genauigkeiten zu erreichen, wie man dies von detaillierten Gesamtfahrzeugsimulationen gewohnt ist. Da problemspezifische physikalische Modellansätze die relevanten nichtlinearen Effekte beinhalten, können Aussagen für beliebige Betriebszustände getroffen werden. Verifikationen sowie ggf. notwendige Modellerweiterungen sind durch Vergleiche mit detaillierten Gesamtfahrzeugsimulationen leicht und sicher durchführbar. Man erhält somit die Möglichkeit, spezifische Beschreibungen der Fahrzeug- und Systemdynamik zusammenzustellen, die ausschließlich diejenigen physikalischen Effekte beinhalten, die im Sinne der vorliegenden Fragestellung von Bedeutung sind. Dadurch gelingt es, Analysen und Systementwicklungen stärker auf die relevanten Parameter und Interaktionen zu konzentrieren, womit die Bewertung und Optimierung von Fahrzeug- und Regelungskonzepten wesentlich erleichtert wird. Das Potential der modellgestützten Synthese wird schließlich anhand neuer Ansätze zur Überwachung und Regelung des Fahrzustands aufgezeigt.

2 Zur Analyse des Systems Fahrer-Fahrzeug-Umgebung

Gemessen an der Vielfalt heutiger Fahrzeugbauformen und -konzepte erscheint das Anpassungsvermögen und die Flexibilität des Menschen als Fahrzeugführer nahezu unbegrenzt. In Anbetracht der zudem sehr unterschiedlichen Umgebungsbedingungen – etwa Regen, Gegenlicht oder Eisglätte – und der Vielschichtigkeit der Fahraufgabe an sich, von der elementaren Spurhaltung bis hin zur Navigation im komplexen Umfeld – entsteht gar der Eindruck, daß das Leistungsvermögen des Menschen bereits auf dem sehr engen Sektor der Fahrzeugführung erheblich größer ist als jenes entsprechender technischer Führungssysteme, die gerade in der Forschung und Entwicklung erdacht bzw. erprobt werden.

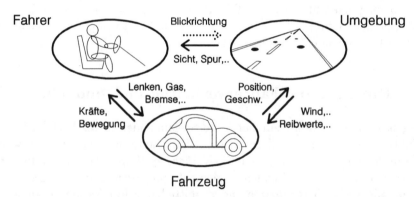

Abb. 2.1: Komponenten und Interaktionen des verallgemeinerten Regelkreises Fahrer-Fahrzeug-Umgebung.

In Bezug auf das Leistungspotential wird der Mensch wohl auch künftig hochspezialisierten technischen Systemen überlegen sein. – Zur Analyse und Erklärung von Unfallereignissen ist jedoch nicht das grundsätzliche Vermögen zur sensorisch, kognitiv und operativ „richtigen Handlung" entscheidend, sondern vielmehr die Fähigkeit, die verfügbaren Ressourcen rechtzeitig und wirksam zum Einsatz zu bringen. Für die Fahrzeugentwicklung bedeutet dies, daß die Wirksamkeit bzw. der Sicherheitsbeitrag eines Subsystems i.d.R. nicht lokal und anhand technischer Kriterien beurteilt werden kann. Vielmehr muß stets der vollständige Wirkungszusammenhang, wie sich z.B. ein repräsentatives Fahrerkollektiv mit entsprechend modifizierten Fahrzeugen im realen Straßenverkehr verhalten würde, beleuchtet und hinterfragt werden. Im folgenden wird versucht, die daraus erwachsenden Fragestellungen zu systematisieren und im Hinblick auf die hier im Vordergrund stehenden fahrdynamischen Problemfelder aufzubereiten.

2.1 Relevanz der Systemkomponenten

Aus der Perspektive der Fahrzeugentwicklung ist man stets versucht, das Fahrzeug als wichtigsten, wenn nicht zumindest interessantesten Teil der Wirkungskette Fahrer-Fahrzeug-Umgebung zu begreifen [57]. Dem ist insofern zuzustimmen, als das Fahrzeug selbst den gestalterischen Rahmen für Weiterentwicklungen und Innovationen mehr oder minder vollständig absteckt und zudem – durch den Entwickler – unmittelbar erreicht und verändert werden kann. Die anderen Komponenten, Fahrer und Umgebung, geraten in diesem Zusammenhang leicht in die Rolle „ungeliebter Störfaktoren", die das Erreichen der gesteckten Entwicklungsziele erschweren. – De facto liefern diese beiden Systemkomponenten sowohl die Rahmenbedingungen als auch die Testkriterien, unter welchen sich jede technische Weiterentwicklung zu bewähren hat. Sie sind damit von gleicher Wichtigkeit wie die zu beurteilende Neuerung selbst!

2.2 Fahraufgabe, Fahrerverhalten und -modelle

Im Gegensatz beispielsweise zur Luft- und Seefahrt oder zu vergleichbar komplexen industriellen Aufgabenstellungen wird von praktisch jeder Person erwartet, daß sie in der Lage ist, ein Fahrzeug im Verkehr zu führen. Die Ausbildung zum Führerschein und die begleitenden Reglements tangieren letztlich nur ein Minimum von allgemein überprüfbaren und vermittelbaren Interaktionsvoraussetzungen, etwa die Sehfähigkeit, die Verkehrsregeln und die Fahrtüchtigkeit. Daher ist a priori klar, daß die am Straßenverkehr beteiligten Personen i.a. sehr verschiedene Fähigkeiten und Praktiken entwickeln, um die Aufgabe der Fahrzeugführung zu bewältigen [57].

2.2.1 Fahrzeugführung und Fahrzeugabstimmung

Umgekehrt entsteht daraus für die Fahrzeugkonzeption das Problem, Gestaltungsformen zu finden, die es auch individuell sehr verschieden reagierenden Fahrzeugführern gestatten, akzeptabel bzw. gut mit einem bestimmten Fahrzeugtyp zurechtzukommen. Als Beispiel sei hier das Ansprechverhalten und die

Verstärkung der Bremsen genannt: Offensichtlich muß die Bremsanlage so ausgelegt sein, daß einerseits auch der schwächste und zaghafteste Fahrer eine Vollbremsung auslösen kann. Andererseits müssen kräftige und unbekümmerte Fahrer stets in die Lage versetzt werden, wohldosierte und gezielte Verzögerungskräfte einleiten zu können, auch und vor allem im Zusammenhang mit winterlichen Umgebungsbedingungen. Ob sich beide Forderungen für eine gegebene Fahrerpopulation tatsächlich umsetzen lassen, ist zunächst nur durch Erfahrungswissen oder durch empirische Untersuchungen zu klären.

Im konkreten Fall der Bremsenabstimmung kommt der Technik das Anpassungsvermögen des Menschen – eine weitere Unsicherheitsgröße – entgegen. D.h. die Regelsensibilität kräftiger Fahrer ist ausreichend, um auch komfortable, hochverstärkte Bremsanlagen hinreichend fein dosieren zu können. (Man kann diesen Effekt leicht verifizieren, wenn man das Bremspedal (vorsichtig!) mit dem linken Fuß zu bedienen versucht.) Bei der Bremsenauslegung kann das Hauptaugenmerk folglich auf die Gruppe der physisch schwächeren Fahrer gelegt werden, was zu entsprechend großen Verstärkungsfaktoren führt.

Das obige Beispiel macht deutlich, daß nicht nur die elementaren Eigenschaften der Fahrer, sondern auch deren Adaptionsvermögen in die Fahrzeugauslegung einzubeziehen ist. Als weitere Streuparameter kommen individuelle Änderungen der „Tagesform" (Müdigkeit, Nervosität, etc.) sowie regionale und landesspezifische Gegebenheiten hinzu. Letzteres gilt z.B. für die Vereinigten Staaten, deren Fahrzeugpopulation im Vergleich zu Zentraleuropa insgesamt komfortorientierter ist und daher u.a. deutlich stärkere Servounterstützungen bei der Lenkung aufweist. Dementsprechend laufen vor allem Südeuropäer, die eine tendenziell rustikalere Aktuatorik gewohnt sind, Gefahr, zu heftig in die Lenkung einzugreifen, wenn sie ein US-amerikanisches Leihfahrzeug zu führen haben. Um den daraus erwachsenden Kompatibilitätsproblemen zu entgehen, dürfen die funktionalen Unterschiede zwischen Fahrzeugen grundsätzlich nicht allzu groß sein. Dies bedeutet weitere Einschränkungen für die Gestaltungsfreiheit der Fahrzeugentwickler.

2.2.2   Beschreibung der Fahrereingriffe

Aufgrund der kaum überschaubaren Variationen im Fahrerverhalten wurde bereits vor Jahren versucht, die Eigenschaften des Fahrers und seine Handlungsstrategien beim Bewältigen der Fahraufgabe durch geeignete Modelle zu beschreiben und nachzubilden. In diesem Zusammenhang erscheinen vor allem die Arbeiten von Fiala [54, 56] und Panik [118] sowie die algorithmisierten und verifizierten Fahrermodelle von Reichelt [123], Chen [34], Riedel [128] und Bösch [26] erwähnenswert.

Allgemein geht man davon aus, die Führungsaufgabe in verschiedene Handlungs-ebenen aufspalten zu können, die sich aus der Komplexität der Operationen bzw. der Größe des Wirkungsumfelds ableiten. Die niedrigste Stufe der Fahr-zeugführung betrifft dabei die elementaren Eingriffe zur Spur- und Abstands-bzw. Geschwindigkeitshaltung. Sie wird im wesentlichen – auf der Basis von Er-fahrungen – unterbewußt ausgeführt. Der Fahrer reagiert hier auf geänderte Um-gebungsbedingungen vorwiegend im Sinne einer klassischen Steuerung, indem er Abweichungen nach einem gegebenen, vorher erlernten Handlungsschema korri-giert. Das schließt sowohl einfache, störungsäquivalente Reaktionen als auch an-tizipatorische Verhaltensmuster, wie z.B. Lenkeingriffe am Anfang einer Kurve, ein.

2.2.3   Verhalten in kritischen Situationen

Stellen sich nun größere Diskrepanzen zur erwarteten Fahrzeugreaktion ein, wurde also z.B. die gewünschte Position in der Fahrspur nicht erreicht, so kommen zusätzliche, teilweise sehr schnelle, regulative Eingriffsmuster zum Tragen. Das Ziel dieser Manöver ist es, möglichst rasch einen (vermeintlich) sicheren Fahr-zustand herzustellen. Da derartige „echte" Regeleingriffe häufig im Zusammen-hang mit Gefahrensituationen auftreten und entsprechend heftig ausfallen, ist die erreichte Regelgüte mitunter sehr mäßig. Das liegt jedoch weniger am be-grenzten Vermögen des Fahrers, Störungen des gewünschten Fahrzustands direkt auszuregeln, als vielmehr an den Eigenschaften des Fahrzeugs selbst [151]. Letz-tere ändern sich teilweise gravierend, wenn man den gewohnten Bereich kleinerer bis mittlerer Kraftschlußbeanspruchungen verläßt und im Grenzbereich operiert. Dadurch ist die Korrespondenz zwischen dem tatsächlichen Verhalten des Fahr-zeugs und den Erwartungen, die der Fahrer aufgrund eigener Modellvorstellungen mit seinem Eingriffsmuster verbindet, massiv gestört. Folglich führen sowohl rein steuernde als auch eher regelungstypische Eingriffe in Gefahrensituationen nicht direkt oder nur unzureichend zu dem angestrebten Fahrzustand, was wiederum weitere stabilisierende Korrekturen erfordert.

Einen überzeugenden Hinweis auf derartige „Dissonanzen" liefern die Unfallunter-suchungen von Langwieder und Danner [91]. Die Autoren zeigen, daß ein erhebli-cher Teil der Alleinunfälle mit einem sog. „verlängerten Reaktionsweg" verbunden ist. In diesen Fällen haben die Fahrer mehrmals – in einer Sequenz von Einzel-eingriffen – versucht, ihr Fahrzeug zu stabilisieren, konnten die Unfallgefahr aber letztlich nicht abwenden. Daher ist anzunehmen, daß größere Abweichungen zwi-schen dem tatsächlichen und dem erwarteten Fahrzeugverhalten bestanden und daß es dem Fahrer während des Unfallablaufs nicht möglich war, sich in ausrei-chendem Umfang auf die vorliegenden Fahrzeugeigenschaften einzustellen.

Heutige Fahrermodelle, die das Verhalten von mehr oder minder durchschnittlichen Verkehrsteilnehmern beschreiben, beinhalten i.d.R. einfache mathematische Fahrzeugmodelle, welche durch mitlaufende oder vorgeschaltete Identifikationsverfahren auf das verwendete Fahrzeug abgestimmt werden können. Die Mechanismen, die in praxi beim Erlernen und Trainieren der Fahrzeugeigenschaften wirksam werden, sind jedoch noch weitgehend ungeklärt. Hinweise auf die Komplexität der damit verbundenen Prozesse geben z.B. die Untersuchungen von Färber [52] oder Förster [57]. Trotzdem sind einfache Fahrzeugmodelle im Rahmen der Fahrermodellierung unverzichtbar, wenn man die Regelqualität – beispielsweise bezüglich des Abstands zum Vorausfahrenden oder hinsichtlich der Abweichungen zur Fahrspurmitte – erreichen möchte, die normale Fahrer in Straßen- und Simulatorexperimenten erzielen.

Mit den aufwendig validierten Modellkonzepten von Reichelt bzw. Risse (Querdynamik, [123]) und Chen (Längsdynamik, [34]) sowie den Ansätzen von Riedel [128] und Bösch [26] steht inzwischen eine breite Palette leistungsfähiger Fahrermodelle zur Verfügung, um das Gesamtsystem Fahrer-Fahrzeug-Umgebung unter vollständig reproduzierbaren Bedingungen untersuchen zu können. Insbesondere sind damit realistische Betrachtungen des geschlossenen Regelkreises (closed-loop Manöver) auf dem Wege der numerischen Simulation möglich, sofern geeignete Fahrzeug- und Umgebungsmodelle zur Ankopplung vorliegen.

2.2.4   Perspektiven der Fahrermodellierung

Die Grenzen der bestehenden Modelle liegen zum einen in dem grundsätzlich beschränkten Gültigkeits- bzw. Anwendungsbereich, zum anderen in der vergleichsweise geringen Detaillierung der Teilaufgaben. Letztere mag anhand eines umfassenderen Modellkonzepts verdeutlicht werden, welches in einem Expertenkreis der deutschen Automobilindustrie derzeit diskutiert wird (vgl. Abb. 2.2).

Die bisher entwickelten Fahrermodelle sind primär auf die eigentlichen Regelungsaufgaben, etwa zur Spur- oder Abstandshaltung, ausgerichtet. Aktuatorische Funktionen, wie die offensichtlichen Beschränkungen bei der Lenkmomenteneinleitung, oder sensorische bzw. informationsverarbeitende Komponenten, z.B. die Fahrspurfindung, konnten bisher nur in Ansätzen realisiert werden. Diese und ähnliche Fragestellungen waren vor der Entwicklung leistungsfähiger Fahrsimulatoren praktisch nicht – oder nur mit großem technischen Aufwand – zu klären und bleiben daher Gegenstand aktueller und künftiger Forschungsarbeiten.

Ähnliches gilt beispielsweise auch für die Analyse und Beschreibung des Fahrerverhaltens in kritischen Verkehrssituationen. Die Unfallstatistik liefert hier zwar Hinweise auf elementare Zusammenhänge und einzelne charakteristische Parame-

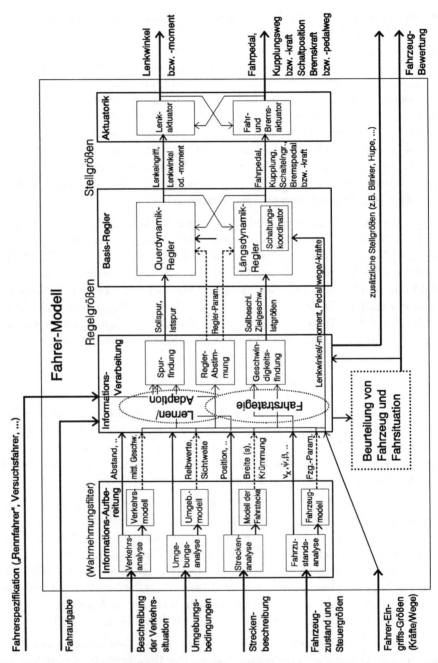

Abb. 2.2: Konzept eines modularen, möglichst vollständigen Modells des Fahrerverhaltens.

ter, etwa die typischen Reaktionszeiten für bestimmte Unfallformen. Der Hergang des Geschehens ist jedoch wegen der i.a. dürftigen Datenversorgung nur in Ausnahmefällen genau nachvollziehbar. Daher steht auch dieser, vor allem für die Fahrsicherheit wichtigen Dimension der Fahrermodellierung nur der Weg über die Fahrsimulatorforschung offen, um typische Verhaltensweisen in Gefahrensituationen zu untersuchen und zu dokumentieren [27, 123].

Ausgehend von den verfügbaren Fahrermodellen ist festzustellen, daß das Fahrerverhalten vorwiegend durch teilweise nichtlineare, dynamische Steuerungs- und Regelungsfunktionen nachgebildet wird. Die Modelleingangsgrößen sind in erster Linie Daten, die den Fahrzustand beschreiben, sowie Informationen über das Fahrzeugumfeld, z.B. der künftige Fahrbahnverlauf oder die Abstände zu anderen Verkehrsteilnehmern. Die Fahrermodelle generieren daraus die üblichen Stelleingriffe im Fahrzeug, beispielsweise die Lenkradstellung oder die Bremspedalkraft.

Entscheidend ist hierbei, daß es nicht *einen* klar umrissenen „Normalfahrer" – im Sinne eines statistisch gemittelten und abgesicherten Durchschnitts der gegebenen Verhaltensweisen – gibt, der alle relevanten Fälle abdecken würde. Vielmehr ist stets ein an technischen Kriterien gemessen stark streuendes Eigenschaftsspektrum zu berücksichtigen, welches – je nach Fahrsituation und Fahrzeug – an unterschiedlichen Positionen im Parameterraum die interessierenden bzw. maßgeblichen Verhaltensmuster aufweist. Analysen und Bewertungen von Fahrzeugen und -subsystemen müssen sich daher stets an einer Vielzahl beurteilungsrelevanter Kriterien orientieren, deren Gewichtung in erster Linie dem Erfahrungshorizont und dem Ermessen der Entwicklungsingenieure überlassen bleibt. Angesichts der Unschärfen im Fahrerverhalten ist es umso wichtiger, zumindest die technischen und materiellen Komponenten des Regelkreises – Fahrzeug und Umgebung – möglichst präzise und überschaubar zu beschreiben. Diese Zielsetzung, sowie die Identifikation und Analyse der entscheidenden Wirkmechanismen ist Gegenstand der folgenden Abschnitte.

2.3 Beschreibung des Fahrzeugverhaltens

Die Eigenschaften des technischen Systems „Fahrzeug" sind, von Fehlerzuständen abgesehen, im Prinzip vollständig durch den konstruktiven Aufbau und die Gestaltung der Komponenten festgelegt. Spaltet man Fahrer- und Umwelteinflüsse durch eine konsistente Definition der Systemgrenzen ab, erweist sich das Fahrzeug als streng deterministisches System, dessen Verhalten mit hoher Genauigkeit vorausberechnet werden kann.

Diese optimistische Lageeinschätzung muß jedoch vor dem Hintergrund der zur Diskussion stehenden physikalischen Problemstellungen relativiert werden. So ist es beispielsweise möglich – und in praxi üblich – mittels strukturdynamischer Analysen recht genaue und zuverlässige Aussagen über die Beanspruchung eines konstruktiven Bauteils im Fahrbetrieb zu treffen. Ähnliches gilt für die Berechnung von Fahrleistungsdaten, den Verbrauch und die Emissionen gegebener Fahrzeugtypen.

2.3.1   Gesamtsystemanalysen

Bei höherer Detaillierung der physikalischen Wirkungskette bzw. bei größeren Distanzen zu wohluntersuchten Systemkonfigurationen und Betriebszuständen bleiben Vorausberechnungen jedoch häufig auf den Bereich qualitativer und tendenzieller Aussagen beschränkt, weil die rechen- und versuchstechnischen Aufwände zur „exakten" Modellverifikation in keiner Relation zum erwarteten Ergebnis stehen. Beispiele hierfür sind u.a. die Vorhersage des Luftwiderstands für eine grundsätzlich neue Fahrzeugbauform oder die Emissionsvorhersage im Zusammenhang mit einem neuen Verbrennungskonzept.

In beiden Fällen stehen die Eigenschaften des Gesamtsystems in Vordergrund, deren Konstitution ist jedoch auf das Zusammenspiel vieler verschiedener Subsysteme in einem komplizierten physikalischen Wirkungsumfeld zurückzuführen. Daher ist es kaum verwunderlich, wenn die gleichfalls hoch entwickelte Versuchstechnik bei Systemfragestellungen mit entsprechend konfigurierten, ganzheitlichen Experimenten die erforderlichen Aussagen effizienter und genauer bereitstellen kann.

2.3.2   Versuch und Berechnung

Im Hinblick auf Gesamtsystemanalysen ist die Versuchstechnik zwei grundsätzlichen Beschränkungen unterworfen: Erstens liefern Experimente zwar genaue und meist unzweifelhafte Ergebnisse, sie geben aber nur wenige Hinweise auf die wesentlichen Wirkungszusammenhänge, die für den Ausgang des Versuchs verantwortlich waren. Zweitens sind experimentelle Untersuchungen, vor allem wenn sie im realistischen Umfeld des Fahrzeugbetriebs durchgeführt werden sollen, stets einer Reihe unkontrollierbarer äußerer Störgrößen unterworfen, die sowohl die Reproduzierbarkeit als auch die Aussageschärfe mitunter erheblich einschränken.

Beide Aspekte führen letztlich zum dem in praxi etablierten Prinzip, daß sich Berechnung und Versuch ergänzen müssen, wenn Gesamtsystemanalysen effizient bewertet und operationalisiert werden sollen. Ein in diesem Sinne attraktives und fruchtbares Arbeitsfeld ist die Fahrzeugdynamik, deren Schwerpunkte die dynamischen Eigenschaften des Fahrzeugs sowie dessen Reaktionen gegenüber

Fahrereingriffen und Umweltstörungen sind.

Der Fahrversuch kann das Gesamtsystemverhalten im interessierenden Betriebsbereich praktisch vollständig erfassen und dokumentieren. Die Aussagen sind jedoch stets mit Unschärfen verbunden, da sowohl die Fahrereigenschaften als auch eine Vielzahl äußerer Anregungen (Fahrbahnunebenheiten, Reifen-Fahrbahn-Reibung, Wind, etc.) in die Ergebnisse einfließen. Die Wirkungsbeiträge derartiger Störungen können i.a. nur aufgedeckt und quantifiziert werden, wenn entsprechende Modellvorstellungen entwickelt und durch begleitende Simulationsrechnungen der Diskussion zugänglich gemacht werden.

2.3.3   Modellbildung in der Fahrzeugdynamik

In Bezug auf die Fahrzeugdynamik haben die Berechnungswerkzeuge inzwischen einen Stand erreicht, der sich mit versuchstechnisch möglichen Vertrauensintervallen messen kann, sie teilweise sogar übertrifft. Die Komplexität der Modellansätze, beispielsweise des Fahrdynamiksimulationssystems CASCaDE [122], spiegelt den Umfang der relevanten konstruktiven Einflußgrößen wieder. Ein realitätsnahes Vollfahrzeugmodell kann mehr als 100 Freiheitsgrade und eine entsprechend große Anzahl von Parametern beinhalten.

Die Tiefe der Detaillierung mag zunächst übertrieben erscheinen, sie dokumentiert aber letztlich nur, wie viele und welche Kenndaten des Fahrzeugs zum Fahrverhalten beitragen. Die Parametrierung anhand konstruktiver Größen, die hier vorausgesetzt wird, hat zudem den Vorzug, daß ein großer Teil der Datenversorgung direkt aus den Konstruktionsunterlagen abgeleitet werden kann. Hinzu kommt, daß entsprechend detaillierte physikalische Gesamtfahrzeugmodelle im gesamten fahrdynamischen Operationsraum validiert und eingesetzt werden können. Zur Bearbeitung neuer Fragestellungen sind folglich – im Idealfall – keine zusätzlichen Versuche und Verifikationen erforderlich.

Mit dem Anspruch detaillierter Fahrdynamiksimulationssysteme, praktisch beliebige Fahrmanöver in angemessener Genauigkeit nachbilden zu können, geht ein gewisser Verlust an Übersicht einher. Dabei ist es zweifelsfrei von Vorteil, die Randbedingungen vollständig kontrollieren und jede Wirkgröße zu jedem Zeitpunkt in der Simulation verfolgen zu können. Zur Analyse und Erklärung der Phänomene und Wechselwirkungen bedarf es jedoch noch weiterer, wesentlich einfacherer Modellierungsebenen. Dabei stehen – im Gegensatz zur universellen Einsetzbarkeit – die jeweils dominanten physikalischen Wirkungszusammenhänge im interessierenden, meist eng begrenzten Operationsbereich im Vordergrund der Betrachtung.

Die vermutlich wichtigsten Vertreter einfacher Fahrdynamikmodelle sind das lineare Einspurmodell für die Querdynamik und das gleichfalls lineare Viertelfahrzeugmodell für die Vertikaldynamik (vgl. [102, 103, 175]). Ersteres beschreibt die wesentlichen dynamischen Fahrzeugreaktionen gegenüber Lenkeingriffen des Fahrers bei kleineren und mittleren Kraftschlußbeanspruchungen. Viertelfahrzeugmodelle bilden die Übertragungseigenschaften des Systems Reifen-Achse-Fahrzeug im Hinblick auf Fahrbahnanregungen näherungsweise nach.

In beiden Fällen ist es einerseits erstaunlich, welch weitreichende Aussagen man auf der Basis dieser einfachen Ansätze treffen kann, beispielsweise zur Beurteilung und Abstimmung aktiver Fahrwerk- und Sicherheitssysteme [1, 38, 59, 157]. Andererseits stellt sich unmittelbar die Frage, inwiefern die auf der Basis elementarer Modellvorstellungen erzielten Aussagen auf das Gesamtsystem und in grundsätzlich andere Betriebsbereiche übertragen werden können.

Hinsichtlich der Erweiterung, Detaillierung und Validität von Fahrzeugmodellen stehen umfangreiche Arbeiten zu Verfügung, etwa [81, 86, 129, 133, 146, 156]. Die zentralen Problemstellungen sind somit nicht in der Modellkonstitution selbst, sondern vielmehr in der Auswahl der richtigen – weil im Sinne des interessierenden Phänomens wirksamen – Modellkomponenten und in deren Parametrierung zu suchen. Letzteres gilt u.a. bereits für das einfache lineare Einspurmodell, welches neben der Fahrzeuggeometrie und den Trägheiten zwei sog. Schräglaufsteifigkeiten (Cornering Stiffness Daten) enthält, die nur mit großer Mühe und viel Erfahrungswissen aus Reifen-, Fahrwerks- und Fahrzeugkenndaten abgeleitet werden können. Problemstellungen dieser Art, wie auch die Auswahl der relevanten Modellkomponenten, lassen sich jedoch mit Hilfe valider Gesamtfahrzeugsimulationen und entsprechend aufbereiteter Identifikationsverfahren in eleganter Weise behandeln und lösen. Dieses zweigleisige Konzept einer möglichst exakten Gesamtsystemmodellierung als Referenz und einzelner problemspezifischer Modelle zur Systemgestaltung und -optimierung gestattet es zudem, die im folgenden diskutierten prinzipiellen Schwierigkeiten der Fahrdynamikmodellierung zu überwinden.

2.3.4   Grundsätzliche Probleme der Fahrdynamikmodellierung

Das dynamische System „Fahrzeug" weist eine Reihe von Eigenschaften auf, die die systematische Analyse behindern bzw. erschweren. Von zentraler Bedeutung sind dabei die Nichtlinearitäten in den wesentlichen Kraftübertragungselementen, etwa die Seiten- und Umfangskraftcharakteristik der Reifen oder die asymmetrischen Dämpfungsanteile und Reibungen in den Freiheitsgraden der Radführungen. Ein großer Teil der für Fahrdynamik wichtigen Bindungen ist entweder aufgrund der applizierten physikalischen Wirkprinzipien oder aus konstruktiven

Erwägungen heraus stark nichtlinear. Letzteres gilt insbesondere für moderne Achskonstruktionen, wo durch stark progressive oder degressive elastische Anbindungen der Achslenker am Fahrzeug eine bessere Anpassung der Radführungseigenschaften an verschiedene Fahrzustände erreicht wird [106].

Im Rahmen fahrdynamischer Analysen muß das Fahrzeug somit i.a. als stark nichtlineares System betrachtet werden. Infolgedessen sind die im Rahmen einer bestimmten Untersuchung getroffenen Aussagen zunächst nur für den betrachteten Betriebsbereich, d.h. für ein eng begrenztes Gebiet im Zustandsraum gültig. Dies ist vermutlich eine der Hauptursachen für die simultane Existenz vieler verschiedener Fahrdynamiksimulationssysteme. Und hierin liegt die Berechtigung und die Notwendigkeit für eine aufwendige und umfangreiche Versuchstechnik in den Automobilunternehmen. – Um das Systemverhalten im gesamten fahrdynamischen Operationsraum erfassen und beurteilen zu können, ist entweder eine große Zahl verteilter Meßpunkte erforderlich, oder man muß die offenen Gebiete im Zustandsraum durch eine ausgefeilte Modellierungstechnik zu überbrücken versuchen.

Weitere Unsicherheiten in der Systembeschreibung treten auf im Zusammenhang mit der Parametrierung einzelner Fahrzeugkomponenten. Beispielsweise ist unbestritten, daß der Reifen erheblichen Einfluß auf die Fahrzeugeigenschaften nimmt. Die zugehörigen Kenndaten können jedoch bisher nur mit unzureichender Genauigkeit bestimmt werden, wie neuere Vergleiche der verfügbaren Prüfeinrichtungen zeigen. Zudem ist festzustellen, daß dynamische Kenngrößen, die z.B. den Aufbau von Seitenführungskräften oder die Wirkung von Radlaständerungen beschreiben, praktisch nur im Rahmen von Grundlagenuntersuchungen erfaßt werden [63, 64, 159]. Ähnliches gilt für komplexe Komponenten von Zulieferern, z.B. Fahrzeugregelungssysteme, die zwar in Form von Hardware, bisher aber (noch) nicht als vollständige Funktionsbeschreibungen in Form von Simulationsmodellen vorliegen. In diesen Fällen stehen der Simulation nur zwei Wege offen, entweder die vereinbarten Wirkprinzipien nachzubilden und darauf zu vertrauen, daß diese auch tatsächlich umgesetzt wurden. Oder aber man konzipiert auf der Basis der vorliegenden Systeminformationen ein aufwendiges quasi-physikalisches Modell der betreffenden Komponente und verifiziert dieses mit umfangreichen Fahrversuchen [11].

Die Modellbildung in der Fahrzeugdynamik wurde in den letzten Jahren zusätzlich durch die Integration weiterer Servo- und Regelungssysteme erschwert, die eine Erweiterung des klassischen Rahmens der Mechanik um die Disziplinen Elektrik, Elektronik, Hydraulik und Pneumatik erfordern. Die Problematik liegt abermals weniger in der Systembeschreibung in unterschiedlichen Domänen als in der physikalisch konsistenten Verbindung dieser und in der Optimierung der Gesamtsystemeigenschaften. So hat beispielsweise die induktionsbedingte Trägheit eines ABS-Regelventils erheblichen Einfluß auf das Bremsverhalten auf schlechten Wegstrecken. Als weiteres Beispiel seien hydraulische Servolenkungen genannt, durch deren dynamisches Ansprechverhalten Unwucht- oder Shimmyanregungen einer Achskonstruktion wirksam unterdrückt, bei ungünstiger Auslegung aber auch verstärkt werden können. Insgesamt zeichnet sich eine zunehmende Tendenz von der reinen Mechanik zur Mechatronik ab, vor allem, wenn die Eigenschaften des Gesamtsystems in den Mittelpunkt der Betrachtung gestellt werden.

Vor dem Hintergrund der diskutierten Modellierungsprobleme erscheint es geboten, nach Wegen zu suchen, die eine systematische Aufteilung und Fokussierung der Arbeiten unterstützen. Dies läßt sich realisieren, wenn man die Modellerstellung und die Modellanwendung konsequent trennt. Die Modellierung muß dazu jedoch zwei grundsätzliche Anforderungen erfüllen: Erstens müssen sowohl in Bezug auf die Modelltiefe als auch hinsichtlich des Modellumfangs frei konfigurierbare Submodelle entwickelt werden, die einzelne Phänomene oder Interaktionen beschreiben, zueinander kompatibel sind und konsistent miteinander verknüpft werden können. Zweitens müssen diese Teilmodelle im Rahmen eines klar ausgewiesenen Anwendungsbereichs zuverlässig und verifizierbar die Eigenschaften der betrachteten Fahrzeug- oder Subsystemkomponente generieren. Auf dieser Basis, deren Elemente in den folgenden Kapiteln exemplarisch für die Bereiche Fahrzeug, Reifen und Bremsen erarbeitet werden, sollte es gelingen, die oben erläuterten Analyseschwierigkeiten durch eine problemspezifische, auf die jeweilige Fragestellung abgestimmte Modellierung zu überwinden.

2.4   Umgebungseinflüsse und deren Modellierung

Im normalen Straßenverkehr stellen der Fahrbahnverlauf und der Abstand zum vorausfahrenden Fahrzeug bzw. die Wunschgeschwindigkeit des Fahrers die wichtigsten Führungsgrößen für das Fahrzeug dar. Diese elementare Überlegung verdeutlicht bereits, daß die Fahrzeugumgebung i.a. sowohl ortsfeste, statische Elemente als auch in Ort und Zeit variante Komponenten enthält. Letztere spielen in der Fahrzeugdynamik traditionell eine untergeordnete Rolle. Man konzentriert sich hier – im Gegensatz zur Verkehrsforschung – vorwiegend auf die Analyse eines Fahrzeugs in einer mehr oder minder komplexen, jedoch stets fest vorgegebenen Umgebung. Umwelteinflüsse können daher allgemein als Störgrößen in Bezug auf einen gegebenen Fahrzustand betrachtet werden. Änderungen des Fahrbahnverlaufs sind in diesem Sinne einer Seitenneigung der Fahrbahn oder einer Seitenwindanregung äquivalent, denn sie erfordern i.a. korrigierende Fahrereingriffe, um den gewünschten Kursverlauf einzuhalten.

Unter der großen Zahl von Umwelteinflüssen, die sich unmittelbar auf das Fahrzeugverhalten auswirken, dürften Fahrbahnunebenheiten, Änderungen der Reibung zwischen Reifen und Fahrbahn sowie Windkräfte und -anregungen die wichtigsten sein. Interessant ist dabei, daß die Wirkungen dieser „Störgrößen" grundsätzlich verschieden sind.

Während stationäre Windkräfte in Längsrichtung den Fahrwiderstand und die zugehörigen Vertikalkomponenten den Auftrieb an den Achsen bestimmen und damit die Sicherheitsreserven beeinflussen, nehmen stationäre oder fluktuierende Windkräfte in Fahrzeugquerrichtung unmittelbar Einfluß auf die Fahrstabilität. – Sie müssen, ähnlich wie Krümmungsänderungen im Fahrbahnverlauf, durch Lenkkorrekturen des Fahrers aktiv ausgeregelt werden. Änderungen der Reifen-Fahrbahn-Reibung sind hingegen nicht unmittelbar wahrzunehmen, sofern das verbleibende Kraftschlußpotential ausreicht, den gegebenen Fahrzustand aufrechtzuhalten. Erst wenn diese Grenzbedingungen verletzt werden, stellen sich massiv instabile Fahrzustände ein, die den – möglicherweise lange vorher – eingetretenen Verlust an Sicherheitspotential anzeigen.

Im Falle von Fahrbahnunebenheiten ist die Sachlage wiederum anders: Sie sind stets vorhanden und sowohl ausführlich untersucht [29, 61] als auch durch effiziente Modellierungsverfahren synthetisierbar [4]. Primär führen vertikale Fahrbahnstörungen zu Fahrzeugvertikal- und Nickschwingungen, die vor allem den Fahrkomfort beeinträchtigen und die Bauteilbeanspruchungen bestimmen. Aufgrund der Degression der Reifenseiten- und -längskräfte bei steigender Radlast [104], vor allem jedoch, weil die Radlast als Parameteranregung in die Dynamik des Reifen-Fahrbahn-Kontakts eingeht [11], bewirken Fahrbahnunebenheiten stets auch eine gewisse Reduktion des Kraftübertragungsvermögens der Reifen. Der Effekt ist qualitativ seit langem bekannt und untersucht [89], eine abschließende quantitative Bewertung steht jedoch noch aus.

Bei Untersuchungen der Sensitivität eines Fahrzeugs gegenüber aerodynamischen Anregungen wie auch gegenüber Reibwertänderungen werden die Fahrmanöver i.d.R. auf der Basis einfacher analytischer Störgrößenprofile, z.B. in Form einer Vorbeifahrt an der Windschleuse oder durch Vorgabe eines Reibwertsprungs, konfiguriert. Realistische Störanregungen auf der Basis von Meßsignalen oder synthetischen Verfahren kommen vorwiegend bei der Untersuchung von Fahrwegeinflüssen zum Einsatz. Deren Applikation setzt allerdings voraus, daß die verwendeten Reifenmodelle für höherfrequente Fahrbahnanregungen geeignet sind und beschränkt sich auf Fahrbahnoberflächen, die beim Befahren nicht unmittelbar mit dem Reifen wechselwirken. Nachgiebige Fahrbahnen, Schotter- oder Schneebeläge sind im Rahmen dieses Konzepts nur bedingt beschreibbar.

3 Beschreibung der Fahrzeugbewegung

Das Fahrverhalten eines Kraftfahrzeugs wird durch eine Vielzahl konstruktiver Komponenten bestimmt und beeinflußt. Dabei spielen sowohl geometrische Größen wie der Radstand, die Spurweite oder die Schwerpunkthöhe als auch die Massen- und Trägheitsanordnungen oder die Lenkungs- und Radführungskinematik sowie deren elastokinematische Eigenschaften eine entscheidende Rolle. Zur Analyse und Verbesserung dieses vielparametrischen dynamischen Systems wurden im Laufe der Fahrzeugentwicklung vielfältige Modellansätze vorgeschlagen. Die Modellierungstiefe reicht vom einfachen, linearen Einspurmodell für analytische Abschätzungen bis zu hochdetaillierten Fahrdynamiksimulationssystemen für realitätsnahe numerische Untersuchungen des Gesamtfahrzeugverhaltens.

Die Einsetzbarkeit und die Grenzen verschiedener Konzepte zur Fahrzeugmodellierung werden im folgenden vor dem Hintergrund praktischer Fragestellungen dargestellt und diskutiert. Daraus wird der Bedarf für alternative, problemspezifische Systembeschreibungen abgeleitet, die in Modelltiefe und Parameterumfang ausgewogen sind, aber im Prinzip beliebig genau an die Fahrzeugeigenschaften im interessierenden Betriebszustand angepaßt werden können. Derartige Modellansätze können auf der Basis der vorliegenden theoretischen und versuchstechnischen Erfahrungen formuliert und verifiziert werden.

3.1 Modellbildung und Simulation

Die räumlichen Bewegungen eines Fahrzeugs in komplexen Fahrsituationen lassen sich im allgemeinen nur durch aufwendige, dreidimensionale Fahrzeugmodelle mit hinreichender Genauigkeit beschreiben [156, 129]. Entsprechend detaillierte Simulationssysteme für fahrdynamische Untersuchungen wurden beispielsweise von Gipser und Rauh [122], Kalb et. al. [79] und von Riedel und Schmidt [145] entwickelt. Die Modellgüte derartiger Berechnungswerkzeuge bewegt sich meist im Bereich der Meßgenauigkeit, sofern ausreichendes Versuchsdatenmaterial zur Anpassung der Modellparameter zur Verfügung steht.

3.1.1 Detaillierte Simulationswerkzeuge

Detailgetreue Fahrdynamik-Simulationssysteme [129, 122, 145, 155] sowie entsprechende Berechnungsmodelle auf der Basis von MKS-Algorithmen [81, 109,

107, 144] haben den Vorzug, für nahezu beliebige Fahrmanöver einsetzbar zu sein und i.d.R. genaue, zuverlässige Ergebnisse zu liefern. – Im Gegensatz zum Fahrversuch sind Simulationsrechnungen streng deterministisch. Die Randbedingungen sind direkt und vollständig kontrollierbar, und die Ergebnisse können jederzeit reproduziert werden. Ferner besteht die Möglichkeit, praktisch jede interessierende Kraft- oder Zustandsgröße für weitere Analysen bereitzustellen, etwa zur Darstellung mechanischer Belastungen oder zur Diskussion des Betriebsverhaltens von Subsystemen.

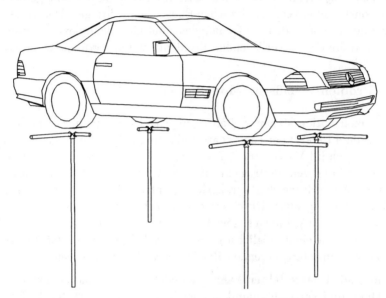

Abb. 3.1: Kraftübertragung zwischen Fahrzeug und Fahrbahn beim Bremsen in der Kurve ($v \approx 60 km/h$, $\mu = 0.5$), Simulationssystem CASCaDE [122].

In Abb. 3.1 sind z.B. die Kräfte zwischen Fahrzeug und Straße während eines komplexen Fahrmanövers dargestellt. Daraus geht in einleuchtender Weise hervor, daß die Längsverzögerung unter den gewählten Randbedingungen (hohe Querbeschleunigung, mittlerer Reibwert) in erster Linie durch die Vorderräder eingeleitet werden muß, da das Kraftübertragungsvermögen der Hinterachse infolge der Seitenführungsbeanspruchung weitgehend ausgeschöpft ist.

3.1.2   Genauigkeit, Parametervielfalt und Interpretation

Die angestrebte Genauigkeit von Fahrdynamik-Simulationssystemen führt i.a. zu Modellsystemen mit zumindest 14, meist jedoch weit mehr als 20 vielfach nichtlinearen Freiheitsgraden und entsprechend umfangreichen Parametersätzen. Für grundlegende Untersuchungen ergibt sich aufgrund der Modellkomplexität – neben einem unangemessen hohen numerischen Aufwand – das Problem, die maßgeblichen Systemeigenschaften bzw. -parameter herauszuarbeiten und der Diskussion zuzuführen.

Unter diesen Voraussetzungen, etwa zur Klärung lokaler Phänomene oder zur Auswahl von Regelungskonzepten, ist es zielführender, einfachere, problemspezifische Modelle zu verwenden, die die wesentlichen dynamischen Eigenschaften des Systems *Fahrzeug* im interessierenden Betriebszustand hinreichend genau wiedergeben, ansonsten aber keine zusätzlichen Effekte hervorbringen. Derartige Modellsysteme können *und sollten* die Genauigkeit und Güte komplexer Simulationssysteme – im Rahmen der vorliegenden Problemstellung – grundsätzlich erreichen.

3.1.3   Problemspezifische Modellierung

Zur Modellkonzeption stehen vielfältige physikalische und mechanische Überlegungen aus dem Bereich der Fahrzeugtechnik [102, 175] sowie der angestrebte Anwendungsbereich im Vordergrund. Die Verifikation, insbesondere die Frage nach der Wichtigkeit und dem Beitrag einzelner Modellkomponenten und -ansätze wird in eleganter Weise durch den Vergleich mit entsprechenden komplexen Fahrdynamiksimulationen geklärt. Durch die damit verbundene Transparenz der Kraft- und Zustandsgrößen gelingt es, sowohl parametrische als auch strukturelle Reduktionen im Sinne einer möglichst getreuen Nachbildung des tatsächlichen Fahrzeugverhaltens im interessierenden Betriebsbereich vorzunehmen.

Die im folgenden dargestellten Fahrzeugmodelle für die klassischen Disziplinen Längs-, Quer- und Vertikaldynamik können im o.g. Sinne konsistent auf detaillierte Fahrdynamiksimulationen abgebildet werden. Aufgrund der geringen Anzahl von Modellparametern und ihrer physikalischen Interpretierbarkeit sind die Systemformulierungen insgesamt überschaubar und somit auch für grundlegende Betrachtungen zugänglich. Aus Kombinationen einzelner Modellkomponenten lassen sich schließlich problemspezifische Synthesemodelle aufbauen, die mitunter auch größere fahrdynamische Betriebsbereiche erschließen. Beispielsweise deutet sich an, daß die für den Fahrer relevanten Fahrzeugeigenschaften durch das Zusammenfügen einfacher Quer- und Längsdynamikmodelle unter Einbeziehung des Wankfreiheitsgrades dargestellt werden können [79, 103, 135].

3.2   Längsdynamik

Unter dem Begriff Längsdynamik werden i.a. Fahrmanöver diskutiert, die vorwiegend das Bewegungsverhalten eines Kraftfahrzeugs in Fahrzeuglängsrichtung betreffen. Dazu sind sowohl Fahrzustände mit konstanter Geschwindigkeit – unter der Wirkung der Fahrwiderstände durch Windkräfte, Reibung und Gravitation – als auch Beschleunigungs- oder Bremsvorgänge zu rechnen. Zur Abgrenzung gegenüber allgemeinen Bewegungszuständen wird in der Regel vorausgesetzt, daß die Fahrzeugquerbeschleunigungen sowie möglicherweise vorhandene Unebenheitsanregungen keine signifikanten Beiträge zum Ergebnis liefern und daher vernachlässigt werden können. Diese Annahmen sind fallweise zu prüfen und ggf. zu revidieren, wie z.B. in der Diskussion von Bremsvorgängen auf μ-split (vgl. Abschn. 6.4) oder bei der Analyse von Bremsregelungen (vgl. Abschn. 6.5) deutlich wird.

3.2.1   Kraftübertragung am Fahrzeug

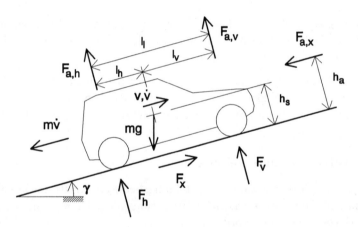

Abb. 3.2: Für die Längsdynamik maßgebliche Kräfte und geometrische Größen am Fahrzeug.

3.2.1.1 Vertikalkräfte

Die für die Kraftübertragung zwischen Reifen und Fahrbahn relevanten Aufstandskräfte, die Achslasten F_v und F_h an der Vorder- und Hinterachse des Fahrzeugs, ergeben sich nach Abb. 3.2 in einem allgemeinen Bewegungszustand $v, \dot{v}$ zu:

$$F_v = \frac{l_h}{l_l} \, m \, g \, \cos\gamma - \frac{h_s}{l_l}(m\,\dot{v} + m\,g\,\sin\gamma) - \frac{h_a}{l_l} F_{a,x} - F_{a,v}, \qquad (3.1)$$

$$F_h = \frac{l_v}{l_l} \, m \, g \, \cos\gamma + \frac{h_s}{l_l}(m\,\dot{v} + m\,g\,\sin\gamma) + \frac{h_a}{l_l} F_{a,x} - F_{a,h}. \qquad (3.2)$$

3.2.1.2 Längskräfte

Zur Überwindung der Fahrwiderstandskraft $F_{a,x}$ und des Hangabtriebs (Steigungswinkel γ) muß die Längskraft F_x zur Fahrbahn übertragen werden, um den Beschleunigungszustand $\dot{v}$ aufrechtzuerhalten:

$$F_x = m\dot{v} + mg\sin\gamma + F_{a,x}. \tag{3.3}$$

Für den Fahrwiderstand $F_{a,x}$ und die Auftriebskräfte $F_{a,v}$, $F_{a,h}$ an Vorder- und Hinterachse sind primär bzw. ausschließlich aerodynamische Effekte verantwortlich. Beide Kraftwirkungen werden hauptsächlich durch die Fahrzeuggeschwindigkeit v bestimmt. Mit der Luftdichte ρ gilt:

$$F_{a,x} = c_w\frac{\rho}{2}Av^2; \qquad F_{a,v} = c_{a,v}\frac{\rho}{2}Av^2; \qquad F_{a,h} = c_{a,h}\frac{\rho}{2}Av^2. \tag{3.4}$$

Die Strömungsquerschnitte A heutiger Personenkraftwagen bewegen sich im Bereich von 1.5 bis $2.5 m^2$, die Widerstandskoeffizienten c_w aerodynamisch optimierter Fahrzeuge erreichen Werte von $c_w \approx 0.3$.

Die Achsauftriebsbeiwerte $c_{a,v}$, $c_{a,h}$ sind i.a. deutlich kleiner als c_w, können aber bei höheren Geschwindigkeiten zur Reduktion der Achslasten führen, wodurch die Fahrsicherheit mitunter erheblich beeinträchtigt wird (vgl. [119, 148]).

3.2.1.3 Antriebskraftverteilung

Der Fahr- bzw. Luftwiderstand $F_{a,x}$, steigungsbedingte Kräfte sowie Fahrzeugbeschleunigungen führen zu zusätzlichen Belastungen der Fahrzeughinterachse (3.2) sowie zu Entlastungen der Vorderachse (3.1).

Im Sinne einer möglichst gleichmäßigen Ausschöpfung des Kraftschlußvermögens der Reifen erscheint die Hinterachse für den Antrieb eher geeignet, denn auf diese Weise wird die ohnehin unvermeidliche Achslastverlagerung zum Heck zur Unterstützung der Längskraftübertragung genutzt, während an der – in diesem Falle entlasteten – Vorderachse hinreichend Potential zum Aufbau von Seitenführungskräften verbleibt. Allerdings verlagert der Heckantrieb die Gesamtfahreigenschaften tendenziell in Richtung *Übersteuern*. Dies erfordert zusätzliche Stabilisierungsmaßnahmen am Fahrzeug, um Normalfahrer in kritischen Situationen nicht zu überfordern.

Da gewöhnlich nur eine der beiden Fahrzeugachsen angetrieben wird, Bremskräfte aber – aus Gründen der Fahrsicherheit – an allen Fahrzeugrädern aufgeprägt werden, erscheint es zweckmäßig, die Antriebs- und Bremseigenschaften eines Fahrzeugs im folgenden separat zu diskutieren.

3.2.2   Antriebsdynamik

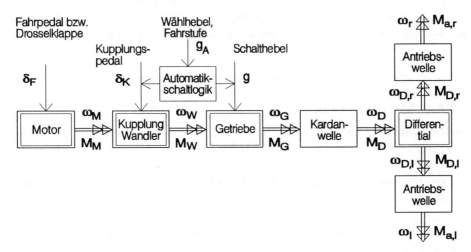

Abb. 3.3: Komponenten des Antriebstranges eines Fahrzeugs mit Standardantrieb (Schema).

3.2.2.1   Gesamtsystem

Abb. 3.3 zeigt den Triebstrang eines Fahrzeugs mit Standardantrieb an einer Fahrzeugachse. Der Fahrer kann die wirksamen Antriebsmomente $M_{a,l}$ und $M_{a,r}$ durch die Fahrpedal- bzw. Drosselklappenstellung δ_F, durch Betätigung der Kupplung δ_K und Wahl einer Fahrstufe g oder durch den Wahlhebel g_A eines ggf. vorhandenen Automatik-Getriebes beeinflussen. Ob die Antriebsmomente an den Rädern in entsprechende Vortriebskräfte umgesetzt werden können, ergibt sich aus dem momentanen Bewegungszustand des Fahrzeugs und dem Kraftübertragungsvermögen der Reifen in der vorliegenden Fahrsituation. Die in diesem Zusammenhang maßgeblichen Effekte werden in Abschn. 4 ausführlich erläutert.

3.2.2.2   Kraftschlußproblematik

In erster Linie bedeutsam erscheint das Problem zu hoher Antriebsmomente, was zum „Durchdrehen" der Antriebsräder und damit zum Verlust des Seitenführungsvermögens führen kann. Derartige Fahrsituationen treten vor allem bei niedrigen Reibwerten auf nasser oder vereister Fahrbahn auf, insbesondere wenn höhere Antriebsleistungen zur Verfügung stehen. Es handelt sich hierbei um das komplementäre Problem zum „Überbremsen" der Räder infolge überhöhter Bremskräfte, welches in Abschn. 5 näher besprochen wird.

Um Beeinträchtigungen der Fahrsicherheit aufgrund zu hoher Antriebsmomente zu vermeiden, wurden von verschiedenen Herstellern entsprechende Stabilisierungssysteme entwickelt [25, 92, 167], die die Antriebskräfte im Bedarfsfall durch Motor-, Differential- und ggf. zusätzliche, kurzfristige Bremseingriffe derart begrenzen, daß die Fahrstabilität stets aufrechterhalten werden kann.

3.2.3   Modellierung der Triebstrangkomponenten

3.2.3.1 Motordynamik

Im Rahmen fahrdynamischer Untersuchungen ist es i.a. ausreichend, die im Mittel einer Kurbelwellenumdrehung entstehenden Motormomente $\overline{M}_V(t)$ zu betrachten. Die durch die Verbrennung hervorgerufenen hochfrequenten Momentenschwankungen werden bei heutigen Fahrzeugen durch Dämpfungs- oder Tilgungselemente wirksam unterdrückt, womit sich eine genauere Diskussion motorseitiger Anregungen an dieser Stelle erübrigt. Aufgrund der verfeinerten Schwingungsisolation wird der gesamte Triebstrang jedoch vergleichsweise torsionsweich, was – in umgekehrter Wirkungsrichtung – Konsequenzen für die Längsdynamik des Fahrzeugs hat.

Das mittlere Motormoment $\overline{M}_V(t)$ wird durch die Verbrennung, die Gaskräfte und die mechanische Reibung im Motor hervorgerufen. Es kann durch ein stationäres Motormoment $M_s(\delta_F, \omega_M)$ und eine drehzahlabhängige Zeitkonstante $T_V(\omega_M)$ nachgebildet werden:

$$T_V(\omega_M)\dot{\overline{M}}_V + \overline{M}_V = M_s(\delta_F, \omega_M). \tag{3.5}$$

Aufgrund der fehlenden Drosselung wird der Momentenaufbau bei Dieselmotoren kaum von der Motordrehzahl ω_M beeinflußt. Die Verzögerungszeitkonstante nimmt bei Pkw-Dieselaggregaten meist Werte im Bereich von $T_V \approx 200\,ms$ an. Bei Ottomotoren ist der Drehzahleinfluß $T_V(\omega_M)$ größer, da die Luftsäule im Ansaug- und Abgassystem bei Änderungen der Fahrpedalstellung δ_F beschleunigt oder verzögert werden muß, bevor der Motor einen neuen stationären Betriebszustand einnehmen kann.

Durch das Zusammenspiel zwischen der Rotationsträgheit J_M des Motors und dem Verbrennungsmoment $\overline{M}_V$ entsteht das an der Kurbelwelle bzw. am Schwungrad abgreifbare Motorausgangsmoment M_M:

$$J_M\,\ddot{\phi}_M = \overline{M}_V - M_M; \qquad \dot{\phi}_M = \omega_M. \tag{3.6}$$

Im Schubbetrieb wird das entsprechende Schleppmoment $\overline{M}_V(\delta_F \equiv 0, \omega_M)$ übertragen. Die Trägheit des Schwungrads bzw. der mit der Kurbelwelle verbundenen Teile des Wandlers werden hier zweckmäßigerweise dem Rotationsträgheitsmoment J_M des Motors zugeschlagen.

3.2.3.2 Kupplung und Wandler

Zur Verbesserung des Schwingungskomforts werden die Motorschwungmassen zum Teil mit Tilgersystemen ausgestattet, um konstruktiv schwer vermeidbare Motorresonanzen vom Triebstrang zu entkoppeln. In diesen Fällen ist (3.6) um den Tilgerfreiheitsgrad ϕ_T zu erweitern:

$$(J_M - J_T)\ddot{\phi}_M + k_T\dot{\phi}_M + c_T\phi_M = k_T\dot{\phi}_T + c_T\phi_T + \overline{M}_V - M_M; \qquad (3.7)$$

$$J_T\ddot{\phi}_T + k_T\dot{\phi}_T + c_T\phi_T = k_T\dot{\phi}_M + c_T\phi_M; \qquad \dot{\phi}_M = \omega_M, \qquad (3.8)$$

wobei J_T die Rotationsträgheit der Tilgermasse bezeichnet. k_T und c_T beschreiben die viskose Dämpfung bzw. die Drehfedersteife der Tilgeranbindung.

Bei konventionellen Schaltgetrieben sind Motor und Getriebe durch eine lösbare Reibungskupplung miteinander verbunden. Automatikgetriebe werden hingegen mit einem sog. Föttinger-Wandler an den Motor angekoppelt. Aufgrund der dabei verwirklichten fluiddynamischen Kraftübertragung können Wandler unter Last über längere Zeiträume mit Schlupf, d.h. mit Drehzahlunterschieden zwischen Ein- und Ausgang, betrieben werden, ohne Schaden zu nehmen.

Sieht man von einer detaillierten Modellierung der Kupplungs- und Schaltprozesse im Automatgetriebe ab, so können die mechanischen Wirkungen des Wandlers auf eine nichtlineare Drehdämpfung $k_W(\dots)$ reduziert werden:

$$M_M = M_W = k_W(\omega_M, \omega_W)\,(\omega_M - \omega_W) =: M_W(s_W)\,;$$

$$M_W(s_W) := M_W^{max} \begin{cases} s_W/s_W^{max}, & |s_W| < s_W^{max}; \\ \text{sign}(s_W), & \text{sonst;} \end{cases} \qquad s_W = \frac{\omega_M - \omega_W}{\omega_M}. \qquad (3.9)$$

Die Wandlercharakteristik wird i.a. so gestaltet, daß bereits kleinere Schlupfwerte von $s_W = s_W^{max} < 10\%$ genügen, um den Sättigungswert M_W^{max} der Wandlerkennlinie zu erreichen. Dadurch können die Verlustleistungen des Wandlers auch bei höheren Motormomenten in vertretbaren Grenzen gehalten werden.

In der Umgebung eines ausgewählten Betriebspunkts ω_M, ω_W kann statt (3.9) mit einer äquivalenten viskosen Wandlerdämpfung k_W^* gearbeitet werden, sofern das Sättigungsmoment M_W^{max} nicht in Anspruch genommen wird. Der Dämpfungsparameter ist in diesem Fall mit $k_W^* = M_W^{max}/(\omega_M s_W^{max})$ festzusetzen.

Die bei konventionellen Schaltgetrieben eingesetzte Kupplung kann im Rahmen fahrdynamischer Betrachtungen meist auf Ihre rotatorischen Elastizitäten reduziert werden. – Kupplungen sind üblicherweise mit weichen Drehfedern ausgestattet, um Reibungsrucke beim Einkuppeln abzuschwächen bzw. zu vermeiden. Aufgrund des beschränkten Bauraums können jedoch nur kleine Verdrehwinkel von $\Delta\phi_K < 15°$ mit geringer Rückstellwirkung $c_{K,W}$ realisiert werden. Bei höheren

Beanspruchungen wird die wesentlich größere Anschlagsteifigkeit $c_{K,A} \gg c_{K,W}$ wirksam:

$$M_M = M_W = c_K(\phi_M, \phi_W)\,\Delta\phi_K =: M_K(\Delta\phi_K); \quad \Delta\phi_K = \phi_M - \phi_W;$$

$$M_K(\Delta\phi_K) := c_{K,W}\Delta\phi_K + \begin{cases} 0, & |\Delta\phi_K| < \Delta\phi_K^{max}; \\ c_{K,A}(\Delta\phi_K), & \text{sonst;} \end{cases} \quad \dot{\phi_\xi} = \omega_\xi. \tag{3.10}$$

Im Bereich regulärer Betriebsbelastungen kann die Kupplung somit durch ein lineares Torsionsfederelement $c_K = c_{K,W}$ nachgebildet werden, sofern sichergestellt ist, daß die Lastspitzen der Bedingung $|M_M| < c_{K,W}\Delta\phi_K$ genügen.

3.2.3.3 Getriebe und Kardanwelle

Im Sinne des vorgestellten Modellierungskonzepts sind die abtriebseitigen Trägheiten von Wandler und Kupplung dem Getriebe, d.h. der Getriebeprimärwelle zuzuschlagen. Sieht man von Zahnflankenspiel ab, welches durch konstruktive Maßnahmen meist sehr klein gehalten wird, so kann das Getriebemodell auf einen mechanischen Freiheitsgrad reduziert werden, sofern stets ein Gang $g \neq 0$ eingelegt ist. Unter Vernachlässigung von Übersetzungsverlusten erhält man:

$$J_G(g)\,\dot{\omega}_W - M_W - M_G; \quad \omega_W = i(g)\,\omega_G. \tag{3.11}$$

Das antriebseitig formulierte Rotationsträgheitsmoment $J_G(g)$ wird durch die Drehmassen $J_{G,P}$ und $J_{G,S}$ des Primär- bzw. des Sekundärtriebs bestimmt. Für die Untersetzungen $i(g)$ der verschiedenen Fahrstufen g gilt:

$$J_G(g) = J_{G,P} + i^2(g)\,J_{G,S}. \tag{3.12}$$

In der höchsten Fahrstufe $g = g_{max}$ sind Pkw-Getriebe gewöhnlich durchgeschaltet ($i \approx 1$), im ersten Gang $g = 1$ und im Rückwärtsgang $g = -1$ werden Untersetzungen im Bereich von $i \approx \pm 4$ realisiert. Die Abstufung der mittleren Fahrstufen ist meist an einer logarithmischen Teilung orientiert, um die Schaltvorgänge für den Fahrer ähnlich zu gestalten.

In der Leerlaufposition $g = 0$ sind die Getriebewellen kinematisch entkoppelt. Das dynamische Verhalten muß in diesem Fall durch zwei unabhängige Differentialgleichungen beschrieben werden:

$$J_{G,P}\,\dot{\omega}_M = M_W, \tag{3.13}$$

$$J_{G,S}\,\dot{\omega}_G = -M_G. \tag{3.14}$$

Weitere Konfigurationen mit ausgekuppeltem Motor und geschaltetem Getriebe ($g \neq 0$) können fahrzeugseitig durch (3.11) in Verbindung mit $M_W = 0$ behandelt werden.

In Anlehnung an die bisherige Vorgehensweise sind die Massenträgheiten der Kardanwelle anteilig auf Getriebe und Differential zu verteilen. Die Kardan-Elastizitäten werden durch ein weiteres Drehfederelement c_D dargestellt:

$$M_G = M_D = c_D(\phi_G - \phi_D); \qquad \dot{\phi}_\xi = \omega_\xi. \tag{3.15}$$

Für frontgetriebene Fahrzeuge, deren Getriebe und Differential direkt miteinander verbunden sind, entfällt das Kardanelement (3.15) und der im folgenden beschriebene Freiheitsgrad ϕ_D des Differentialantriebs. In diesen Fällen werden die Getriebssekundärwelle und die angekoppelten Differentialkomponenten zu einem Drehmassenkomplex mit $\omega_G \equiv \omega_D$ zusammengefaßt.

3.2.3.4 Differential und Antriebswellen

Zur Verteilung der Antriebsmomente auf die beiden Räder einer Achse werden praktisch ausnahmslos Differentialgetriebe verwendet. Sie haben die Aufgabe, beispielsweise durch Kurvenfahrt bedingte Drehzahlunterschiede der Antriebsräder auszugleichen, ohne innere Verspannungen im Triebstrang oder im Fahrzeug hervorzurufen. Die Wirkung beruht auf der konstruktiv realisierten Differentialkinematik:

$$\frac{\omega_D}{i_D} = \frac{\omega_{D,l} + \omega_{D,r}}{2}; \qquad \frac{\phi_D}{i_D} = \frac{\phi_{D,l} + \phi_{D,r}}{2}. \tag{3.16}$$

In diesem Zusammenhang wird klar, daß das Differential als rotatorisches Analogon zum Prinzip der Balkenwaage verstanden werden kann. Die Untersetzungen des Differentialeingangs nehmen bei Personenkraftwagen gewöhnlich Werte von $i_D = 3 \ldots 5$ an.

Aufgrund der kinematischen Kopplung (3.16) wird ein Freiheitsgrad im Differential eliminiert. Nach einigen Umformungen erhält man schließlich zwei Differentialgleichungen für die Abtriebsdrehzahlen $\omega_{D,l}$ und $\omega_{D,r}$ (vgl. Abb. 3.3):

$$\dot{\omega}_{D,l} = \frac{M_{D,r} - M_{D,l} - M_S(\omega_{D,l} - \omega_{D,r})}{2 J_{D,A}} + \frac{i_D\, M_D - M_{D,r} - M_{D,l}}{i_D^2\, J_{D,E} + 2 J_{D,A}}, \tag{3.17}$$

$$\dot{\omega}_{D,r} = \frac{M_{D,l} - M_{D,r} + M_S(\omega_{D,l} - \omega_{D,r})}{2 J_{D,A}} + \frac{i_D\, M_D - M_{D,r} - M_{D,l}}{i_D^2\, J_{D,E} + 2 J_{D,A}}. \tag{3.18}$$

Dabei sind $J_{D,E}$ und $J_{D,A}$ die Rotationsträgheitsmomente des Differentialan- bzw. -abtriebs.

Im stationären Zustand $\dot{\omega}_{D,l} = \dot{\omega}_{D,r} = 0$ wird das Eingangsmoment M_D gleichmäßig auf beide Achswellen verteilt, sofern die Ausgangsdrehzahlen $\omega_{D,l/r}$ identisch sind:

$$i_D\, M_D = M_{D,r} + M_{D,l}; \qquad M_{D,r} = M_{D,l}. \tag{3.19}$$

Um die Kraftübertragung auf Fahrbahnen mit unterschiedlichen Reibungsbedingungen zu verbessern, werden die Differentialabtriebswellen zum Teil durch Momentenkopplungselemente, sog. Differentialsperren, miteinander verbunden. Deren Wirkung kann näherungsweise durch ein drehzahlabhängiges Sperrmoment $M_S(\ldots)$ beschrieben werden.

Im Falle einfacher Reibungssperren wird die Kopplung direkt durch die am Differential angreifenden Momente erzeugt:

$$M_S(\ldots) \;=\; w_S\, \frac{|i_D\,M_D| + |M_{D,r} + M_{D,l}|}{2}\, \text{sign}(\omega_{D,l} - \omega_{D,r})\,. \qquad (3.20)$$

Der Wirkungsparameter w_S beschreibt die Stärke des Sperreffekts. Für $w_S = 0$ sind die Ausgangswellen frei gegeneinander verdrehbar, im Grenzfall $w_s \rightarrow 1$ sind sie quasi starr miteinander verbunden. Die Mittelung zwischen den Ein- und Ausgangsmomenten in (3.20) ist aus Symmetriegründen erforderlich. Sie stellt sicher, daß die Sperrung sowohl motor- als auch radseitig aktiviert werden kann. Bei Straßenfahrzeugen ist man im Interesse von Komfort und Lebensdauer bestrebt, die Sperrwirkung möglichst klein zu halten ($w_S < 0.1$). In sportlichen Fahrzeugen und vor allem in Geländewagen werden mitunter stärkere Permanentsperren mit $w_S > 0.2$ realisiert, um die Traktion zur Fahrbahn zu verbessern.

Neben den konventionellen Reibungssperren wurden in den letzten Jahren verstärkt viskose Kopplungselemente mit belastungsvarianter Sperrwirkung w_S [46]:

$$M_S(\ldots) = k_S\!\left(\!\int M_S(t)\,dt\right)\!*(\omega_{D,l}-\omega_{D,r}); \quad \rightsquigarrow \quad w_S := w_S(k_S, M_S) \qquad (3.21)$$

sowie elektronisch ansteuerbare Sperrdifferentiale [167] in die Konzeption einbezogen. In beiden Fällen tritt die Sperrung nur im Bedarfsfall in Kraft, ansonsten sind die Raddrehfreiheitsgrade praktisch entkoppelt und frei von Verspannungsbeanspruchungen. Während steuerbare Sperrdifferentiale durch eine entsprechende Elektronik zugeschaltet werden, wenn dies zur Verbesserung der Fahrstabilität bzw. der Traktion geboten scheint, nutzen moderne Viskokupplungen die nichtnewtonschen Viskositätseigenschaften von Silikonölen, um zwischen ansonsten mechanisch entkoppelten Lamellenpaketen strömungsbedingte Scherkräfte einzuleiten, die einen effektiven Sperrmomentenaufbau bereits bei kleinen Differenzdrehzahlen erlauben und Sperrgrade von bis zu $w_S = 0.9$ ermöglichen.

Die Momente $M_{D,l}$ und $M_{D,r}$ am Differentialausgang stehen mit den Antriebsmomenten der Räder im Gleichgewicht (vgl. Abb. 3.3). Analog zum obigen Modellkonzept werden die Achswellen durch äquivalente Drehfedern c_A nachgebildet:

$$\begin{aligned} M_{D,l} &= M_{a,l} = c_a(\phi_{D,l}-\phi_l); \\ M_{D,r} &= M_{a,r} = c_a(\phi_{D,r}-\phi_r); \end{aligned} \qquad \dot{\phi}_{\xi,\eta} = \omega_{\xi,\eta} \qquad (3.22)$$

Die Rotationsträgheitsmomente der Achswellen sind dementsprechend auf die Differential- und die Radfreiheitsgrade umzulegen.

Das vorgestellte Triebstrangmodell umfaßt je nach Konfiguration $4-6$ mechanische Freiheitsgrade und mehrere, für das Übertragungsverhalten wesentliche Nichtlinearitäten. In Verbindung mit der in Abschn. 4 dargestellten Dynamik der Raddrehung und der Kraftübertragung zwischen Rad und Fahrbahn erhält man ein Gesamtsystemmodell, welches die dominanten Eigenschaften des Triebstrangs im Rahmen fahrdynamischer Untersuchungen hinreichend genau wiedergeben kann. Die Modellparameter können direkt aus den Konstruktionsdaten des Fahrzeugs entnommen oder daraus abgeleitet werden. Aufgrund der vorwiegend elementaren mechanischen Ansätze sind Triebstrangmodelle dieser Form als vergleichsweise sicher und zuverlässig anzusehen.

3.2.4 Bremsverhalten

3.2.4.1 Grenzen der Kraftübertragung

Während die Antriebskräfte eines Kraftfahrzeugs aufgrund der begrenzten Motorleistung meist vollständig zur Straße übertragen werden können, besteht beim Abbremsen grundsätzlich die Gefahr, die „Reibungsbindung" zur Fahrbahn zu überlasten und dadurch einzelne oder mehrere Räder zum Blockieren zu bringen. Die physikalischen und technischen Hintergründe der Problematik werden in Abschn. 4 und 5 ausführlich diskutiert. Im folgenden werden daher hauptsächlich grundlegende Aspekte der Bremsengestaltung und -abstimmung behandelt.

3.2.4.2 Konstruktive Bremskraftverteilung

Personenkraftwagen sind i.a. mit einer starren Bremskraftaufteilung zwischen Vorder- und Hinterachse ausgestattet. – Sofern das Kraftübertragungsvermögen zwischen Reifen und Fahrbahn dies zuläßt, stehen die Bremskräfte F_x bzw. die Bremsmomente M_b an beiden Achsen in einer direkten Beziehung zur Pedalkraft F_P des Fahrers:

$$F_{x,v} = -\frac{M_{b,v}}{r_{dyn}} = k_v\,F_P; \qquad F_{x,h} = -\frac{M_{b,h}}{r_{dyn}} = k_h\,F_P. \qquad (3.23)$$

Die Faktoren k_v und k_h ergeben sich aus der konstruktiven Gestaltung der Bremsanlage (Flächenverhältnisse, Radien, etc.); r_{dyn} bezeichnet den dynamischen Rollradius der Reifen. Die Relationen (3.23) haben zur Konsequenz, daß die Bremskräfte an beiden Achsen stets in einem festen Verhältnis zueinander stehen:

$$\frac{F_{x,h}}{F_{x,v}} = \frac{k_h}{k_v} \equiv \text{konst.} \qquad (3.24)$$

3.2.4.3 Ideale Bremskraftverteilung

Aufgrund der Radlastverlagerungen, die im Zusammenhang mit dem Bremsvorgang entstehen, sollte sich die Bremskraftverteilung mit der Fahrzeugverzögerung ändern – also keinesfalls konstant sein –, wenn man eine vollständige Ausschöpfung des Kraftschlußpotentials an den Rädern anstrebt. Eine in diesem Sinne optimale Aufteilung der Bremskräfte läßt sich auf der Basis der Beziehungen (3.1,3.2) berechnen, sofern Unebenheiten und Windkräfte nicht berücksichtigt werden müssen:

$$F_{x,h} = -\gamma_h mg; \qquad \gamma_h = \frac{\sqrt{l_h^2 + 4\gamma_v l_l h_s} - l_h}{2h_s} - \gamma_v. \qquad (3.25)$$
$$F_{x,v} = -\gamma_v mg;$$

Dabei wurde vorausgesetzt, daß an Vorder- und Hinterachse vergleichbare Bedingungen für die Reifen-Fahrbahn-Reibung vorliegen.

Im Bereich kleiner Verzögerungen nehmen die Radlastverlagerungen praktisch keinen Einfluß. – Die Bremskraftverteilung entspricht hier der statischen Verteilung der Achslasten:

$$\left.\frac{F_{x,h}}{F_{x,v}}\right|_{F_{x,v}+F_{x,h} \to 0} = \frac{l_v}{l_h}; \qquad \left.\frac{F_{x,h}}{F_{x,v}}\right|_{F_{x,v}+F_{x,h} \to mg} = \frac{l_v - h_s}{l_h + h_s}. \qquad (3.26)$$

Mit zunehmenden Bremskräften wird der Beitrag der Hinterachse zur Fahrzeugverzögerung jedoch erheblich reduziert. Im Bereich der physikalischen Grenzen der Kraftübertragung ($|F_x| \approx mg$) sollten die Bremskräfte gemäß (3.26,rechts) verteilt sein, um eine optimale Verzögerung zu erreichen.

Diese Bedingung liefert das Auslegungskriterium für die in Serienfahrzeugen üblicherweise installierten, festen Bremskraftverteilungen:

$$\frac{F_{x,h}}{F_{x,v}} = \frac{k_h}{k_v} \overset{\sim}{<} \frac{l_v - h_s}{l_h + h_s}. \qquad (3.27)$$

Dadurch wird sichergestellt, daß die physikalisch möglichen Fahrzeugverzögerungen auf hohen Reibwerten nahezu vollständig erreicht werden. Die Ungleichheitsrelation bewirkt eine relativ geringere Kraftschlußbeanspruchung der Hinterachse. Man kann daher annehmen, daß der Fahrer die Pedalkraft entsprechend der Blockierneigung der Vorderräder einstellt. – In diesem Sinne ist ein stabilitätskritisches Überbremsen der Hinterräder praktisch ausgeschlossen.

3.2.4.4 Einfluß unscharfer Fahrzeugparameter

Die Beziehung (3.27) verdeutlicht den Einfluß der Schwerpunkthöhe h_s des Fahrzeugs auf die Bremsenabstimmung (vgl. Abb. 3.4). Unter ungünstigen Umständen, z.B. im Falle einer deutlichen Schwerpunktserhöhung aufgrund großer Dachlasten, kann das ursprünglich angewandte Auslegungskriterium durch den Fahrzeugnutzer *nachträglich* verletzt werden. Ein Überbremsen der Hinterachse ist

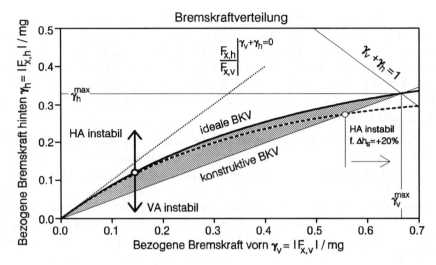

Abb. 3.4: Zur konstruktiven Aufteilung der Bremskräfte $F_{x,v}$ und $F_{x,h}$ zwischen Vorder- und Hinterachse ($l_v = l_h = l_l/2$, $h_s = l_l/6$). Die unterbrochene Linie zeigt den Einfluß veränderter Fahrzeugparameter ($\Delta h_s = +20\%$), der schraffierte Bereich das ungenutzte Verzögerungspotential an der Hinterachse bei mittleren Verzögerungen bzw. Reibwerten.

somit nicht vollständig auszuschließen, – oder aber es müssen unverhältnismäßig große Sicherheitsreserven in (3.27) realisiert werden.

Auf mittleren und niedrigen Reibwerten ergibt sich ferner das Problem, daß bis zu 20% des Verzögerungspotentials aufgrund der konservativen Bremsenauslegung nicht genutzt werden können. – In diesen Fällen wird die maximale Bremskraft durch die Blockierneigung der Vorderräder begrenzt, während das Kraftschlußvermögen der Hinterachse nur zum Teil in Anspruch genommen wird.

Sowohl die parametrische Sensitivität starrer Bremskraftverteilungen als auch die damit verbundenen Effizienzprobleme auf unterschiedlichen Fahrbahnbelägen sowie eine Reihe weiterer Stabilitätsprobleme beim Bremsen können durch adaptive Bremskraftverteilungen (vgl. z.B. [33]) oder durch Bremsregelungssysteme (ABS-Systeme) elegant und wirksam gelöst werden. Letztere werden in Abschn. 5 hinsichtlich Aufbau, Wirkungsweise und Modellierung ausführlich diskutiert.

3.3 Querdynamik

Die Bewegungen eines Kraftfahrzeugs in Fahrbahnquerrichtung werden in erster Linie durch die Lenkeingriffe δ_F des Fahrers und durch die Fahrzeuglängsgeschwindigkeit v bestimmt. Sofern die Kraftschlußgrenzen noch nicht erreicht sind, werden Lenkwinkelkorrekturen von den Reifen in entsprechende Seitenkraftänderungen umgesetzt, die den Bewegungszustand des Fahrzeugaufbaus – die Quergeschwindigkeit v_q und die Drehgeschwindigkeit um die Fahrzeughochachse, die sog. Giergeschwindigkeit $\dot{\psi}$ – verändern. Im geschlossenen Regelkreis mit dem Fahrer ergibt sich auf diese Weise der Kurs und der Kurswinkel, den das Fahrzeug relativ zur Fahrbahn einnimmt.

Wesentlich ist hier, daß die Lenkwinkelvorgabe – als offensichtlich wichtigster Stelleingriff des Fahrers – primär eine Lage- bzw. Geschwindigkeitsgröße des Fahrzeugs verändert, während Brems- oder Fahrpedalbetätigungen praktisch direkt in Kraftgrößen umgesetzt werden. Beim Lenken, dessen Zielgrößen wiederum Lageparameter (Fahrzeugkurs, Spurabweichung) sind, umfaßt die Wirkungskette stets – und unabhängig von der Kraftschlußbeanspruchung – zwei unterschiedliche Übertragungssysteme, die Seitenkraftdynamik der Reifen und die Dynamik des Fahrzeugaufbaus. Da vor allem die Seitenführungseigenschaften der Reifen in starkem Maße vom Bewegungszustand des Fahrzeugs beeinflußt werden (vgl. Abschn. 4), ändert sich auch das für den Fahrer spürbare Lenkverhalten erheblich, wenn der Fahrzustand, z.B. die Fahrgeschwindigkeit, variiert.

Diese Phänomene zu beschreiben und in Form geeigneter Modelle der Diskussion zugänglich zu machen, ist Ziel dieses Abschnitts. Die Analyse beschränkt sich vorwiegend auf das Fahrverhalten im Zusammenhang mit Lenkeingriffen. Auf eine nähere Betrachtung der relevanten Subsysteme, beispielsweise der Achskinematik oder der Fahrzeuglenkung, wird aus Gründen der Übersicht verzichtet. Deren globale, fahrzeugspezifische Wirkungen können jedoch durch eine geschickte Parametrierung der im folgenden dargestellten Modelle berücksichtigt werden. Nachgiebigkeiten der Radaufhängung sind in diesem Sinne den Reifenelastizitäten zuzuschlagen. Die Fahrzeuglenkung wird als ideal starr und rückwirkungsfrei angenommen. Lenkwinkelvorgaben δ_F des Fahrers werden somit direkt in entsprechende Spurwinkel bzw. Radlenkwinkel δ an den gelenkten Rädern umgesetzt:

$$\delta = \frac{\delta_F}{i_L}. \tag{3.28}$$

Die Lenkgetriebe- und Kinematikuntersetzung nimmt bei Personenkraftwagen i.a. Werte von $i_L = 15 - 20$ an.

Unter diesen Voraussetzungen ist es ausreichend, den bzw. die eingestellten Rad-Lenkwinkel δ als Systemeingangsgrößen zu betrachten. Die Spurwinkel ungelenkter Achsen werden dementsprechend als konstant angesehen. Für fahrdynamische Betrachtungen bedeutet dies im Sinne des o.g. Konzepts der Modelladaption keine Beschränkung der Allgemeinheit. Es ist jedoch anzumerken, daß diese Vorgehensweise nicht aufrechterhalten werden kann, wenn z.B. Komfort- bzw. Stabilitätsprobleme wie „Shimmy" [116] – eine Form selbsterregter Schwingungen von gelenkten Achsen – untersucht werden sollen. In derartigen Fällen müssen erweiterte Modelle formuliert werden, welche die mechanischen Komponenten und die Geometrie der Lenkung und der Radführung sowie die vollständige Dynamik der Reifen, insbesondere die Reifenrückstellmomente, physikalisch beschreiben [15].

3.3.1 Einspurmodelle

Zur Diskussion der Fahrzeugeigenschaften in Querrichtung können die Räder einer Achse formal zu jeweils *einem gemeinsamen Radelement* zusammengefaßt werden, welches die Summe der Kräfte wiedergibt, die zwischen Achse und Fahrbahn übertragen werden. Auf der Basis dieser Grundüberlegung lassen sich einfachere Querdynamikmodelle formulieren, die die Fahrzeugeigenschaften im Prinzip auf eine Fahrspur reduzieren.

3.3.1.1 Zum Konzept des Einspurmodells

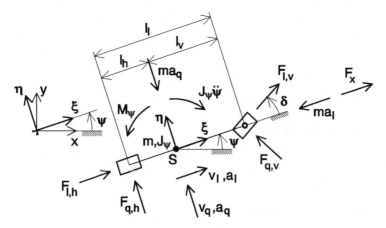

Abb. 3.5: Konzeption eines einfachen Einspurmodells zur Beschreibung des Fahrzeugverhaltens bezüglich der Fahrzeugquerrichtung.

In Abb. 3.5 sind die beschreibenden Größen und Parameter eines verallgemeinerten Einspurmodells dargestellt. Die Längs- und Querbewegungen des Fahrzeugs v_l, v_q werden dabei in einem fahrzeugfesten, horizontierten ξ, η-Koordinatensystem beschrieben. Der Gierwinkel ψ gibt die Drehungen des Fahrzeugkörpers um die Vertikalachse an – und damit die Winkellage des mitbewegten ξ, η-Systems.

Neben den Seitenführungskräften der Achsen $F_{q,v}, F_{q,h}$ und den Trägheitswirkungen werden die summarischen Achslängskräfte $F_{l,v}, F_{l,h}$ sowie ein entsprechendes Moment M_ψ um die Hochachse berücksichtigt. Dadurch können gegebenenfalls auftretende Antriebs- oder Bremskraftdifferenzen zwischen den Rädern einer Achse in das Modell eingearbeitet werden. F_x beschreibt die am Fahrzeug angreifenden Fahrwiderstandskräfte.

3.3.1.2 Gültigkeit und Grenzen

Unter der Voraussetzung, daß die zusammengefaßten Achskräfte und -momente aus hinreichend genauen Modellansätzen gewonnen wurden, etwa durch die Formulierung zweier individueller Reifenmodelle nach Abschn. 4 und deren konsistente kinematische Anbindung an die Aufbaubewegungen des Fahrzeugs, sind mit der Herleitung und Verwendung von Einspurmodellen keine gravierenden Vernachlässigungen mechanischer oder dynamischer Effekte verbunden. – Die interessierenden Fahrzeugfreiheitsgrade, Gier- und Querbewegung, werden mit Ausnahme von Kreiselmomenten in gleicher Weise nachgebildet wie ein komplexes dreidimensionales Fahrzeugmodell dies leisten würde. Sofern die höherfrequenten Schwingungsphänomene der Radaufhängung oder der Lenkung nicht im Mittelpunkt der Betrachtung stehen, sollten einfache, gut abgestimmte Einspurmodelle (vgl. Abb. 3.5) folglich geeignet sein, um die Fahrdynamik und das Lenkverhalten eines Kraftfahrzeugs mit angemessener Genauigkeit untersuchen und diskutieren zu können.

3.3.2   Kraftgrößen und Kinematik verallgemeinerter Einspurmodelle

3.3.2.1 Fahrzeugaufbau

Für allgemeine Bewegungen in den translatorischen Freiheitsgraden v_l, v_q und im Gierfreiheitsgrad ψ liefert das in Abb. 3.5 dargestellte Einspurmodellkonzept folgende Bilanzgleichungen:

$$ma_l = F_x + F_{l,v} \cos\delta + F_{l,h} - F_{q,v} \sin\delta, \tag{3.29}$$

$$ma_q = \quad + F_{q,v} \cos\delta + F_{q,h} + F_{l,v} \sin\delta, \tag{3.30}$$

$$J_\psi \ddot{\psi} = M_\psi + l_v (F_{q,v} \cos\delta + F_{l,v} \sin\delta) - l_h F_{q,h}. \tag{3.31}$$

Aufgrund der verwendeten fahrzeugfesten Koordinaten müssen die kinematischen Kopplungen der Zustandsgrößen bei der Differentiation berücksichtigt werden:

$$a_q = \dot{v}_q + v_l \dot{\psi}; \qquad a_l = \dot{v}_l - v_q \dot{\psi}. \tag{3.32}$$

Die Beschreibung der Fahrzeugquerdynamik erfolgt zweckmäßigerweise in den Basisgrößen Quer- und Giergeschwindigkeit $v_q, \dot{\psi}$. Für die Diskussion der zusätzlich mitgeführten Fahrzeuglängsbewegung bietet sich die Geschwindigkeitsgröße

$v = v_l$ an. Dabei wird vereinfachend angenommen, daß die Fahrzeuglängskräfte – wie oben angesprochen – mehr oder minder direkt durch die Stelleingriffe des Fahrers beeinflußt werden können. Die Reifenquerkräfte entstehen hingegen aus dem Zusammenwirken von Fahrzeug- und Reifendynamik. Letzteres erfordert eine genauere Betrachtung der kinematischen und kinetischen Gegebenheiten.

3.3.2.2 Seitenführungskinematik

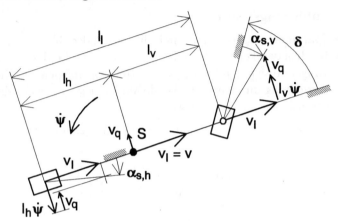

Abb. 3.6: Zur Kinematik des Einspurmodells – Bestimmung der Schräglaufwinkel $\alpha_{s,v}$ und $\alpha_{s,h}$ an Vorder- und Hinterachse.

Wie in Abschn. 4 dargestellt, werden die Seitenführungskräfte $F_{q,v}$ und $F_{q,h}$ der Reifen durch die lokalen Querbewegungen des Fahrzeugs an der Vorder- bzw. der Hinterachse bestimmt. In Abb. 3.6 sind die geometrischen und kinematischen Größen des Modells dargestellt.

Der Schräglaufparameter $\alpha_h = \tan \alpha_{s,h}$ der Hinterachse ergibt sich demnach zu:

$$\alpha_h = \frac{l_h \dot{\psi} - v_q}{|v|}. \tag{3.33}$$

Um die Anzahl der latenten Abhängigkeiten zu begrenzen, werden die Schräglaufkenngrößen im folgenden mit der Längsgeschwindigkeit v als Bezugsgröße formuliert (vgl. Abschn. 4). Dies ist für fahrdynamische Betrachtungen in der Regel ausreichend und vereinfacht die weitere Analyse erheblich.

Aufgrund des Lenkeingriffs δ erhält man zunächst einen komplizierteren Ausdruck für den Schräglaufparameter $\alpha_v = \tan \alpha_{s,v}$ der Vorderräder (vgl. Abb. 3.6):

$$\alpha_v = \tan \left\{ \delta - \arctan \frac{l_v \dot{\psi} + v_q}{|v|} \right\}. \tag{3.34}$$

Die Beziehung kann jedoch für kleinere Lenkwinkel δ bzw. für weitgehend stabile Fahrzustände ohne wesentliche Genauigkeitsverluste durch

$$\alpha_v \approx \tan\delta - \frac{l_v\dot{\psi} + v_q}{|v|} \tag{3.35}$$

angenähert werden.

3.3.2.3 Seitenführungskräfte

Die Schräglaufparameter α_v, α_h sind durch die Zustandsgrößen v, v_q und $\dot{\psi}$ des Modells und den Lenkwinkel δ vollständig festgelegt. Um die daraus resultierenden Seitenführungskräfte $F_{q,v}$ bzw. $F_{q,h}$ zu bestimmen, müssen die Reifeneigenschaften in Querrichtung durch entsprechende Modellansätze – wie beispielsweise in Abschn. 4 beschrieben – formuliert werden.

In vergleichsweise allgemeiner Form kann dies durch folgenden Ansatz geschehen:

$$\frac{\dot{F}_{q,v}}{c_{y,v}\,|v|} + \alpha_{max,v}\,\mu_{max}\,g^{-1}\!\left(\frac{F_{q,v}}{\sqrt{\mu_{max}^2 F_{z,v}^2 - F_{l,v}^2}}\right) = \alpha_v, \tag{3.36}$$

$$\frac{\dot{F}_{q,h}}{c_{y,h}\,|v|} + \alpha_{max,h}\,\mu_{max}\,g^{-1}\!\left(\frac{F_{q,h}}{\sqrt{\mu_{max}^2 F_{z,h}^2 - F_{l,h}^2}}\right) = \alpha_h. \tag{3.37}$$

Dabei ist $g(\dots)$ die als invertierbar vorausgesetzte stationäre Kraftschlußkennlinie der Reifen für Seitenkräfte (vgl. Abschn. 4). Die Parameter μ_{max} – der Koeffizient der Reifen-Fahrbahn-Reibung – und α_{max} bestimmen die konkrete Form der Seitenkraft-Schräglauf-Beziehung im interessierenden Betriebsbereich. Das Seitenkraftpotential wird in erster Linie durch die Radlasten $F_{z,v}$, $F_{z,h}$ und die Reifenlängskräfte festgelegt. Die Steifigkeitsparameter $c_{y,v}$ und $c_{y,h}$ der Reifen bzw. der Achsen bezüglich Querauslenkungen prägen die Dynamik des Seitenkraftauf- und -abbaus bei Fahrzustandsänderungen.

Das obige Reifen-Querkraftmodell gibt die wesentlichen dynamischen und nichtlinearen Effekte der Seitenkraftentstehung wieder. Weitere Einzelheiten dazu, sowie einfachere oder problemspezifisch komplexere Formulierungen der Kraftübertragung am Reifen, werden in Abschn. 4 ausführlich diskutiert.

Die in (3.36,3.37) konstituierte Reifendynamik stellt eine Verbindung zwischen der Fahrzeugbewegung und den mechanischen Bilanzgleichungen (3.29-3.31) her. Das vereinfachte Querdynamik-Modellkonzept ist somit vollständig. Sieht man von der Längsbewegung des Fahrzeugs ab, umfaßt das System lediglich vier, allerdings z.T. stark nichtlineare Freiheitsgrade 1.Ordnung: die Fahrzeugquergeschwindigkeit v_q, die Giergeschwindigkeit $\dot{\psi}$ und die Seitenführungskräfte $F_{q,v}$ bzw. $F_{q,h}$. Auf dieser Basis können die querdynamischen Eigenschaften eines Fahrzeugs in verschiedenen Betriebszuständen nun genauer untersucht werden.

3.3.3   Stationäre und quasistationäre Manöver

Aus Gründen der Reproduzierbarkeit und der praktischen Fahrraumbegrenzung werden wesentliche Teile der versuchstechnischen Fahrzeugbewertung und -optimierung anhand stationärer oder quasistationärer Fahrmanöver durchgeführt. Zur Beurteilung der Fahrzeug-Lenkeigenschaften und der Fahrstabilität in Querrichtung stehen dabei vor allem Fahrsituationen mit konstantem Lenkradwinkel δ_F oder Kreisfahrten auf konstantem Bahnradius R im Vordergrund [121, 135]. In beiden Fällen können die Beschleunigungen des Fahrzeugaufbaus a_l, a_q, $\ddot{\psi}$ als konstant bzw. langsam veränderlich gelten. Sofern sich ein stabiler Fahrzustand einstellt, liefert die hochfrequente Dynamik des Seitenkraftauf- und abbaus bei derartigen Manövern keinen wesentlichen Beitrag. Die Fahrzeugquerkräfte $F_{q,v}$, $F_{q,h}$ können folglich durch den stationären Anteil der Beziehungen (3.36,3.37) beschrieben werden. Ansonsten gelten die im vorangehenden Abschnitt dargestellten Zusammenhänge (3.29-3.35).

3.3.3.1   Bahnkoordinaten und Schwimmwinkel

Die Bewegung eines Fahrzeugs auf einem Kreiskurs mit festem Bahnradius ist i.a. dadurch gekennzeichnet, daß die Fahrzeuglängsachse um einen gewissen Winkelbetrag, den sog. Schwimmwinkel β, gegenüber der lokalen Bahntangente verdreht ist. In Abb. 3.7 sind die Beziehungen zwischen den fahrzeugfesten l, q-Koordinaten und dem inertialen t, n-Bahnsystem dargestellt. Der Schwimmwinkel wird durch die fahrzeugfesten Geschwindigkeitsgrößen definiert:

$$\beta = -\arctan\frac{v_q}{|v|}. \tag{3.38}$$

Für die Fahrzeugbeschleunigungen a_l, a_q in Längs- und Querrichtung gilt:

$$a_l = a_t \cos\beta + a_n \sin\beta; \tag{3.39}$$

$$a_q = -a_t \sin\beta + a_n \cos\beta, \tag{3.40}$$

wobei a_n und a_t die Bahnbeschleunigungen in Normal- bzw. Tangentialrichtung beschreiben.

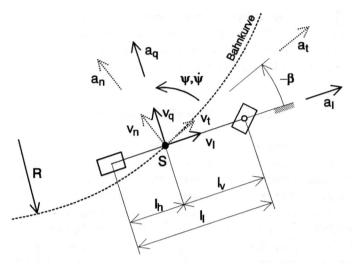

Abb. 3.7: Zur Definition des Schwimmwinkels β in einem allgemeinen Fahrzustand.

Bei gegebenem Bahnradius R können die interessierenden Zustandsgrößen auf a_n und a_t zurückgeführt werden ($v_n = \dot{v}_n = 0$):

$$v_t = \sqrt{a_n R}; \qquad \dot{\psi} = \frac{v_t}{R} = \sqrt{\frac{a_n}{R}}; \qquad \ddot{\psi} = \frac{a_t}{R}. \qquad (3.41)$$

3.3.3.2 Betriebspunkt „Geradeausfahrt"

Auf der Basis der obigen Modellformulierung erhält man für den zentralen Betriebspunkt des Fahrzeugs, d.h. bei konstanter Bahngeschwindigkeit ($a_t = 0$) und kleinen Querbeschleunigungen $a_n \to 0$, folgende Charakteristika:

$$a_t = 0; a_n \ll g :$$

$$\beta_0 = -\arcsin\frac{l_h}{R}; \qquad \delta_0 = \arctan\frac{l_l}{R\cos\beta_0} \approx \frac{l_l}{R}. \qquad (3.42)$$

Die Bahnnormalbeschleunigungen werden hier pragmatisch in Relation zur Gravitationskonstante g eingegrenzt. Der sog. Ackermannlenkwinkel δ_0 und der zugehörige Schwimmwinkel β_0 ergeben sich direkt aus der Fahrzeuggeometrie und der Kinematik der Kreisfahrt. Der Seitenkraftaufbau an den Reifen sowie daraus resultierende Querbewegungen der Achsaufstandspunkte spielen in diesem Betriebszustand keine Rolle. Ein Fahrzeug mit symmetrischer Achslastverteilung und einem Radstand von $l_l = 2l_h = 2.8m$ benötigt beispielsweise bei $R = 40m$ einen Lenkeinschlag von $\delta_0 \approx 4°$ und baut einen Schwimmwinkel von $\beta \approx -2°$ auf.

3.3.3.3 Zustandsinduzierte Kräfte am Fahrzeugaufbau

Für allgemeine Betriebszustände a_n, a_t können die kinematischen Bilanzgleichungen (3.29-3.31) in Verbindung mit (3.39-3.41) zur Bestimmung der Fahrzeugquer- und -längskräfte verwendet werden:

$$F_{l,s} = \frac{F_{l,v}}{\cos \delta} + F_{l,h} = m\,a_l + \frac{l_h\,m\,a_q + J_\psi\,\ddot{\psi}}{l_l} \tan \delta, \tag{3.43}$$

$$F_{q,v} = \frac{l_h\,m\,a_q + J_\psi\,\ddot{\psi}}{l_l \cos \delta} - F_{l,v} \tan \delta; \quad F_{q,h} = \frac{l_v\,m\,a_q - J_\psi\,\ddot{\psi}}{l_l}. \tag{3.44}$$

Die Fahrzeuglängskräfte werden bei beschleunigten Bewegungen an der Antriebsachse, z.B. an der Hinterachse, eingeleitet:

$$F_{l,v} = 0; \quad F_{l,h} = F_{l,s}, \tag{3.45}$$

Für Verzögerungszustände ist hingegen die fahrzeugseitig installierte Bremskraftverteilung zugrunde zu legen:

$$F_{l,v} = F_{l,s} \left(\frac{1}{\cos \delta} + \frac{\gamma_h}{1 - \gamma_h} \right)^{-1}; \quad F_{l,h} = \frac{\gamma_h}{1 - \gamma_h} F_{l,v}. \tag{3.46}$$

Dabei beschreibt γ_h den Bremskraftanteil der Hinterachse (vgl. Abschn. 3.2.4).

Um das Seitenführungspotential der Achsen unter der Wirkung von Längsbeschleunigungen $a_l \neq 0$ korrekt nachzubilden, müssen die damit verbundenen Radlastverlagerungen berücksichtigt werden:

$$F_{z,v} = \frac{l_h}{l_l} m\,g - \frac{h_s}{l_l} m\,a_l; \quad F_{z,h} = \frac{l_v}{l_l} m\,g + \frac{h_s}{l_l} m\,a_l. \tag{3.47}$$

An dieser Stelle geht die Schwerpunkthöhe h_s des Fahrzeugs in die Modellbildung ein.

3.3.3.4 Lenkwinkelbedarf und Fahrzeugquerbewegung

Die am Fahrzeug angreifenden Kräfte können nun vollständig auf den angestrebten Beschleunigungszustand a_n, a_t und die Kenngrößen δ, β zurückgeführt werden. Aus den stationären Termen der Seitenkraftmodelle (3.36,3.37) und der Kinematik (3.33,3.35) erhält man schließlich zwei implizite Bedingungen für den Lenkwinkel δ und den Schwimmwinkel β des Fahrzeugs in einem allgemeinen stationären Betriebszustand.

Aufgrund der trigonometrischen und geometrischen Nichtlinearitäten sind direkte Lösungsansätze hier i.a. nicht umsetzbar. – Das entstehende Gleichungssystem kann jedoch in einfacher Weise iterativ gelöst werden. In diesem Falle bieten sich die Größen des querkraftfreien Grundzustands β_0, δ_0 (3.42) als Startwerte an.

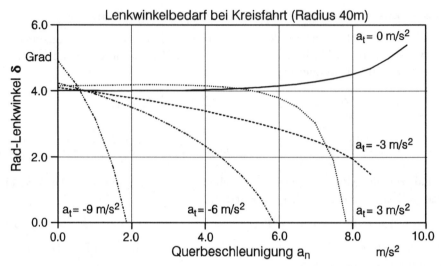

Abb. 3.8: Lenkaufwand δ eines neutral abgestimmten Fahrzeugs auf einem Kreiskurs ($R = 40m$, griffige Fahrbahn).

Die Abbn. 3.8 und 3.9 zeigen den Lenkwinkelbedarf und den Schwimmwinkel eines neutral abgestimmten Fahrzeugs auf einer Kreisbahn mit $R = 40m$. Dargestellt sind die Beziehungen zur Quer- bzw. Bahnnormalenbeschleunigung a_n für verschiedene Längs- bzw. Tangentialbeschleunigungen a_t. Zur Bestimmung des Fahrzeugverhaltens wurde der Reifenkraftschluß in Querrichtung mit einem Ansatz der Form $g(x) = x(2-|x|)$; $|g| \leq 1$ beschrieben (vgl. Abschn. 4). Die Schwerpunkthöhe beträgt $h_s = l_l/6$, der Bremskraftanteil der Hinterachse ist $\gamma_h = 1/3$ (vgl. 3.2.4). Alle weiteren Modellparameter $(m, J_\psi, \alpha_{max})$ wurden an den Daten eines typischen Mittelklassewagens orientiert. Die Reifen-Fahrbahn-Reibung gibt mit $\mu_{max} = 1$ die Kraftschlußverhältnisse auf einer trockenen, griffigen Straße wieder.

Anhand der Lenkwinkelverläufe in Abb. 3.8 wird deutlich, daß die ursprünglich konzipierte Neutralabstimmung nur bei verschwindender Längsbeschleunigung $a_t = 0$ realisiert werden kann, wenn die Querbeschleunigungen von Null verschieden sind. In allen anderen Fällen, sowohl beim Bremsen als auch beim Beschleunigen, muß der Lenkeinschlag zurückgenommen werden, um den Kurs auf der Kreisbahn beibehalten zu können.

Aus den Schwimmwinkelkennlinien geht hervor, daß das Fahrzeug bei moderaten Längsbeschleunigungen im Bereich von $a_n \approx 2m/s^2$ ein ausgeglichenes Steuerverhalten entwickelt. Für kleinere Querbeschleunigungen ist das Beispiel-Fahrzeug untersteuernd, bei höheren Quer- oder Längsbeanspruchungen tritt hingegen eine ausgeprägte Übersteuertendenz zu Tage (vgl. Abb. 3.9).

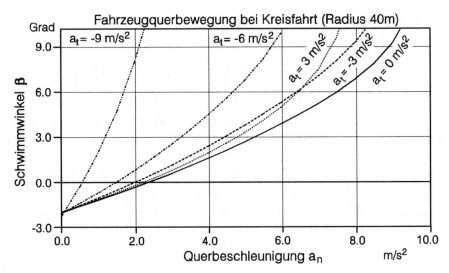

Abb. 3.9: Schwimmwinkel β eines neutral abgestimmten Fahrzeugs auf einem Kreiskurs ($R = 40m$, griffige Fahrbahn).

3.3.3.5 Eigenlenkgradient und Steuertendenz

Stärkere Lenkkorrekturen beim Beschleunigen oder Bremsen in der Kurve – wie in Abb. 3.8 dargestellt – sind aus Gründen der Fahrsicherheit kaum akzeptabel [50]. Man ist vielmehr bestrebt, die wechselseitigen Wirkungen der Fahrereingriffe durch geeignete Maßnahmen im Rahmen der Fahrzeugkonzeption so weit wie möglich zu begrenzen.

Im vorliegenden Fall besteht das Problem in der größeren Kraftschlußbeanspruchung der Hinterachse durch Seitenführungskräfte. Dadurch stellen sich beim Beschleunigen oder Verzögern größere Schräglaufwinkel an der Hinterachse ein, was zum Anwachsen des Schwimmwinkels führt und durch entsprechende Lenkwinkelrücknahmen kompensiert werden muß. Das Problem läßt sich vermeiden, wenn man die Grundabstimmung des Fahrzeugs in Richtung *untersteuern* korrigiert.

In diesem Zusammenhang ist es zweckmäßig, den sog. Eigenlenkgradienten EG – eine direkte Maßzahl für die Steuertendenz eines Fahrzeugs – zu diskutieren. Die Definition der Kenngröße orientiert sich am Lenkverhalten eines idealisierten, schräglauf- und schlupffreien Modellfahrzeugs gleicher Geometrie, gekennzeichnet durch den sog. Ackermannlenkwinkel δ_A [175]:

$$EG = \frac{\partial \delta}{\partial a_y}\bigg|_{a_t \ll g} - \frac{\partial \delta_A}{\partial a_y}; \qquad a_y \in \{a_n, a_q\}. \tag{3.48}$$

Für kleine Querbeschleunigungen kann EG unmittelbar auf die Parameter des verwendeten Fahrzeugmodells zurückgeführt werden:

$$a_y \ll g :$$

$$EG = \frac{m \cos \beta}{l_l} \left(\frac{l_h}{c_{\alpha,v}} - \frac{l_v}{c_{\alpha,h}} \right) = \frac{\cos \beta}{g} \left(\frac{F_{z,v}^B}{c_{\alpha,v}} - \frac{F_{z,h}^B}{c_{\alpha,h}} \right). \qquad (3.49)$$

g ist die Gravitationskonstante. Der Eigenlenkgradient hängt somit von den effektiven Steigungen $c_{\alpha,v}$, $c_{\alpha,h}$ der Seitenkraft-Schräglauf-Kennlinien ab (vgl. Abschn. 4).

Für das oben diskutierte Fahrzeugmodell wurde eine vollständige Neutralabstimmung gewählt. Die Seitenkraftparameter sind in diesem Fall identisch, der Eigenlenkgradient verschwindet im Betriebspunkt $(a_n, a_t) = 0$. Heutige Serienfahrzeuge sind hingegen leicht untersteuernd abgestimmt. Die Eigenlenkgradienten bewegen sich gewöhnlich im Bereich von $EG = 0.15 \ldots 0.45°/ms^{-2}$. Um dies zu erreichen, muß die summarische Cornering-Stiffness $c_{\alpha,h}$ der Hinterachse gemäß (3.49) deutlich größer sein als $c_{\alpha,v}$. – Bei der Fahrwerkauslegung können derartige Effekte durch eine geeignete Wankmomentenaufteilung und die kinematische bzw. elastokinematische Gestaltung der Radführungen realisiert werden (vgl. Abschn. 3.4).

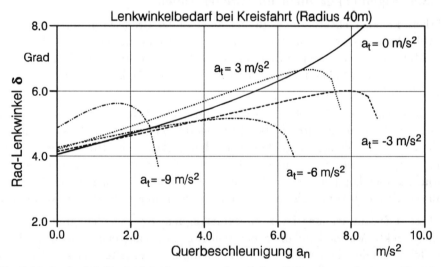

Abb. 3.10: Lenkwinkelbedarf δ eines untersteuernden Fahrzeugs auf einem Kreiskurs ($EG = 0.3°/ms^{-2}$, Radius $R = 40m$, griffige Fahrbahn).

In den Abbn. 3.10 und 3.11 sind die Lenkwinkel- und Schwimmwinkelverläufe eines untersteuernden Fahrzeugs dargestellt. Der Eigenlenkgradient wurde mit $EG = 0.3°/ms^{-2}$ auf einen mittleren Wert festgelegt.

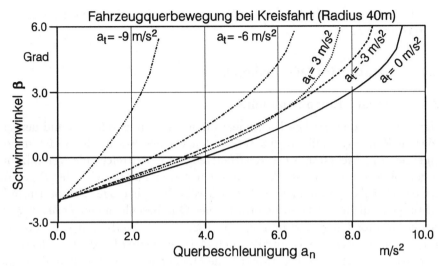

Abb. 3.11: Schwimmwinkel β eines untersteuernden Fahrzeugs auf einem Kreiskurs ($EG = 0.3°/ms^{-2}$, Radius $R = 40m$, griffige Fahrbahn).

Neben den insgesamt geringeren Querbewegungen des Fahrzeugs bei höheren Längs- und Querbeschleunigungen zeigt sich vor allem beim Lenkwinkelbedarf ein deutlich schwächerer Einfluß der Fahrzeuglängskräfte. Im Bereich kleiner und mittlerer Querbeschleunigungen sind nur leichte Lenkkorrekturen zur Spurhaltung erforderlich, wenn zusätzliche Längsbeschleunigungen aufgebaut werden. Der gewählte Eigenlenkgradient führt offensichtlich zu einer wirksamen Entkopplung der Fahrereingriffe – und damit zu einem sicheren Fahrverhalten. Bei Annäherung an die Kraftschlußgrenzen tendiert das Fahrzeug jedoch nach wie vor zum Übersteuern. Um auch in solchen Fällen stabilisierungsfähige und für den Fahrer kontrollierbare Fahreigenschaften sicherzustellen, müssen die eingeleiteten Längskräfte durch entsprechende Regelungen (ABS,ASR) aktiv begrenzt werden [20, 44, 157].

Die dargestellten Überlegungen und Ergebnisse zeigen, daß erweiterte Einspurmodelle zur Diskussion der Fahrzeugeigenschaften unter unterschiedlichsten Betriebsbedingungen geeignet sind. Das gilt sowohl für kleinere Quer- und Längskräfte als auch für den stark nichtlinearen Bereich der Kraftschlußgrenzen. Aufgrund der überschaubaren Parameterkonfiguration gelingt es meist, die interessierenden Phänomene auf wenige, entscheidende Größen – etwa die Steifigkeitsparameter $c_{\alpha,v}$ und $c_{\alpha,h}$ – zurückzuführen und dadurch einer gezielten Analyse und Optimierung zugänglich zu machen. Die Aussagekraft und die Komplexität der Modelle erscheinen dabei im Rahmen der für die Fahrzeugbewertung maßgeblichen Methoden und Verfahren angemessen (vgl. z.B. [135, 141]). Dies soll im folgenden an einem weiteren Beispiel, der eigentlichen Fahrzeug-*Querdynamik*, erläutert werden.

3.3.4 Instationäre Querdynamik

3.3.4.1 Lineare Einspurmodelle

Aufgrund der geometrischen Nichtlinearitäten (vgl. Abbn. 3.6, 3.7) und der komplizierten Reifendynamik (3.36,3.37) werden bei der Beschreibung der querdynamischen Eigenschaften eines Kraftfahrzeugs i.a. weitreichende Vereinfachungen getroffen, die die Aussagekraft und den Anwendungsbereich der Ergebnisse stark einschränken. So reduzieren beispielsweise Mitschke oder Zomotor ihre Betrachtungen auf den Betriebsbereich kleiner Querbeschleunigungen $a_q \ll g$ und quasi-konstanter Längsbewegung $a_l \ll g$ [102, 175]. In Verbindung mit einem linearisierten, statischen Seitenkraftmodell (4.41) und einer für die Geradeausfahrt linearisierten Kinematik ($\delta \approx 0$) können die Modellgleichungen (3.29-3.37) schließlich auf die konventionelle Form des Einspurmodells für die Fahrzeugquerdynamik reduziert werden:

$$J_\psi \ddot{\psi} + \frac{c_{\alpha,v} l_v^2 + c_{\alpha,h} l_h^2}{v_l} \dot{\psi} - (c_{\alpha,v} l_v - c_{\alpha,h} l_h) \beta = c_{\alpha,v} l_v \delta, \qquad (3.50)$$

$$- m v_l \dot{\beta} + \frac{m v_l^2 + c_{\alpha,v} l_v - c_{\alpha,h} l_h}{v_l} \dot{\psi} - (c_{\alpha,v} + c_{\alpha,h}) \beta = c_{\alpha,v} \delta. \qquad (3.51)$$

Darin sind $c_{\alpha,v}$ und $c_{\alpha,h}$ die Schräglaufsteifigkeiten der Reifen für verschiedene Querbeschleunigungen (vgl. Abschn. 4):

$$c_{\alpha,v} = \frac{F_{z,v}}{\alpha_{max,v} g_v^{-1'}(0)}; \qquad c_{\alpha,h} = \frac{F_{z,h}}{\alpha_{max,h} g_h^{-1'}(0)}. \qquad (3.52)$$

Die Beziehungen (3.50,3.51) sind ausreichend, um die grundlegenden dynamischen Fahrzeugreaktionen im Hinblick auf Lenkeingriffe des Fahrers zu diskutieren [175]. Auf dieser Basis können beispielsweise Verfahren zur Bestimmung schwer meßbarer Fahrzeugparameter oder einfache Fahrzustandsregelungen entwickelt werden (vgl. [103, 157]). – Eine globale Beurteilung der Fahrzeugeigenschaften, wie sie der Fahrer in sicherheitskritischen Situationen erlebt, ist aufgrund der getroffenen Vereinfachungen jedoch kaum möglich.

Die alternative Vorgehensweise, den Modellumfang (3.29-3.37,3.47) beizubehalten und auf dem Wege der Simulation zu analysieren, erscheint zweckmäßig, wenn die „exakte" Erfassung und Dokumentation der Eigenschaften eines Fahrzeugs und seiner Komponenten im Vordergrund der Untersuchung steht. In diesem Abschnitt soll der Schwerpunkt primär jedoch auf das Verständnis und die Diskussion der grundlegenden Querdynamikeigenschaften eines Kraftfahrzeugs gelegt werden.

3.3.4.2 Betriebspunktorientierte vollständige Analyse

Formuliert man als zentrale Frage, wie der Fahrer sein Fahrzeug in einer gegebenen Fahrsituation erlebt, so bietet sich folgendes Analysekonzept an: Der momentane Fahrzustand B sei durch eine bestimmte Konfiguration der wesentlichen Betriebsparameter beschrieben. Dies sind die Fahrzeuggeschwindigkeit v_l^B und die am Fahrzeug angreifenden Beschleunigungen a_l^B, a_q^B in Längs- und Querrichtung. Die Größen stehen im Zusammenhang mit dem zugehörigen Lenkwinkel δ^B und dem Bewegungszustand des Fahrzeugs v_q^B, $\dot{\psi}^B$, $F_{q,v/h}^B$ in der betrachteten Fahrsituation, wie im vorangehenden Abschnitt dargestellt. (Aus Konsistenzgründen wird im folgenden statt des Schwimmwinkels β^B wieder die Fahrzeugquergeschwindigkeit $v_q^B = -v_l^B \tan \beta^B$ eingeführt.)

Betrachtet werden nun kleinere dynamische Änderungen ΔB des Fahrzustands, die sich aufgrund von Lenkeingriffen des Fahrers $\delta = \delta^B + \Delta \delta$ oder veränderten Umweltbedingungen einstellen. Mit diesem Ansatz können zum Beispiel komplexe Spurwechsel- und Ausweichmanöver, Lenkkorrekturen bei Kurvenfahrt und beim Bremsen oder andere fahrwegnahe Fahrsituationen untersucht werden:

$$\xi =: \xi^B + \Delta \xi; \qquad \xi \in \{\dot{\psi}, v_q, F_{q,v}, F_{q,h}\}. \tag{3.53}$$

Durch die Wahl des Betriebspunkts B sind die zugehörigen stationären Achsseitenkräfte $F_{q,v}^B$ und $F_{q,h}^B$ eindeutig festgelegt (3.36,3.37). Die Tatsache, daß sowohl die Längsgeschwindigkeit v_l^B als auch die Längsbeschleunigung a_l^B in die Definition des Betriebszustands eingehen, impliziert, eine Reihe aufeinander folgender, quasistationärer Fahrzustände zu diskutieren, die – isoliert betrachtet – nur von kurzer Dauer sind. Für den Fahrer müssen sie jedoch als Entscheidungsbasis zur Einleitung und Kontrolle seiner Steuereingriffe gelten, denn sie verkörpern die aktuellsten und damit wichtigsten Informationen über das Fahrzeugverhalten.

In der Umgebung des Betriebspunkts B liefern die Modellgleichungen folgende Beziehungen für die Änderungen der Giergeschwindigkeit $\Delta \dot{\psi}$, der Quergeschwindigkeit Δv_q und der Achsseitenkräfte $\Delta F_{q,v}$ bzw. $\Delta F_{q,h}$:

$$\begin{aligned} J_\psi \Delta \ddot{\psi} &= \Delta M_\psi + l_v \cos \delta^B \Delta F_{q,v} - l_h \Delta F_{q,h} \\ &\quad + l_v \left(F_{l,v}^B \cos \delta^B - F_{q,v}^B \sin \delta^B \right) \Delta \delta, \end{aligned} \tag{3.54}$$

$$\begin{aligned} m \, \Delta \dot{v}_q &= -m \, v_l^B \Delta \dot{\psi} + \cos \delta^B \Delta F_{q,v} + \Delta F_{q,h} \\ &\quad + \left(F_{l,v}^B \cos \delta^B - F_{q,v}^B \sin \delta^B \right) \Delta \delta, \end{aligned} \tag{3.55}$$

$$\begin{aligned} \Delta \dot{F}_{q,v} / c_{y,v} &= -|v_l^B| \Delta F_{q,v} / c_{\alpha,v}^B - l_v \Delta \dot{\psi} - \Delta \dot{v}_q \\ &\quad + |v_l^B| (1 + \tan^2 \delta^B) \Delta \delta, \end{aligned} \tag{3.56}$$

$$\Delta \dot{F}_{q,h} / c_{y,h} = -|v_l^B| \Delta F_{q,h} / c_{\alpha,h}^B + l_h \Delta \dot{\psi} - \Delta \dot{v}_q. \tag{3.57}$$

Die Fahrzeugreaktionen infolge kleinerer Lenkwinkel- oder Giermomentenvariationen $\Delta\delta, \Delta M_\psi$ werden somit durch vier gekoppelte lineare Differentialgleichungen 1.Ordnung beschrieben.

Auf dieser Grundlage können die für das Übertragungsverhalten entscheidenden dynamischen Kenngrößen ermittelt werden. Eine Eigenwertanalyse des Systems (3.54-3.57) zeigt, daß die Fahrzeugquerdynamik bei mittleren und höheren Geschwindigkeiten von einem konjugiert komplexen Eigenwertpaar und zwei höherfrequenten reellen Eigenwerten bestimmt wird. Ersteres ist auf die Querbewegung und die Drehung des Fahrzeugaufbaus zurückzuführen. Die reellen Eigenwerte resultieren aus der Dynamik des Seitenkraftaufbaus der Reifen und sind – aufgrund der Kontaktkinematik – näherungsweise proportional zu v_l^B (vgl. Abschn. 4). Bei kleineren Geschwindigkeiten führt dies zur Kontraktion der Eigenwerte, wodurch zwei konjugiert komplexe Eigenwertpaare entstehen. Im Grenzfall $v_l^B = 0$, d.h. im Stillstand, wird die „Querdynamik" schließlich durch die näherungsweise ungedämpften Schwingungen des Fahrzeugaufbaus gegenüber den Quersteifigkeiten der Fahrzeugreifen bestimmt.

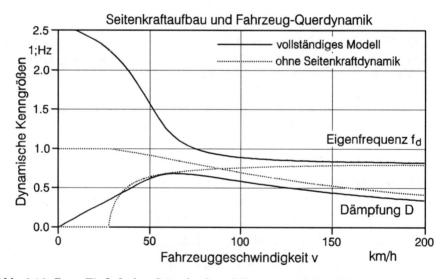

Abb. 3.12: Zum Einfluß der Seitenkraftmodellierung auf die Fahrzeugquerdynamik: Dämpfung und gedämpfte Eigenfrequenz auf der Basis des dominanten Systemeigenwerts ($a_l = a_q = 0$).

Abb. 3.12 zeigt den Einfluß der Fahrzeuggeschwindigkeit $v = v_l^B$ auf die dominante Systemeigenfrequenz f_d und die zugehörige Systemdämpfung D. Zur Berechnung der Verläufe wurden die Parameter eines untersteuernden Fahrzeugs mit einem Eigenlenkgradienten von $EG = 0.3°/ms^{-2}$ verwendet (vgl. Abschn. 3.3.3). Die

Reifen- bzw. Achsseitensteifigkeiten wurden mit $c_{y,v} = c_{y,h} = 200kNm$ angesetzt, was im beanspruchungslosen Zustand zu Einlauflängen von $l_e \approx 0.6m$ führte.

3.3.4.3 Dominante Querdynamikkenngrößen

Der Darstellung 3.12 und der weiteren Diskussion liegt die Hypothese zugrunde, daß die Aufgabe der Fahrzeugführung in erster Linie durch den kleinsten bzw. den am schwächsten gedämpften Eigenwert des Systems (3.54-3.57) bestimmt bzw. erschwert wird. In Bezug auf die Gierreaktion des Fahrzeugs entspricht dies einer zum linearen Einspurmodell (3.50,3.51) kompatiblen Modellvorstellung der Gierübertragungsfunktion $F_{\dot{\psi}}^B$ im Betriebspunkt B:

$$F_{\dot{\psi}}^B(j\omega) = \left[\frac{\Delta\dot{\psi}}{\Delta\delta}\right]_{(j\omega)} \approx K_{\dot{\psi}} \frac{\omega_0^2(1 + T_{\dot{\psi}}j\omega)}{\omega_0^2 + 2D\omega_0 j\omega - \omega^2}; \qquad j = \sqrt{-1};$$

$$f_d = \frac{\omega_0\sqrt{1 - D^2}}{2\pi}. \tag{3.58}$$

Nach Abspaltung der weniger kritischen Eigenwerte erhält man somit vier charakteristische Parameter für die Querdynamikeigenschaften des betrachteten Fahrzeugs: die statische bzw. stationäre Gierverstärkung $K_{\dot{\psi}}$, die gedämpfte Eigenfrequenz f_d, das zugehörige Lehr'sche Dämpfungsmaß D und die Vorhaltezeitkonstante $T_{\dot{\psi}}$.

3.3.4.4 Zur Komplexität der Fahraufgabe

Wie Abb. 3.12 zeigt, sind die Giereigenfrequenz und -dämpfung in starkem Maße von der Fahrgeschwindigkeit v abhängig. – Der Fahrer muß sein Regelungsverhalten auf diese Parameteränderungen abstimmen bzw. robuste Regelstrategien entwickeln, wenn er das Fahrzeug sicher führen und die Fahrsituation beherrschen soll. Dabei erweist sich die annähernd konstante Eigenfrequenz jenseits von $v = 100km/h$ als hilfreich, während die stetige Abnahme der Gierdämpfung mit zunehmender Geschwindigkeit ein gewisses Gefahrenpotential anzeigt.

Dies wird vor allem vor dem Hintergrund der normalen Fahrerfahrung deutlich, die für Lenk- und Spurwechselmanöver vorwiegend im Bereich zwischen 60 und $110km/h$ gewonnen wird: Eine in diesem Betriebsfeld optimierte Regelstrategie unterstellt Fahrzeugdämpfungen von $D \approx 0.65$. Sie muß folglich zu Stabilitätsproblemen führen, wenn z.B. bei $200km/h$ nur noch Systemdämpfungen von $D \approx 0.35$ wirksam werden.

In diesem Zusammenhang wird klar, daß die parametrischen und strukturellen Nichtlinearitäten im Fahrzeugverhalten nicht nur die systematische Analyse erschweren, sondern – was insgesamt schwerer wiegt – erheblichen Einfluß auf die

Gesamtproblematik der Fahrzeugführung nehmen. Aufgrund der weitreichenden Konsequenzen für die Fahrsicherheit wird die Diskussion dieser Effekte im folgenden Abschnitt vertieft.

Anhand der Darstellung 3.12 können schließlich die Unterschiede zwischen konventionellen Einspurmodellen (3.50,3.51) und der hier verwendeten, allgemeineren Modellkonzeption (3.29-3.37) herausgestellt werden. Die Vernachlässigung der Reifendynamik führt unterhalb einer bestimmten Grenzgeschwindigkeit zu einem vermeintlich aperiodisch gedämpften Systemverhalten, wie beispielsweise auch Zomotor zeigt [175]. – Aufgrund der real wirkenden Reifennachgiebigkeiten sind lineare Einspurmodelle praktisch nur für mittlere und höhere Geschwindigkeiten geeignet, wenn der Seitenkraftaufbau mehr oder minder spontan erfolgt. Ferner ist festzustellen, daß (3.50,3.51) gewöhnlich für Betriebspunkte mit verschwindender Quer- und Längsbeschleunigung konstituiert werden, während das verallgemeinerte Modellkonzept keine Restriktionen in der Wahl des Ausgangs-Fahrzustands erfordert.

3.3.5   Fahrzustand und Fahrzeugquerdynamik

3.3.5.1   Konsequenzen varianter Querdynamikeigenschaften

Wie im vorangehenden Abschnitt dargestellt, können die Änderungen der dynamischen Kenngrößen eines Fahrzeugs – hervorgerufen durch Variationen des Fahrzustands oder der Umweltbedingungen – als Maß für die Schwierigkeit der Fahraufgabe angesehen werden. Dabei ist anzunehmen, daß der Fahrer im Rahmen seiner normalen Fahrtätigkeit eine gewisse Modellvorstellung vom Verhalten seines Fahrzeugs entwickelt und seine Regel- bzw. Steuerstrategie dementsprechend abstimmt (vgl. [123]).

Veränderungen der Fahrzeugeigenschaften (bzw. der Umgebung) führen daher grundsätzlich zur Verstimmung des geschlossenen Regelkreises und zu einer mehr oder minder ausgeprägten Verschlechterung des Stabilitätsverhaltens. In kritischen Fahrsituationen kann dies zur Folge haben, daß das Adaptionsvermögen des Fahrers nicht ausreicht, seine Steuerstrategie in geeigneter Weise zu verändern, und – im ungünstigsten Fall – zum Unfall führen.

Analysen von Unfalldaten zeigen, daß ein erheblicher Teil der schweren Verkehrsunfälle mit Unstimmigkeiten zwischen Fahrereingriff und Fahrzeugreaktion verbunden sind. Die Änderungen der dynamischen Eigenschaften eines Fahrzeugs während der Fahrt müssen daher in direktem Zusammenhang mit der Fahrsicherheit gesehen – und vor dem Hintergrund der Fahrereigenschaften kritisch bewertet werden. Im folgenden soll dies am Beispiel eines typischen, vergleichsweise sicher abgestimmten Mittelklassefahrzeugs aufgezeigt werden.

3.3.5.2 Einflüsse von Längsgeschwindigkeit und -beschleunigung

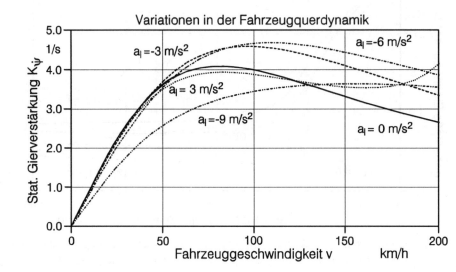

Abb. 3.13: Zum Einfluß der Längsgeschwindigkeit und -beschleunigung auf die Fahrzeugquerdynamik (Verallg. Einspurmodell, $EG=0.3°/ms^{-2}$, $a_q=0$).

Im Hinblick auf die Fahrzeugquerdynamik kann der Fahrzustand allgemein durch
die Fahrgeschwindigkeit v und die am Fahrzeug angreifenden Längs- und Querbeschleunigungen a_l, a_q charakterisiert werden (vgl. Abschn. 3.3.3). In Verbindung
mit dem Kraftschluß μ zwischen Reifen und Fahrbahn legen diese Größen die
Fahrzeugeigenschaften – im betrachteten Betriebsbereich – weitgehend fest.

Dabei nimmt die Geschwindigkeit v eine besondere Position ein, denn es ist davon auszugehen, daß der Fahrer aufgrund seiner Erfahrungen und den verkehrli-
chen Randbedingungen geschwindigkeitsabhängige Steuerstrategien verfolgt (vgl.
[123]). In den Abbn. 3.13 u. 3.14 ist der Einfluß der Fahrgeschwindigkeit v auf
die Gierverstärkung K_ψ und die Giereigenfrequenz f_d dargestellt. – Beide Effekte
müssen im Regelungskonzept des Fahrers berücksichtigt werden, wenn sich ein
stabiler und sicherer Fahrzustand einstellen soll.

Im Hinblick auf die Gierverstärkung wird hier die Bedeutung der konstruktiv ein-
gebrachten Untersteuertendenz ($EG>0$) deutlich. Durch den gewählten positiven
Eigenlenkgradienten kann der Anstieg von K_ψ mit wachsender Geschwindigkeit
derart begrenzt werden, daß die maximale Gierverstärkung bei etwa $100 km/h$
erreicht wird. Ein neutral- oder übersteuerndes Fahrzeug würde hingegen beliebig große Gierverstärkungen ermöglichen und folglich kaum beherrschbar sein. –
Diese Zusammenhänge können auf der Basis der vorgestellten Modelle explizit

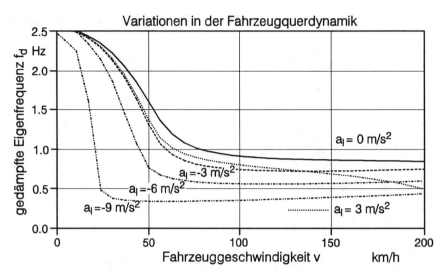

Abb. 3.14: Zum Einfluß der Längsgeschwindigkeit und -beschleunigung auf die Fahrzeugquerdynamik (Verallg. Einspurmodell, $EG = 0.3°/ms^{-2}$, $a_q = 0$).

hergeleitet werden:

$$K_{\dot{\psi}} = \frac{v}{l_l + \dfrac{v^2 EG}{\cos \beta} + \dfrac{m\,v^2 a_l h_s}{l_l g}\left(\dfrac{1}{c_{\alpha,v}} + \dfrac{1}{c_{\alpha,h}}\right)} \overset{EG>0.1°/ms^{-2}}{\approx} \frac{v}{l_l + v^2 EG}. \quad (3.59)$$

Der Einfluß der Längsbeschleunigung a_l auf die Gierverstärkung macht deutlich, daß beim Bremsen oder Beschleunigen i.a. Lenkkorrekturen erforderlich sind, wenn die gewünschte Kurslinie ($a_q \neq 0$) aufrecht erhalten werden soll.

Gravierender erscheint jedoch die Abnahme der Giereigenfrequenz infolge größerer Längskraftbeanspruchungen. Nach Abb. 3.14 kann das Fahrzeug in Grenzsituationen um bis zu Faktor drei langsamer bzw. träger reagieren als es der Fahrer im normalen Fahrbetrieb gewohnt ist. Dies führt häufig zu überzogenen Fahrereingriffen und infolgedessen zur vollständigen Destabilisierung des Systems Fahrer-Fahrzeug.

Moderne Fahrdynamikregelungen, wie etwa die sog. Aktive Hinterachskinematik von BMW, versuchen, das Ausmaß solcher fahrzustandsbedingten Änderungen der Streckeneigenschaften zu begrenzen, indem sie das effektive Fahrzeugverhalten durch unterlagerte Stelleingriffe – im Falle der AHK durch aktives Lenken der Hinterräder – in Richtung eines einfachen, invarianten Fahrzeugmodells korrigieren [158].

3.3.5.3 Querdynamik bei Kurvenfahrt unter Längskräften

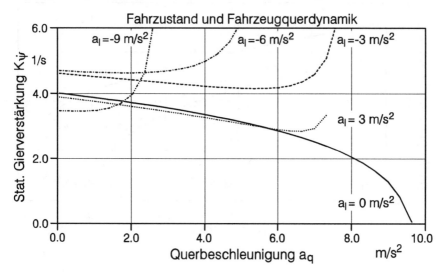

Abb. 3.15: Statische Gierverstärkung $K_{\dot\psi}$ bei Kurvenfahrt auf verschiedenen Bahnradien ($v = 100km/h$).

Die Wirksamkeit und der Nutzen von Fahrdynamikregelungen wird noch deutlicher, wenn man die möglichen Änderungen des Fahrverhaltens bei simultaner Längs- und Querkraftbeanspruchung diskutiert. In den Abbn. 3.15-3.17 sind die Querdynamikparameter $K_{\dot\psi}$, f_d und D in Abhängigkeit von der Längs- und Querbeschleunigung dargestellt. Die Verläufe wurden auf der Basis der o.g. Modelle für ein typisches, im wesentlichen untersteuerndes Mittelklassefahrzeug ermittelt. Der Eigenlenkgradient beträgt $EG = 0.3°/ms^{-2}$, die Auswertung bezieht sich auf eine Geschwindigkeit von $v = 100km/h$.

Wesentlich ist hier, daß die Erfahrungen zur Fahrzeugführung gewöhnlich im Bereich kleinerer Querbeschleunigungen $|a_q| < 3m/s^2$ und moderater Längsbeschleunigungen ($-4m/s^2 < a_l < 2m/s^2$) gesammelt werden. Ein durchschnittlicher Fahrer wird folglich eine Modellvorstellung des Fahrzeugverhaltens entwickeln, die mit einer Gierverstärkung von $K_{\dot\psi}^F \approx 4/s$, einer Eigenfrequenz von $f_d^F \approx 0.8Hz$ und einer Dämpfung von $D^F \approx 0.65$ korrespondiert.

Da die Fahrzeugeigenschaften im regulären Fahrbetrieb offenbar in erster Näherung invariant sind gegenüber Antriebs-, Brems- oder Lenkeingriffen, besteht für den Fahrer kein Anlaß, sich auf mögliche Änderungen des Fahrzeugverhaltens einzustellen. Darin, d.h. in der damit verbundenen Vereinfachung der normalen Fahraufgabe liegt der eigentliche Gewinn einer guten und sicheren konventionellen Fahrwerksabstimmung.

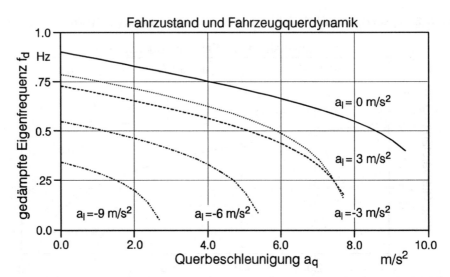

Abb. 3.16: Dominante Eigenfrequenz f_d bei Kurvenfahrt auf verschiedenen Bahnradien ($v = 100 km/h$).

Ist der Fahrer jedoch gezwungen, massivere Stelleingriffe vorzunehmen, etwa um einem plötzlich auftauchenden Hindernis auszuweichen, so wird der gewohnte Einklang zwischen erwarteter und eintretender Fahrzeugreaktion mitunter vehement gestört.

Wie Abb. 3.15 zeigt, kann die Gierverstärkung K_ψ im Prinzip zwischen 0 und $6/s$ variieren, wenn stärkere Querbeschleunigungen aufgeprägt werden. Die dominante Eigenfrequenz f_d wird durch größere Führungskraftbeanspruchungen teilweise um mehr als Faktor zwei reduziert (vgl. Abb. 3.16). Schließlich zeigen sich auch bei der Gierdämpfung erhebliche Abweichungen vom gewohnten Wert 0.65, wenn sich der Fahrzustand in Richtung der Kraftschlußgrenzen entwickelt.

Derartige Parametervariationen tragen i.a. zur Destabilisierung des Regelkreises Fahrer-Fahrzeug-Umgebung bei, denn sie zwingen den Fahrer, neben der normalen Steuerungsaufgabe ein kompliziertes nichtlineares Regelungsproblem zu lösen [123]. Der Einfluß dieser Phänomene auf die Fahrsicherheit ist offensichtlich.

Eine grundlegende Diskussion der Sicherheitsfragen würde jedoch den Rahmen dieser Betrachtung sprengen, da sie zumindest gleichwertige Modellvorstellungen vom Verhalten des Fahrers in kritischen Fahrsituationen voraussetzen würde. Der Abschnitt sollte sich vielmehr auf die Darstellung und Analyse der fahrzeugseitigen Problembeiträge beschränken und aufzeigen, daß die entwickelten Querdynamikmodelle sowohl in dieser Hinsicht als auch für weitreichendere Untersuchungen des geschlossenen Regelkreises geeignet sind.

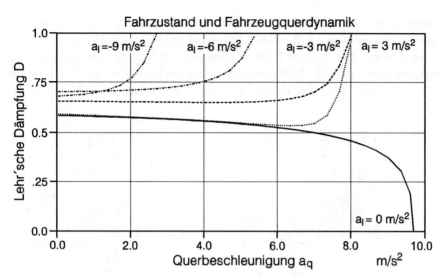

Abb. 3.17: Gierdämpfung D (Lehr'sches Dämpfungsmaß) bei Kurvenfahrt auf verschiedenen Bahnradien ($v = 100km/h$).

3.4   Integration des Wankfreiheitsgrades

Die bisher behandelten Querdynamikmodelle reduzieren das Fahrzeugverhalten auf die Freiheitsgrade „Gieren" und „Quertranslation". Zentrale Fahrzeugeigenschaften, wie das Lenkverhalten oder die Stabilität im Grenzbereich, können auf dieser Basis en detail untersucht werden. Aufgrund der kinematischen und kinetischen Kopplungen ist das Konzept jedoch nur bedingt richtig, denn die für die Querbewegung maßgeblichen Kräfte regen i.a. einen weiteren rotatorischen Freiheitsgrad an: die Wankbewegung um die Fahrzeuglängsachse (vgl. Abb. 3.18).

Dadurch ändert sich nicht nur die Dynamik, sondern auch das Stationärverhalten des Fahrzeugs. Letzteres wird in erster Linie durch die degressiven Radlast-Seitenkraft-Kennlinien hervorgerufen. Beide Effekte können durch entsprechende Parametrierung in die behandelten Modelle eingearbeitet werden. – In diesem Abschnitt soll jedoch der direkte Weg beschritten werden, die Wankbewegungen explizit zu beschreiben und die damit verbundenen Phänomene aufzuzeigen.

3.4.1   Kinematik und Kinetik der Wankbewegung

3.4.1.1 Wankzentrum und Rollachse

Durch Unterschiede in den Aufstandskräften F_l, F_r der linken und rechten Fahr-

zeugseite entstehen i.a. Drehmomente um die Fahrzeuglängsachse, die den Fahrzeugaufbau gegenüber der Radführung verspannen. Gleiches gilt unter Anwesen-
heit von Querkräften F_y und führt zur Verdrehung bzw. Querneigung des Fahrzeugaufbaus, wie in Abb. 3.18 dargestellt. Der Drehpunkt dieser Wankbewegungen, der sog. Wankpol, wird durch die Geometrie der Rad- bzw. Achsaufhängun-
gen festgelegt.

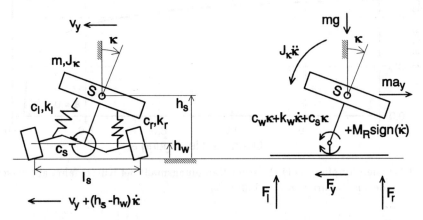

Abb. 3.18: Zur Beschreibung der Wankbewegungen eines Fahrzeugs.

Bei Personenkraftwagen befindet sich der Fahrzeugschwerpunkt S meist etwa
$h_s = 0.5 \cdots 0.7m$ über der Fahrbahn; die Wankpolhöhe nimmt Werte von $h_w =
0.1 \cdots 0.3m$ an. Die mit dem Wankpol korrespondierende Rollachse ist in der Regel
leicht nach vorn geneigt. – Daraus resultierende schwache Kopplungen zwischen
Wank- und Gierbewegungen werden hier jedoch nicht betrachtet.

3.4.1.2 Aufstands- und Querkräfte

Eine globale Kräfte- und Momentenbilanz für die Fahrzeugmittelebene liefert
nach Abb. 3.18:

$$m\, a_y \;=\; F_y; \tag{3.60}$$

$$J_\kappa\, \ddot\kappa \;=\; (F_l - F_r)\frac{l_s}{2} + F_y h_s. \tag{3.61}$$

m und J_κ beschreiben die Fahrzeugträgheiten gegenüber Translationen bzw. Ro-
tationen um die Längsachse; a_y ist die wirksame Querbeschleunigung, κ der
Wankwinkel und l_s die effektive Spurweite. Die Radlasten F_l und F_r fassen die
Vertikalkräfte an den linken bzw. rechten Rädern zusammen; F_y steht für die
Summe aller Reifenkräfte in Fahrzeugquerrichtung. Da die realen Wankwinkel i.a.

klein sind, können die geometrischen Verschiebungen des Fahrzeugschwerpunkts relativ zur Achsmitte – gegenüber $l_s/2$ – vernachlässigt werden.

Unter Berücksichtigung des Fahrzeuggesamtgewichts ($F_l + F_r = mg$) ergeben sich die dynamischen Radlasten zu:

$$F_l = \frac{m\,g}{2} - \frac{h_s}{l_s}\,m\,a_y + J_\kappa\frac{\ddot{\kappa}}{l_s}; \quad F_r = \frac{m\,g}{2} + \frac{h_s}{l_s}\,m\,a_y - J_\kappa\frac{\ddot{\kappa}}{l_s}. \quad (3.62)$$

3.4.1.3 Dynamische Beschreibung der Fahrzeugquerneigung

Die Feder- und Dämpferelemente der Radaufhängung sowie ggf. vorhandene Stabilisatoren an den Achsen erzeugen Kräfte und Momente, die der Wankbewegung des Fahrzeugaufbaus entgegenwirken (vgl. Abschn. 3.5.2). Sofern die Wankpolhöhe h_w und die Schwerpunkthöhe h_s verschieden sind, stehen die Wankbewegungen κ in einem festen Zusammenhang zur Querbeschleunigung a_y:

$$J_\kappa\ddot{\kappa} + k_w\dot{\kappa} + (c_w + c_s)\,\kappa + M_R\,\mathrm{sign}(\dot{\kappa}) = (h_s - h_w)\,m\,a_y. \quad (3.63)$$

Die Parameter k_w, c_w und M_R können auf die linearen Feder- und Dämpferkonstanten und die Reibung in der Radaufhängung zurückgeführt werden. Geometrische und konstruktive Nichtlinearitäten sowie die für die niederfrequenten Wankbewegungen weniger bedeutsame Achsdynamik werden hier nicht berücksichtigt. Die vertikale Nachgiebigkeit der Reifen kann durch eine angemessene Reduktion der Federsteife c_w eingearbeitet werden. c_s beschreibt die summarische Steifigkeit der Stabilisatoren gegenüber Drehungen um die Wankachse des Fahrzeugs.

3.4.1.4 Zur Modellierung der Wankdynamik

Aufgrund der gegenläufigen Einfederbewegungen auf beiden Fahrzeugseiten spielen die dominanten Nichtlinearitäten der Radaufhängung, etwa die Asymmetrie der Aufbaudämpfung κ_a, beim Wanken keine Rolle. Es ist daher gerechtfertigt, die Wankdämpfung und die Wankkinematik durch lineare Ansätze zu beschreiben. Daraus ergibt sich die Möglichkeit, die Wankbewegungen eines Fahrzeugs direkt aus der Querbeschleunigung a_y zu errechnen, indem man die obige Differentialgleichung (3.63) numerisch integriert.

Der Wankfreiheitsgrad verhält sich insbesondere bei Personenkraftwagen, die aus Komfortgründen möglichst geringe Reibungskräfte in der Radaufhängung aufweisen sollten, weitgehend linear. Im Gegensatz zu den meisten anderen Aufbaufreiheitsgraden kann im Falle des Wankens in der Regel auf eine direkte Sensierung verzichtet werden, da das Systemmodell (3.63) mit Querbeschleunigungsdaten vergleichbare Ergebnisse liefert (vgl. Abb. 3.19).

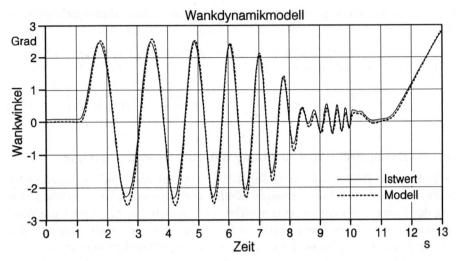

Abb. 3.19: Zur Güte des Wankdynamikmodells – Vergleich zwischen dem realen Wank-winkel und einer Schätzung auf der Basis der Querbeschleunigung a_y (Lenk-winkelsweep, anschließend gleichförmiges Einlenken, $v = 100 km/h$).

3.4.2   Erweiterte Querdynamikmodelle

Aufgrund der stets vorhandenen Kopplung zwischen Querbewegungen und -nei-gungen eines Fahrzeugs bietet sich an, die zugehörigen dynamischen Modelle mit-einander zu verbinden. Die Konsistenz des Ansatzes wird dadurch nicht gefährdet, denn die Systemdarstellungen (3.29-3.32,3.36,3.37) und (3.63) sind physikalisch kompatibel. Wie Abb 3.18 andeutet, müssen lediglich die kinematischen Bezie-hungen des Gesamtmodells aufeinander abgestimmt werden.

Die Anregung a_y der Wankbewegung κ nach (3.63) ist – infolge der mitbeweg-ten Einspurmodell-Koordinaten – durch die fahrzeugfeste Querbeschleunigung a_q erklärt:

$$a_y \equiv a_q = \dot{v}_q + v_l \dot{\psi}. \tag{3.64}$$

Umgekehrt liefern die Wankgeschwindigkeiten $\dot{\kappa}$ gewisse Beiträge zur Kontakt-kinematik zwischen Reifen und Fahrbahn. Die Schräglaufparameter α_v, α_h an Vorder- und Hinterachse ergeben sich zu (vgl. (3.33,3.35)):

$$\alpha_h = \frac{l_h \dot{\psi} - v_q - (h_s - h_w)\dot{\kappa}}{|v|};$$

$$\alpha_v \approx \tan\delta - \frac{l_v \dot{\psi} + v_q + (h_s - h_w)\dot{\kappa}}{|v|}. \tag{3.65}$$

Durch die neue Kinematik und (3.63) wird das ursprüngliche Querdynamikmodell nach Abschn. 3.3 um einen vollständigen Freiheitsgrad erweitert. Dabei zeigt sich, daß der vergleichsweise träge Wankfreiheitsgrad vor allem bei hochdynamischen Lenkeingriffen Einfluß auf die Fahrzeugreaktionen nimmt und folglich berücksichtigt werden sollte. Die Änderungen in den stationären und quasistationären Fahrzeugeigenschaften sind hingegen – mit Ausnahme des parametrisch formulierbaren Eigenlenkverhaltens – meist vernachlässigbar.

3.4.3 Fahrzeugabstimmung durch Stabilisatoren

3.4.3.1 Stationäre Kurvenneigung

Bei stationärer Kurvenfahrt stellt sich ein von der Querbeschleunigung a_q abhängiger, konstanter Wankwinkel κ ein. Unter Vernachlässigung der Reibung in der Radaufhängung $(M_R \approx 0)$ ergibt sich:

$$\kappa = \frac{M_\kappa}{c_s + c_w}; \qquad M_\kappa = (h_s - h_w)\, m\, a_y. \tag{3.66}$$

Tatsächlich trägt also nur ein Teil des von außen angreifenden Wankmoments $h_s m a_y$ zur Entstehung der Querneigung bei. – Würde man den Wankpol konstruktiv auf Schwerpunkthöhe anheben, so hätten die Fahrzeugquerbeschleunigungen praktisch keinen Einfluß auf den Wankfreiheitsgrad. Die i.a. als störend empfundenen Wankbewegungen des Fahrzeugs bei Kurvenfahrt könnten somit weitgehend vermieden werden. Die Kopplung der beiden Freiheitsgrade bietet jedoch eine elegante – und in praxi kaum verzichtbare – Möglichkeit zur Abstimmung des globalen Fahrverhaltens, wie im folgenden beschrieben.

3.4.3.2 Beeinflussung der Steuertendenz

Aufgrund verschiedener technischer Randbedingungen werden die Wankzentren heutiger Fahrzeuge meist deutlich unterhalb des Fahrzeugschwerpunkts positioniert. Eines der wesentlichen Kriterien für dieses Gestaltungsprinzip ist, daß man die stationäre Steuertendenz eines Fahrzeugs – Unter-, Übersteuern oder Neutralverhalten – im Falle von $h_s \neq h_w$ konstruktiv beeinflussen bzw. festlegen kann, wenn man die Stabilisatoren an den Fahrzeugachsen in geeigneter Weise dimensioniert.

Man nutzt dabei die Degressivität der Seitenkraft-Radlast-Kennlinien (vgl. Abschn. 4), indem für die zu stabilisierende Achse – meist die Hinterachse – eine möglichst geringe, für die zu destabilisierende hingegen eine möglichst große Spreizung der Radlasten zwischen linkem und rechtem Rad angestrebt wird. Ersteres führt zu einer Reduktion, letzteres zu einer Erhöhung der Schräglaufwinkel, die zum Übertragen einer definierten Seitenkraft erforderlich sind. – Das Bestreben eines Fahrzeugs, in Grenzsituationen auszubrechen, verlagert sich zu der Achse mit dem größeren Schräglaufwinkelbedarf.

Diese Möglichkeit der Fahrwerksabstimmung beruht letztlich darauf, daß die Anbindung des Fahrzeugaufbaus an die Fahrbahn mit vier Rädern statisch überbestimmt ist. Der daraus resultierende „innere Freiheitsgrad" wird hier, mehr oder minder willkürlich – zur Aufteilung des anstehenden Wankmoments zwischen Vorder- und Hinterachse verwendet.

Im stationären Zustand sind die Radlasten eines Fahrzeugs durch die Geometrie (Radstand l_l, Spurweite l_s, Schwerpunktabstände der Achsen l_v, l_h und Schwerpunkthöhe h_s) und die wirksamen Beschleunigungen in Längs- und Querrichtung a_x, a_y vollständig bestimmt:

$$
\begin{aligned}
F_{v,l} + F_{v,r} + F_{h,l} + F_{h,r} &= m\,g\ (+m\,a_z); \\
-(F_{v,l} - F_{v,r} + F_{h,l} - F_{h,r})\,\frac{l_s}{2} &= h_s\,m\,a_y; \\
-(F_{v,l} + F_{v,r})\,\frac{l_v}{l_l} + (F_{h,l} + F_{h,r})\,\frac{l_h}{l_l} &= h_s\,m\,a_x.
\end{aligned}
\tag{3.67}
$$

Die fehlende vierte Bedingung ergibt sich aus den mit der Einfederung verbundenen Lastverlagerungen zwischen den Rädern. Die Momentenbilanzen für die Achsen liefern unter Vernachlässigung der Reibung M_R (vgl. Abb. 3.18):

$$
\begin{aligned}
-(F_{v,l} - F_{v,r})\,\frac{l_s}{2} &= h_w\,F_{y,v} + (c_{w,v} + c_{s,v})\kappa; \qquad & F_{y,v} &= \frac{l_h}{l_l}\,m\,a_y; \\
-(F_{h,l} - F_{h,r})\,\frac{l_s}{2} &= h_w\,F_{y,h} + (c_{w,h} + c_{s,h})\kappa; \qquad & F_{y,h} &= \frac{l_v}{l_l}\,m\,a_y,
\end{aligned}
\tag{3.68}
$$

wobei der stationäre Wankwinkel κ analog zu (3.66) bestimmt wird:

$$
\kappa = \frac{(h_s - h_w)\,m\,a_y}{c_{w,v} + c_{s,v} + c_{w,h} + c_{s,h}}.
\tag{3.69}
$$

Die Addition der Gleichungen (3.68) führt in Verbindung mit (3.69) auf die mittlere Form in (3.67). Insgesamt ist somit eine zusätzliche Relation für die Radlastverteilung entstanden.

Unter der naheliegenden Annahme, daß die Aufbaufederkennungen auf die statischen Vertikalkräfte abgestimmt sind ($c_{w,v} = l_h c_w/l_l$, $c_{w,h} = l_v c_w/l_l$), erhält man für die Radlastdifferenzen an Vorder- und Hinterachse:

$$
\begin{aligned}
\Delta F_v &= F_{v,r} - F_{v,l} = \frac{2}{l_s}\left(\frac{l_h}{l_l}\,h_w + \frac{l_h/l_l + \gamma_v}{1 + \gamma_v + \gamma_h}\,(h_s - h_w)\right) m\,a_y; \\
\Delta F_h &= F_{h,r} - F_{h,l} = \frac{2}{l_s}\left(\frac{l_v}{l_l}\,h_w + \frac{l_v/l_l + \gamma_h}{1 + \gamma_v + \gamma_h}\,(h_s - h_w)\right) m\,a_y.
\end{aligned}
\tag{3.70}
$$

Die normierten Parameter γ_v und γ_h beschreiben den Steifigkeitsbeitrag der Stabilisatoren in Relation zur summarischen Wanksteifigkeit c_w der Radaufhängungen:

$$\gamma_v = \frac{c_{s,v}}{c_w}; \qquad c_w = c_{w,v} + c_{w,h}. \tag{3.71}$$

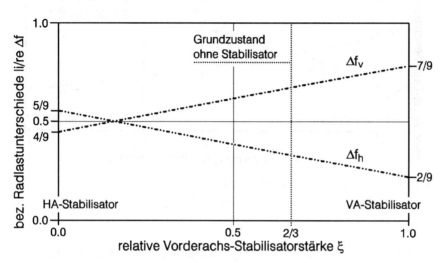

Abb. 3.20: Normierte Radlastdifferenzen $\Delta f_{v/h} = \Delta F_{v/h}/ma_y$ für verschieden starke Stabilisatoren an Vorder- und Hinterachse ($\gamma_v = \xi$, $\gamma_h = 1-\xi$).

In Abb. 3.20 ist die Wirkung verschiedener Stabilisatorkonzepte auf die Radlastverteilung für ein durchschnittliches Fahrzeug dargestellt ($l_s = l_l/2$, $l_h = 2l_v = 2l_l/3$, $h_w = h_s/3 = l_s/6$). Dabei wird die Gesamtstärke der Stabilisatoren festgehalten ($c_{s,v} + c_{s,h} = c_w$), deren Wirkung aber zwischen Hinterachse ($\xi = 0$) und Vorderachse ($\xi = 1$) variiert. Die aufgetragenen Radlastdifferenzen zeigen, daß die Spreizung um mehr als 30% verändert werden kann, wenn man hinreichend starke Stabilisatoren vorsieht.

3.4.3.3 Stabilisatorkonzepte und Fahrzeugverhalten

Um die fahrdynamischen Auswirkungen unterschiedlicher Stabilisatorkonzepte beurteilen zu können, müssen die Reifeneigenschaften in die Betrachtung einbezogen werden (vgl. Abschn. 4). Auf dieser Grundlage lassen sich – in Verbindung mit den obigen Beziehungen – die maximalen Querbeschleunigungen $a_{y,VA}^{max}$ und $a_{y,HA}^{max}$ bestimmen, die von der Vorder- bzw. der Hinterachse übertragen werden können. Aus Gründen der Übersicht werden Längskräfte hierbei nicht berücksichtigt.

Abb. 3.21 zeigt die Achsgrenzbeschleunigungen für die oben diskutierte Fahrzeuggeometrie. Die Degression der Seitenkraft-Radlast-Kennlinien wird dabei mit

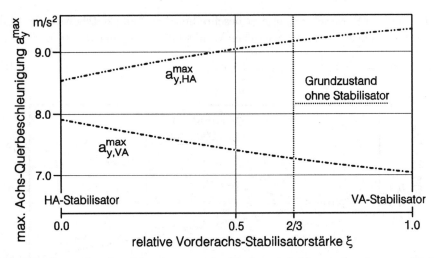

Abb. 3.21: Grenz-Querbeschleunigungen der Vorder- und Hinterachse für verschiedene Stabilisatorkonzepte ($\gamma_v = \xi$, $\gamma_h = 1-\xi$) mit den Reifenparametern $\mu_{max} = 1$, $\varepsilon_z = 1/12$.

einem für kleinere Reifenbauformen typischen Wert von $\varepsilon_z = 1/12$ formuliert. Aufgrund der um Faktor 2 höheren Radlast wird die Kurvengrenzbeschleunigung des betrachteten Fahrzeugs stets durch die Kraftübertragung an der Vorderachse bestimmt. Ohne Stabilisatoren bzw. bei neutraler Abstimmung beträgt die maximale Querbeschleunigung auf trockener, griffiger Fahrbahn ($\mu_{max} = 1$) gerade $7.3 m/s^2$. Die starke Degression ε_z der Reifenkennlinie führt zu einem deutlich untersteuernden Fahrverhalten.

Das Kraftübertragungspotential der Hinterachse wird in diesem Auslegungszustand lediglich zu etwa 80% genutzt. Durch einen entsprechend dimensionierten Stabilisator an dieser Achse ($\xi \to 0$) können die Vertikalkräfte der einzelnen Räder günstiger verteilt werden. Die maximale Fahrzeugquerbeschleunigung läßt sich dadurch um fast 10% steigern, wobei die verbleibende Hinterachsgrenzbeschleunigung mit einem Abstand von ca. $0.7 m/s^2$ – nach wie vor – hinreichende Reserven zur Sicherung der Fahrstabilität vorhält.

3.5   Vertikaldynamik

3.5.1   Fahrbahnunebenheiten

Im normalen Fahrbetrieb sind Fahrbahnunebenheiten als die hauptsächliche Ursache bzw. Anregung für Fahrzeugschwingungen zu betrachten. Sie werden damit zu einem der wesentlichen Faktoren für die Beurteilung und Weiterentwicklung des Fahrkomforts und der Fahrsicherheit.

3.5.1.1 Fahrbahneigenschaften in Längsrichtung

Im Rahmen einer Vielzahl von Messungen hat sich gezeigt, daß das Höhenprofil ξ_x einer Fahrspur als örtlich stationärer Prozeß beschrieben werden kann [29, 102]. ξ_x ist in guter Näherung gaußverteilt und kann somit durch die Überlagerung vieler unabhängiger Ansatzfunktionen (vgl. [150]) oder durch lineare Filtersysteme auf der Basis Weißen Rauschens (vgl. [4]) synthetisiert werden.

Zur vollständigen Charakterisierung einer Fahrspur ist es folglich ausreichend, das zugehörige Leistungsdichtespektrum $S(\Omega)$ anzugeben:

$$S_\xi(\Omega) \;=\; \int_{-\infty}^{\infty} R_\xi(\Delta x)\; e^{-j\,\Omega\,\Delta x}\; d\Delta x; \qquad R_\xi(\Delta x) \;=\; \mathrm{E}\{\xi_x\,\xi_{x+\Delta x}\}. \qquad (3.72)$$

Der Parameter Ω erweist sich als Wegkreisfrequenz, seine Dimension ist $1/m$. E ist der in der Stochastik gebräuchliche Erwartungswertoperator. Liegt eine Realisierung $\xi(x)$ des Prozesses ξ_x vor, so kann die o.g. Autokorrelationsfunktion $R_\xi(\Delta x)$ gemäß folgender Meßvorschrift approximiert werden:

$$R_\xi(\Delta x) \;\approx\; \frac{1}{X-\Delta x} \int_0^{X-\Delta x} \xi(x)\;\xi(x+\Delta x)\; dx; \qquad X \gg \Delta x. \qquad (3.73)$$

Die Leistungsdichtespektren der meisten öffentlichen Straßen und Wege lassen sich – bei doppelt-logarithmischer Auftragung – durch Geradengleichungen recht gut annähern [29, 61]:

$$S_\xi(\Omega) \;=\; S_0 \left(\frac{\Omega}{\Omega_0}\right)^{-w}. \qquad (3.74)$$

Die Fahrbahneigenschaften können somit durch zwei Parameter repräsentiert werden, den Intensitätswert S_0 an einer beliebig gewählten Stelle $\Omega = \Omega_0$ und die sog. Welligkeit w der Fahrbahn. Die Welligkeiten nehmen i.a. Werte zwischen $w = 1.5\cdots3.5$ an. Die spektralen Intensitäten liegen im Bereich von $S_0 \approx 1 cm^3$ für neue, hochwertige Autobahnbeläge und bis zu $S_0 > 100 cm^3$ für schlechte bzw. beschädigte Landstraßen oder sonstige Wegstrecken. Die Daten beziehen sich auf eine Wegkreisfrequenz von $\Omega_0 = 1/m$.

Wie neuere Messungen zeigen, nimmt die Welligkeit w im allgemeinen mit der Güte des Fahrbahnbelags zu [61]. Im englischsprachigen Raum werden die Fahrbahnbeläge teilweise auch mit zwei Geradenabschnitten unterschiedlicher Steigung charakterisiert. Zugunsten der Übersicht wird hier jedoch auf eine weitere Modellverfeinerung verzichtet und stattdessen auf die in der Literatur bekannten allgemeingültigen Ansätze zur Synthese von Fahrbahnunebenheiten verwiesen [4, 71, 150].

3.5.1.2 Modellbildung auf der Basis linearer Filter

Für eine Vielzahl von Fahrbahnbelägen geringer bis mittlerer Qualität wurden Welligkeiten im Bereich von $w \approx 2$ ermittelt. Diese Fahrbahnkategorie, die vor allem für Fragen der Fahrsicherheit von großer Bedeutung ist, läßt sich in einfacher Weise durch das Modell des „Geschwindigkeitsrauschens" nachbilden:

$$\xi_x' = \frac{d\xi_x}{dx} = \sqrt{S_0}\,\Omega_0\,\eta_x. \tag{3.75}$$

Dabei ist η_x ein normierter, stationärer Weißer Rauschprozeß $(S_\eta(\Omega) \equiv 1)$; ξ_x' bezeichnet die 1.Ableitung des Unebenheitsprozesses ξ_x nach der Ortskoordinate x. Bei Fahrten mit konstanter Geschwindigkeit v kann die Fahrbahnanregung als Zeitfunktion $\xi(x) = \xi(vt)$ aufgefaßt werden. Deren zeitliche Ableitung $\dot{\xi} = \xi'v$ ist im Falle von (3.75) äquivalent zu einer Realisierung Weißen Rauschens, woraus die Modellbezeichnung abgeleitet wird.

Die bisher diskutierten Ansätze legen ein Unebenheitsmodell nahe, dessen Energieinhalt grundsätzlich nicht beschränkt ist. Das entspricht zwar den Meßergebnissen, ist aber für praktische Untersuchungen ungeeignet, da die interessierenden stationären Betriebszustände erst nach längeren Beobachtungszeiträumen erreicht werden. Es erscheint daher zweckmäßig, die niederfrequenten Signalanteile – soweit sie außerhalb des relevanten Frequenzbandes liegen – zu begrenzen. In praxi bedeutet dies, die langwelligen Steigungs- und Gefällekomponenten einer Fahrstrecke aus der Fahrdynamikanalyse herauszulösen.

Für Welligkeiten $w \leq 2$ können die Signalintensitäten in eleganter Weise durch ein Filter 1.Ordnung im Ortsbereich beschränkt werden:

$$\xi_x' + \Omega_c\xi_x = \sqrt{S_0}\,\Omega_0\,\eta_x. \tag{3.76}$$

Die Orts-Grenzfrequenz Ω_c ist dabei so zu wählen, daß die kleinste interessierende Fahrzeugfrequenz f_c bei der betrachteten Fahrgeschwindigkeit v hinreichend stark angeregt wird:

$$\Omega_c\xi_x < \frac{2\pi f_c}{v}. \tag{3.77}$$

Mit der komforttypischen Frequenzgrenze von $f_c \approx 0.5 Hz$ erhält man beispielsweise bei $v = 100 km/h$ eine maximale cut-off-Frequenz von $\Omega_c = 0.1/m$; die Grenzwellenlänge beträgt damit $\lambda_c = 60 m$.

Aufgrund der Interaktion des Fahrbahnprofils mit einfachen Reifenmodellen, die einen punktförmigen Reifen-Fahrbahn-Kontakt unterstellen (vgl. Abschn. 4), sollte das Unebenheitsmodell um eine weitere Filterkomponente ergänzt werden, welche die Mittelungswirkung der Reifenaufstandsfläche annähert. Diese sog. „Latschfilterung" ist real ein komplizierter nichtlinearer Mittelungsprozeß, der nur mit großem analytischen bzw. numerischen Aufwand exakt beschrieben werden kann [63].

Im Sinne einer klaren Abgrenzung der Systemkomponenten ist die Latschfilterung primär der Reifenphysik – und damit dem Reifenmodell – zuzuordnen. Die hier angestrebte Modellierungstiefe legt jedoch nahe, die vertikalen Kontaktzoneneffekte pragmatisch und effektiv im Rahmen des Fahrbahnmodells abzuhandeln. Dadurch kann der Frequenzinhalt der auf das Fahrzeug wirkenden Unebenheitsanregungen weitgehend korrekt nachgebildet werden, sofern die Störungsamplituden nicht allzu groß sind. Diese Art der Modellerweiterung gestaltet sich zudem äußert einfach, da die Latschfilterung selbst ein in erster Linie ortsabhängiger Prozeß ist.

Durch die Aufstandsfläche des Reifens werden Unebenheiten, deren Wellenlänge kleiner als die Länge λ_a der Kontaktzone ist, nur in abgeschwächter Form in Vertikalauslenkungen umgesetzt. Ein Reifenmodell mit Punktkontakt in Vertikalrichtung erfährt somit eine modifizierte Unebenheitsanregung $\bar{\xi}_x$, welche z.B. durch ein Filter 1.Ordnung beschrieben werden kann:

$$\frac{\bar{\xi}_x'}{\Omega_a} + \bar{\xi}_x = \xi_x. \tag{3.78}$$

Bei typischen Latschlängen von $l_a \approx 0.2m$ ist die Frequenzkonstante für Pkw-Reifen mit etwa $\Omega_a = 30/m$ festzulegen. Im Zeitbereich führt die Latschmittelung auf obere Grenzfrequenzen von $f_a \approx 5v/m$ für die Unebenheitsanregungen.

Aufgrund des einfachen Aufbaus lassen sich die Komponenten (3.76) und (3.78) zu einem geschlossenen Modell für die fahrzeugrelevanten Unebenheiten einer Fahrspur ξ_x zusammenfügen:

$$\frac{\xi_x''}{\Omega_a} + \left(1 + \frac{\Omega_c}{\Omega_a}\right)\xi_x' + \Omega_c\xi_x = \sqrt{S_0}\,\Omega_0\,\eta_x. \tag{3.79}$$

Für Untersuchungen mit konstanter Fahrzeuggeschwindigkeit v kann ein äquivalentes Filter im Zeitbereich formuliert werden:

$$\frac{\ddot{\xi}_t}{v^2\Omega_a} + \left(1 + \frac{\Omega_c}{\Omega_a}\right)\frac{\dot{\xi}_t}{v} + \Omega_c\xi_t = \sqrt{S_0}\,\Omega_0\,\eta_t. \tag{3.80}$$

Bei Untersuchungen instationärer Fahrzustände müssen die erforderlichen Fahrbahnprofile entweder vorab berechnet oder aber parallel zur zeitvarianten Fahrdynamiksimulation im Ortsbereich generiert werden [4].

3.5.1.3 Fahrbahneigenschaften in Querrichtung

Neben der Fahrbahncharakteristik in Längsrichtung müssen auch die statistischen Abhängigkeiten der Unebenheitsanregung in Querrichtung bei der Analyse von

Fahrzeugschwingungen berücksichtigt werden. Die Unebenheitsprofile der linken und rechten Fahrspur $\xi_{x,l}$, $\xi_{x,r}$ sollten im niederfrequenten Bereich ähnlich, für hohe Frequenzen hingegen sehr verschieden sein. Diese aus der Anschauung entwickelte Hypothese wird durch die typischen Kohärenzfunktionen $\gamma(\Omega; l_s)$ realer Fahrbahnen bestätigt (vgl. Abb. 3.22):

$$\gamma(\Omega; l_s) = \frac{|S_{r,l}(\Omega)|}{\sqrt{S_{r,r}(\Omega)\, S_{l,l}(\Omega)}}; \qquad l_s = |y_l - y_r|. \tag{3.81}$$

Die Kohärenzfunktion wird mit den Autoleistungsdichtespektren $S_{r,r}$, $S_{l,l}$ der beiden Anregungssignale normiert. $S_{r,l}$ bezeichnet das zugehörige Kreuzspektrum, l_s den Abstand zwischen den betrachteten Fahrspuren.

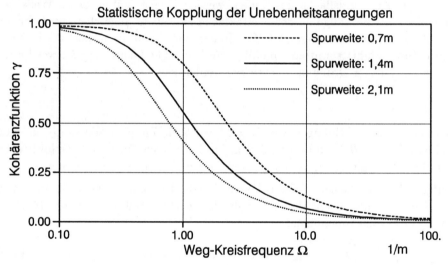

Abb. 3.22: Fahrbahneigenschaften in Querrichtung: Kohärenz zwischen den Unebenheitsanregungen an der linken und rechten Fahrspur für verschiedene Spurweiten l_s.

Auf der Basis von Fahrbahnmessungen und theoretischen Betrachtungen wurde eine einfache parametrische Näherungsform für die Kohärenzen realer Fahrbahnen entwickelt [9]:

$$\gamma(\Omega; l_s) = \left\{ 1 + \left(\frac{\Omega\, l_s^{\alpha_s}}{\Omega_p} \right)^w \right\}^{-p}. \tag{3.82}$$

Für $\alpha_s \approx 1$ bestimmen die Parameter Ω_p und p im wesentlichen die Lage und die Steigung der Kohärenzkurven im Wendepunkt. Der Parameter α_s zeigt an, welchen Abstand die Kohärenzen verschiedener Spurweiten annehmen. Für den

Exponenten p wurden vorwiegend Werte im Bereich von 0.5 ermittelt, die zugehörigen Frequenzparameter sind mit $\Omega_p = 0.7 \cdots 1.5$ einzugrenzen. Der Einfluß der Fahrzeugspurweite kann i.a. mit Koeffizienten von $\alpha_s = 0.5 \cdots 1$ beschrieben werden.

Ein Vergleich der validierten Näherung (3.82) mit dem vielfach diskutierten Modell der isotropen Straßenoberfläche zeigt, daß der Isotropieansatz zur Nachbildung realer Fahrbahnen kaum geeignet ist [9]. Letztere weisen stets eine mehr oder minder ausgeprägte Längstextur auf, wodurch der Abfall der Kohärenzkurven – im Vergleich zum Isotropiemodell – abgeschwächt und zu höheren Frequenzen verschoben wird. Daraus resultiert eine relativ stärkere Hubanregung sowie eine entsprechend verminderte Wankanregung. Die Synthese realistischer Unebenheitsanregungen sollte sich daher grundsätzlich an den Näherungen (3.74) bzw. (3.82) orientieren.

3.5.1.4 Synthese zweispuriger Unebenheitsanregungen

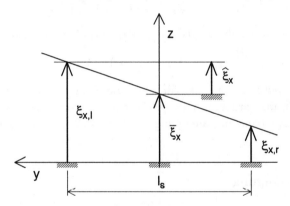

Abb. 3.23: Zur Aufteilung der Unebenheitsanregung gemäß ihrer Wirkung auf die Fahrzeugfreiheitsgrade „Heben" und „Wanken".

Die Unebenheitsanregungen der beiden Fahrspuren lassen sich in einfacher Weise in zwei orthogonale Prozesse $\bar{\xi}_x$ und $\hat{\xi}_x$ aufteilen, welche die Hub- und Wankanregungen des Fahrzeugs wiedergeben (vgl. Abb. 3.23):

$$\bar{\xi}_x = \frac{\xi_{x,l} + \xi_{x,r}}{2}; \qquad \hat{\xi}_x = \frac{\xi_{x,l} - \xi_{x,r}}{2}. \tag{3.83}$$

In Kenntnis des Spektrums der Längsanregung (3.74) und der Kohärenzfunktion (3.82) sind die Leistungsdichtespektren der Vertikal- und Wankanregung $S_{\bar{\xi}}(\Omega)$, $S_{\hat{\xi}}(\Omega)$ vollständig festgelegt:

$$S_{\bar{\xi}}(\Omega) = S_\xi(\Omega) \frac{1 + \gamma(\Omega; l_s)}{2}; \qquad S_{\hat{\xi}}(\Omega) = S_\xi(\Omega) \frac{1 - \gamma(\Omega; l_s)}{2}. \tag{3.84}$$

Die Fahrbahnhöhenverläufe $\xi_{x,l}$ und $\xi_{x,r}$ der beiden Fahrspuren erhält man somit durch die Synthese zweier unabhängiger Prozesse $\bar{\xi}_x$, $\hat{\xi}_x$ entsprechend den Leistungsdichtespektren (3.84) und eine anschließende Signal-Rekombination gemäß (3.83).

Zur Prozeßerzeugung wird man i. a. auf flexible Verfahren zurückgreifen müssen, etwa die Methode von Shinozuka [150] oder die Approximation mit vollständigen Filtern [4], um die erforderlichen Spektren hinreichend genau nachbilden zu können. Für Grundsatzuntersuchungen besteht jedoch die Möglichkeit, die Hub- und Wankanregungen $\bar{\xi}_x$, $\hat{\xi}_x$ durch drei unabhängige Prozeßgeneratoren der Form (3.79) nachzubilden:

$$\bar{\xi}_x = \frac{\sqrt{2}}{2}\,(\xi_{x,1} + \nu_{x,2}); \qquad \hat{\xi}_x = \frac{\sqrt{2}}{2}\,\nu_{x,3}. \tag{3.85}$$

Die Signale $\nu_{x,2}$ und $\nu_{x,3}$ entstehen durch Hoch- bzw. Tiefpaßfilterung der jeweiligen Basisverläufe $\xi_{x,2}$, $\xi_{x,3}$:

$$\frac{\nu'_{x,2}}{\Omega_s} + \nu_{x,2} = \xi_{x,2}; \qquad \nu'_{x,3} + \Omega_s\,\nu_{x,3} = \xi'_{x,2}. \tag{3.86}$$

Für die Kohärenzfunktion der Fahrbahn $\gamma(\Omega; l_s)$ erhält man in diesem Fall:

$$\gamma(\Omega; l_s) = \frac{\Omega_s^2}{\Omega_s^2 + \Omega^2}; \qquad \Omega_s = \Omega_s(l_s). \tag{3.87}$$

Der Frequenzparameter Ω_s muß folglich auf die Spurweite l_s des betrachteten Fahrzeugs abgestimmt werden, um die gewünschten Kohärenzeigenschaften (3.82) approximativ umzusetzen. In Anlehnung an Abb. 3.22 ist z.B. $\Omega_s \approx 1.75/l_s$ anzusetzen.

3.5.2 Radaufhängung

Die vertikale Anbindung des Fahrzeugaufbaus an die Fahrbahn ist bei konventionellen Fahrzeugkonstruktionen hauptsächlich durch Feder-Dämpfer-Kombinationen realisiert. Im Sinne einer effektiven Schwingungsisolation strebt man bei der Fahrzeugabstimmung niedrige Aufbau-Eigenfrequenzen von ca. $0.7\cdots1.5\,Hz$ an, um die Fahrerbeanspruchung im Frequenzbereich höherer subjektiver Sensibilität $(4-8\,Hz)$ möglichst klein zu halten. Bei gegebener Fahrzeugmasse sind damit die Federrate und – gemäß einer anzustrebenden globalen Lehr'schen Dämpfung von $\sqrt{2}/2$ – die Dämpferkennung im Prinzip festgelegt. Die eigentliche Fahrwerksabstimmung baut auf diesen *linearen* Überlegungen auf und versucht, durch Kombination geeigneter nichtlinearer Kraftelemente die zentralen, teilweise widersprüchlichen Designkriterien „minimale Aufbauschwingungen" und „maximale Reduktion der Radlastschwankungen" zu optimieren. Im folgenden werden die dabei verwendeten Baugruppen und ihre Modellierung beschrieben.

3.5.2.1 Ein einfaches Feder-Dämpfer-Modell

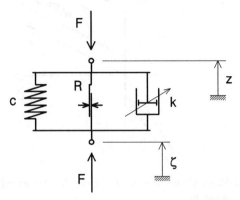

Abb. 3.24: Ein einfaches Modell für die Übertragung von Vertikalkräften in der Radaufhängung.

Unter Vernachlässigung der bewegten Massen in der Radaufhängung können
die Vertikalkräfte zwischen Fahrzeug und Fahrbahn im niederfrequenten Bereich
durch ein Kraftgesetz der Form

$$F = F_c(\zeta - z) + F_d(\dot{\zeta} - \dot{z}) \tag{3.88}$$

beschrieben werden. Wie in Abb. 3.24 dargestellt sind z und ζ die Vertikalkoor-
dinaten geeignet gewählter Bezugspunkte an Fahrzeug und Straße.

Die Aufbaufederung wird bei Personenkraftwagen meist durch lineare oder ggf.
schwach progressive Schraubenfedern realisiert:

$$F_c = \begin{cases} c\,(\zeta - z)\,[1 + \varepsilon_z\,(\zeta - z)^2], & \zeta - z \geq 0; \\ 0, & \text{sonst.} \end{cases} \tag{3.89}$$

Bei Nutzfahrzeugen müssen in der Regel stärkere Federprogressionen ($\varepsilon_z^{Nfz} \gg \varepsilon_z^{Pkw}$) vorgesehen werden, um die Vertikaldynamik in zufriedenstellender Weise
auf die unterschiedlichen Beladungszustände abstimmen zu können. Ferner ist
hervorzuheben und im Modell zu berücksichtigen, daß die Fahrzeug-Fahrbahn-
Kopplung stets eine stark nichtlineare, einseitige Bindung ist: Zwischen Reifen
und Straße können lediglich positive Kräfte – Druckkräfte – übertragen werden.

Zur Dämpfung der Fahrzeugschwingungen werden meist stark nichtlineare Dämpfer verwendet:

$$F_d = k\,(\dot{\zeta} - \dot{z})\,[1 - \kappa_a\,\text{sign}(\dot{\zeta} - \dot{z})] + F_R\,\text{sign}(\dot{\zeta} - \dot{z}). \tag{3.90}$$

Die Asymmetrie der Dämpferkennlinie κ_a kann bei Personenkraftwagen Werte von
bis zu $\kappa_a = 0.5$ annehmen. Hier ist man bestrebt, die mit Fahrbahnunebenheiten

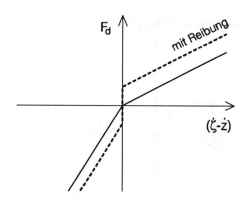

Abb. 3.25: Typische Dämpferkennlinie eines Straßenfahrzeugs mit großem Energieumsatz beim „Ausfedern".

verbundenen Einfederbewegungen möglichst „weich" an den Fahrzeugaufbau weiterzuleiten. Die Absorption der Bewegungsenergie wird zum größten Teil in die Ausfederungsbewegung verlagert (vgl. Abb. 3.25). Ferner ist es im Sinne des Fahrkomforts wünschenswert, Reibungskräfte F_R in der Radaufhängung weitgehend zu eliminieren. Dadurch soll verhindert werden, daß das Fahrzeug bei kleinen Unebenheitsanregungen – und reibungsbedingt blockiertem Stoßdämpfer – praktisch ungedämpft auf den „Reifenfedern" schwingt.

Bei Nutzfahrzeugen werden ebenfalls in gewissem Umfang viskose Dämpfer eingesetzt. Aus technischen Gründen und Kostenanforderungen erfolgt der Abbau von Bewegungsenergie jedoch hauptsächlich über die Reibung in entsprechend konstruierten Blattfederpaketen. Modellbetrachtungen in diesem Bereich kommen somit nicht umhin, die bei Nutzfahrzeugen dominanten, reibungsspezifischen Nichtlinearitäten (3.90) einzubeziehen.

3.5.2.2 Berücksichtigung der Radmasse

Die Kraftübertragung zwischen Fahrzeug und Straße wird im höheren Frequenzbereich durch die Trägheitswirkungen der mit der Radeinfederung $(\zeta-z)$ bewegten Massen geprägt. Die Gesamtmasse m setzt sich dabei aus Beiträgen von Reifen und Felge, Radnabe und Bremse, sowie Teilen der Radführung und ggf. der Antriebswelle zusammen. Für Personenkraftwagen erhält man damit Relationen von etwa 1 : 8 bis 1 : 16 zwischen der bewegten Gesamt-„Radmasse" und der anteiligen Aufbaumasse.

Wie in Abb. 3.26 dargestellt führt die Berücksichtigung der Rad- bzw. Radführungsträgheiten zu einer Modellerweiterung um einen vollständigen mechanischen

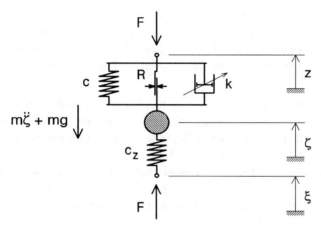

Abb. 3.26: Vertikalkraftübertragung in der Radaufhängung unter Berücksichtigung der Trägheitskräfte.

Freiheitsgrad ζ, welcher die vertikale Position der bewegten Massen beschreibt. In diesem Fall wird die lokale Fahrbahnhöhe durch die zusätzlich eingeführte Koordinate ξ beschrieben. Das D'Alembert-Gleichgewicht für m liefert unter Verwendung der Kraftgesetze (3.89) und (3.90):

$$m\,\ddot{\zeta} = F_z(\xi-\zeta) - F_c(\zeta-z) - F_d(\dot{\zeta}-\dot{z}) - m\,g. \tag{3.91}$$

Dabei ist $F_z(\xi-\zeta)$ die mit der Radeinfederung $(r-r_0)$ verbundene Vertikalkraft, wie in Abschn. 4.2.2 beschrieben. An dieser Stelle geht die einseitige Anbindung zwischen Rad und Straße in das Modell ein. Die Federkennung c_z des Reifens ist i.a. um Faktor $6 \cdots 10$ härter als jene der Aufbaufeder (c).

Aus der Reibung und den nichtlinearen Feder- und Dämpfungskraftgesetzen von Radführung und Reifen resultiert ein kompliziertes dynamisches Verhalten des vertikalen Radfreiheitsgrades. Linearisierte Betrachtungen führen daher meist zu unzureichenden bzw. ungenauen Ergebnissen. Das gilt insbesondere für den Fall, daß reifenspezifische Kenngrößen, wie etwa die sicherheitskritischen Schwankungen der Radlast, ermittelt werden sollen. Für Untersuchungen der Aufbaubewegungen sind lineare Ersatzmodelle eher zu rechfertigen, da die Trägheitskräfte hier einen relativ größeren Beitrag zum Bewegungsablauf liefern und zudem ein Ausgleich zwischen den nichtlinearen Kraftanteilen einzelner Räder erfolgen kann (vgl. Abschn. 3.4).

3.5.2.3 Kopplungselemente – Stabilisatoren

Neben der vertikalen Anbindung des Fahrzeugs an die Fahrbahn sind in heutigen Achskonstruktionen verschiedenartige kinematische und kinetische Kopplungen zwischen den Fahrzeugfreiheitsgraden und den Radkräften realisiert. Diese Maßnahmen verfolgen Teilziele auf dem Wege zu optimierten Fahrkomfort- und Fahrsicherheitseigenschaften. Vor allem tragen sie dazu bei, das Ausmaß der Aufbaubewegungen infolge äußerer oder fahrerindizierter, sekundärer Kraftwirkungen zu reduzieren.

Die fahrdynamischen Konsequenzen unterschiedlicher Achs-Lenkeranordnungen bzw. deren mehr oder minder nachgiebige Anbindung an den Fahrzeugaufbau können hier nicht in angemessener Weise dargestellt und diskutiert werden, derartige Fragestellungen werden in der Literatur umfassend behandelt (vgl. z.B. [98, 144, 146]). Aufgrund ihrer zentralen Bedeutung für das Fahrverhalten ist es jedoch – im Sinne einer ausgewogenen Modellierungstiefe – unumgänglich, die kinetische Kopplung zwischen den Rädern einer Achse durch Stabilisatoren näher zu betrachten (vgl. Abschn. 3.4).

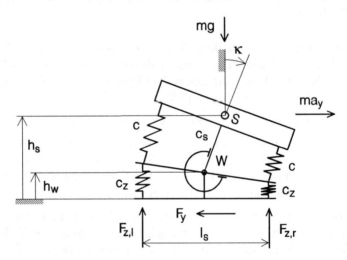

Abb. 3.27: Zur Wirkung von Stabilisatoren bei Kurvenfahrt (Parameter c_s).

Stabilisatoren werden bei den meisten heutigen Fahrzeugen verwendet, um die Querneigung bei Kurvenfahrt zu vermindern und die Steuertendenz (Unter- bzw. Übersteuern) in geeigneter Weise zu beeinflussen. Es handelt sich um am Aufbau fixierte Federelemente, i.a. Torsionsfedern, die *unterschiedlichen* Einfederungen ζ_l, ζ_r an den Rädern einer Achse entsprechende Kräfte entgegensetzen. Das führt grundsätzlich zur Reduktion des Wankwinkels κ bei Kurvenfahrt, denn die angreifenden Momente werden sowohl von den Aufbaufedern c als auch vom Stabilisator c_s getragen (vgl. Abb. 3.27).

Im stationären Fall erhält man für lineare Federkennungen folgenden Ausdruck für den Wankwinkel κ:

$$\kappa = \frac{F_{z,r} - F_{z,l}}{l_s} \left(\frac{h_s - h_w}{h_s} \frac{1}{c + 2\,c_s/l_s^2} + \frac{1}{c_z} \right). \tag{3.92}$$

Die Fahrzeugspurweite ist mit l_s bezeichnet. Da die vertikalen Reifensteifigkeiten c_z i.a. deutlich größer sind als die Aufbaufederkonstanten c und der Wankpol W weit unterhalb des Fahrzeugschwerpunkts S liegt ($h_s \gg h_w$), wird der Wankwinkel hauptsächlich durch die Steifigkeit der Aufbaufederung c und des Stabilisators c_s bestimmt. Stabilisatoren bieten somit die Möglichkeit, den Wankfreiheitsgrad – in gewissen Grenzen – separat abzustimmen, ohne die Vertikaldynamik des Fahrzeugaufbaus nachhaltig zu beeinflussen.

Der zweite Aspekt der Stabilisatorauslegung, die konstruktive Abstimmung der Steuertendenz des Fahrzeugs, basiert auf der Degression der Reifenseitenkräfte mit zunehmender Radlast (vgl. Abschn. 4.2): Während die Summe der Stabilisatorsteifigkeiten an den Achsen die stationären Wankwinkel festlegt (3.92), resultiert aus deren Verteilung zwischen Vorder- und Hinterachse die Aufteilung der Wankmomente $m a_y h_s$ und damit die Spreizung der Aufstandskräfte zwischen den Rädern einer Achse. In Verbindung mit der erwähnten Degression führen größere Radlastunterschiede zu einer Destabilisierung der betreffenden Achse, annähernd gleiche Radlasten erhöhen hingegen das Seitenführungspotential. Dadurch ist es möglich, die Steuertendenz eines Fahrzeugs mittels geeigneter Stabilisatoren in weiten Grenzen zu variieren bzw. konstruktiv vorzugeben. Die Abstimmung von Stabilisatoren wird in den Abschnitten 3.4 und 6.2 eingehend diskutiert.

3.5.3   Einfache Vertikaldynamik-Modelle

Zur Analyse elementarer Komfort- und Sicherheitsfragen bietet sich an, die räumlichen Bewegungen des Fahrzeugaufbaus zunächst zurückzustellen und stattdessen die vertikale Kraftübertragung zwischen Fahrbahn, Reifen, Radaufhängung und Fahrzeug in den Vordergrund der Betrachtung zu rücken. In diesem Sinne vereinfachte Fahrzeugmodelle reduzieren die Dynamik auf eine eindimensionale Reihenschaltung mechanischer Grundelemente, wie in Abb. 3.28 dargestellt. Obwohl bedeutende Teile der realen Fahrzeugdynamik vernachlässigt werden, ist es auf dieser Basis möglich, die Wirkungen einer zentralen Störgröße, der durch Fahrbahnunebenheiten induzierten Radlastschwankungen, in angemessener Weise abzuschätzen und zu diskutieren.

Einfache Vertikaldynamikmodelle können daher z.B. zur Beurteilung des Schwingungskomforts im Fahrzeug oder zur Bestimmung der Sicherheitsbeeinträchtigungen herangezogen werden, die durch Radlastschwankungen und die damit verbundenen Reduktionen des Seiten- und Längskraftpotentials entstehen [89, 162].

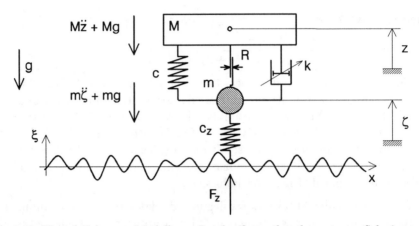

Abb. 3.28: Viertel-Fahrzeug-Modell zur Beschreibung der elementaren Schwingungseigenschaften eines Fahrzeugs in Vertikalrichtung.

Ferner sind sie als adäquates Hilfsmittel zur Abschätzung der Straßenschädigung durch den Fahrzeugverkehr anzusehen, da sie sowohl die statischen als auch die dynamischen Belastungen der Fahrbahn in hinreichender Güte wiederzugeben imstande sind.

3.5.3.1 Dynamik von Rad und Aufbau

Gemäß Abb. 3.28 ist der Fahrzeugaufbau beim Viertelfahrzeugmodell durch die anteilige Aufbaumasse M des betrachteten Rades darzustellen. Unter Berücksichtigung der Kraftgesetze der Radführung führt das D'Alembertgleichgewicht in Vertikalrichtung auf folgenden Ausdruck für die Aufbaubewegung z (vgl. Abschn. 3.5.2):

$$M\ddot{z} = c(\zeta-z)[1+\varepsilon_z(\zeta-z)^2] + k(\dot{\zeta}-\dot{z})[1-\kappa_a\text{sign}(\dot{\zeta}-\dot{z})]$$
$$+F_R\text{sign}(\dot{\zeta}-\dot{z}) + Mg. \tag{3.93}$$

In dem Massenparameter m sind die Trägheitswirkungen des Reifens und der Felge sowie mitbewegter Teile der Radaufhängung zusammengefaßt. Für den Radvertikalfreiheitsgrad erhält man damit:

$$m\ddot{\zeta} = c_z \begin{cases} (\xi-\zeta)[1+\varepsilon_z(\xi-\zeta)^2], & (\xi-\zeta) \geq 0; \\ 0, & \text{sonst;} \end{cases} - mg - M(\ddot{z}+g). \tag{3.94}$$

Die Kenngrößen der Radführung sind in Abschn. 3.5.2 ausführlich beschrieben, zusätzlich müssen hier die Reifenparameter c_z und ε_z berücksichtigt werden. Sie kennzeichnen die lineare Steifigkeit und die Progression der vertikalen Federungseigenschaften des Reifens. Insgesamt erhält man somit ein nichtlineares System mit zwei Freiheitsgraden, welches die Vertikaldynamik des Fahrzeugs in ihren Grundzügen beschreibt.

3.5.3.2 Dominante Nichtlinearitäten

Eine der wesentlichen Nichtlinearitäten in der Radaufhängung ist die Asymmetrie κ_a der Dämpferkennlinie. Sie ermöglicht es, die Aufbaubeschleunigungen beim Überfahren erhabener Unebenheiten in vertretbaren Grenzen zu halten, gleichzeitig aber einen hinreichend hohen Abbau von Schwingungsenergie in der Radaufhängung sicherzustellen. Durch $\kappa_a \neq 0$ wird der Fahrzeugaufbau im Mittel abgesenkt, wenn Unebenheitsanregungen wirken. Unter Vernachlässigung der Reibung und der Progression der Aufbaufederung erhält man für die Abnahme $\overline{\Delta z}$ des Betriebspunktniveaus:

$$\overline{\Delta z} = -\frac{\kappa_a\, k}{c}\,\overline{|\dot{\Delta z}|}; \qquad \Delta z = z - \zeta; \qquad \overline{x} = \frac{1}{T}\int_T x\, dt. \qquad (3.95)$$

Die mittlere Absenkung wächst somit linear mit der Asymmetrie κ_a der Dämpferkennlinie.

Explizite analytische Aussagen über die Stärke der Fahrzeugabsenkung können hier nur über die Lösung der zugehörigen Fokker-Planck-Gleichung – in Verbindung mit einem geeigneten Unebenheitsmodell – getroffen werden. Dies erscheint jedoch wenig hilfreich, da die anderen Nichtlinearitäten, insbesondere die Reibung F_R in der Radaufhängung, effiziente, geschlossene Lösungen eher verdrängen.

Im Interesse realistischer Ergebnisse ist daher z.Zt. der Weg der numerischen Simulation des Systems (3.94,3.95) zu bevorzugen. Das gilt insbesondere für die Untersuchung unterschiedlicher Fahrwerksabstimmungen oder Vertikaldynamikbetrachtungen bei Nutzfahrzeugen, wo die Blattfederreibung sowohl in Bezug auf die Aufbauschwingungen als auch hinsichtlich der Fahrbahnbeanspruchung nicht vernachlässigt werden sollte.

3.5.3.3 Fahrkomfort und Fahrsicherheit

Auf der Basis eindimensionaler Vertikaldynamikmodelle läßt sich eines der grundlegenden Probleme der Fahrwerksabstimmung, der Designkonflikt zwischen Komfort- und Sicherheitsanforderungen, in einfacher und anschaulicher Weise diskutieren.

Der Fahrkomfort wird in diesem Zusammenhang meist durch die Varianz $\sigma_{\ddot{z}}$ der Aufbaubeschleunigungen charakterisiert, die normierten Schwankungen σ_{F_z} der

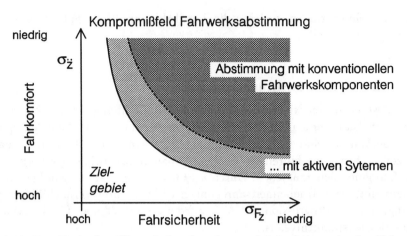

Abb. 3.29: Zum Designkonflikt zwischen komfort- und sicherheitsoptimalen Fahrwerksabstimmungen: Varianz der Fahrzeug-Vertikalbeschleunigungen versus Radlastschwankungen für verschiedene Dämpferauslegungen bzw. -systeme in
der Radaufhängung.

Radlast F_z dienen als Näherungsmaß zur Beschreibung der Fahrsicherheit:

$$\sigma_{\ddot{z}} = \sqrt{\frac{1}{T}\int_T \ddot{z}^2(t)\,dt;}$$

$$\sigma_{F_z} = \sqrt{\frac{1}{T}\int_T \frac{(F_z(t)-F_z^B)^2}{F_z^B}\,dt;} \qquad F_z^B = (M+m)g.$$

(3.96)

Die Variation konstruktiver Parameter der Radführung liefert – im Rahmen des
technisch Möglichen – stets dasselbe Ergebnis (vgl. Abb. 3.29): Aufbaubeschleunigungen und Radlastschwankungen können nicht gleichzeitig minimiert werden! Beide Kenngrößen sind infolge der mechanischen Kopplungen voneinander
abhängig und im Sinne einer optimalen Fahrwerksabstimmung kontraproduktiv.
Das gilt sowohl für rein passive Abstimmungsmaßnahmen, etwa durch Variation der Dämpfung oder der Federkennung, als auch für semiaktive oder aktive
Fahrwerksregelungen, welche die Vertikalkräfte in der Radaufhängung durch gezielte Aktuatoreingriffe derart verändern, daß beide Schwingungsformen stärker
bedämpft werden. Dadurch können die absoluten Schwingungsamplituden mitunter deutlich reduziert werden, der Designkonflikt zwischen komfort- und si-
cherheitsförderlichen Maßnahmen bleibt jedoch im Grundsatz bestehen. In praxi
setzen sich daher vor allem Systeme durch, die den Komfort in sicherheitsunkri-
tischen Fahrsituationen maximieren, im Gefahrenfalle aber sofort auf straffere –
und damit unkomfortablere – Abstimmungen umschalten (vgl. [1, 2, 58, 73]).

3.5.3.4 Komfortbewertung

Bei genauerer Betrachtung ist festzustellen, daß weder die Aufbaubeschleunigungen noch die Radlaständerungen als eindeutige und vollständige Kriterien für die Abstimmungsziele Fahrkomfort bzw. Fahrsicherheit angesehen werden können. In beiden Fällen handelt es sich um vergleichsweise grobe Näherungen, welche die prinzipiellen Tendenzen einer Abstimmungsmaßnahme bewertbar machen, feinere Unterschiede aber nicht in hinreichender Güte auflösen können. Dies gilt insbesondere für den in praxi wichtigen Einfluß der Frequenzzusammensetzung der Störsignale, der von beiden Kenngrößen – infolge der zeitlichen Mittelung – unterschlagen wird.

Für den Fahrkomfort, d.h. für die Schwingungsbeanspruchung im Fahrzeug, liegen inzwischen aussagekräftige, validierte Maßzahlen vor [143, 102]. In diesem Zusammenhang zeigt sich, daß das Schwingungsempfinden des Menschen u.a. stark von der Frequenzverteilung und der Einwirkungsrichtung der Anregungen abhängt. Entsprechende globale Bewertungsfunktionen bzw. -filter sind in der VDI-Norm 2057 dokumentiert.

Neuere Untersuchungen konzentrieren sich vor allem auf die Beschreibung der speziellen mehrachsigen Schwingungsbeanspruchung im Fahrzeug und stellen in diesem Sinne optimierte Bewertungsansätze vor [126]. Insgesamt sollte der Fahrkomfort somit nicht durch die Aufbaubeschleunigungen selbst repräsentiert werden, sondern durch Kenngrößen $\sigma_{\ddot{z}}^M$, die das menschliche Schwingungsempfinden in Kraftfahrzeugen realistisch beschreiben:

$$\sigma_{\ddot{z}}^M = \sqrt{\frac{1}{T} \int_T (\ddot{z}^M(t))^2 \, dt}; \qquad \ddot{z}^M(t) = f_M(\ddot{z}(t), \ldots). \tag{3.97}$$

Die äquivalente bewertete Beschleunigung $\ddot{z}^M$ erhält man hierbei aus den gegebenen Fahrzeugbeschleunigungen und einem in geeigneter Weise formulierten Filtermodell $f_M(..)$, welches die Empfindlichkeit des Menschen im interessierenden Betriebspunkt repräsentiert. Dies kann nach VDI 2057, den Ansätzen von Rericha [126] entsprechend oder nach einsatzspezifischen Kriterien formuliert werden.

Wichtig ist in jedem Falle, die in Fahrzeugen auftretenden Schwingungsmuster und -konfigurationen als Bezugsbasis zu verwenden und deren Wirkung auf den i.d.R. sitzenden Menschen zur Bewertung heranzuziehen. Dadurch wird sichergestellt, daß die Analyse und Beurteilung verschiedener Fahrzeugabstimmungen anhand realistischer, praxisgerechter Skalen erfolgt. – Letztlich bedeutet dies, die technische Maßzahl $\sigma_{\ddot{z}}$ durch ein fahrzustandsvariantes, stationäres Fahrermodell für den Schwingungskomfort im Fahrzeug zu substituieren und damit die Komfortbewertung realistischer zu gestalten.

3.5.3.5 Bewertung der Fahrsicherheit

Die Varianz der Radlastschwankungen σ_{F_z} ist nur als mittelbarer Indikator für die Fahrsicherheit anzusehen (vgl. Abschn. 4.2). Kurzzeitige Radlaständerungen führen zwar zu entsprechenden Schwankungen und ggf. Reduktionen der Seitenführungskräfte, aber nicht zwangsläufig zur Abnahme der Fahrsicherheit, denn sie können meist durch entsprechende Anpassungen der Schräglaufwinkel aufgefangen werden. Bei reiner Geradeausfahrt sind im Prinzip beliebige Radlastschwankungen tolerierbar, sofern keine allzu großen Längskräfte zur Fahrbahn übertragen werden müssen.

Zur Beurteilung der Sicherheitsrelevanz muß folglich der Fahrzustand insgesamt – und die Notwendigkeit hinreichend großer Sicherheitsreserven insbesondere – in die Betrachtung einbezogen werden. Von daher ist die Dynamik des Auf- und Abbaus von Führungskräften am Reifen und zumindest eine elementare Form der Fahrzeugquerdynamik zugrunde zu legen, wenn man den Einfluß von Radlastschwankungen auf die Fahrsicherheit korrekt erfassen und bewerten möchte. Eingehende Untersuchungen zu diesem Themenkomplex wurden z.B. von Weber [162], Laermann [89] und Mühlmeier [104] durchgeführt. Im folgenden wird ein darauf aufbauender Ansatz näher beschrieben, der den vollständigen Übertragungsweg durch geeignet reduzierte Modellvorstellungen beschreibt und somit gestattet, die Wirkungen der Störgröße auf das Fahrverhalten anschaulich und geschlossen zu bewerten. Aus Gründen der Übersicht wird das Bewertungskonzept am Beispiel der Radlasteinflüsse auf die Fahrzeugquerdynamik erläutert.

Das Seitenführungsvermögen eines Fahrzeugreifens wird durch Schwankungen der Radlast mitunter erheblich eingeschränkt. Wie experimentelle Untersuchungen zeigen, ist der Effekt in erster Linie darauf zurückzuführen, daß die Seitenführungskräfte F_y sehr schnell auf Radlastreduktionen reagieren, positive Radlaständerungen aber mit einer gewissen zeitlichen Verzögerung wiedergeben [89]. Dadurch wird die im Mittel übertragene Reifenquerkraft – bei festgehaltenem Schräglaufwinkel α – abgemindert. Der Einfluß der Radlastschwankungen wächst mit zunehmender Anregungsfrequenz und -amplitude. Beide Faktoren wurden ausführlich experimentell untersucht und sind durch entsprechende Reifenmodelle hinreichend genau beschreibbar [17, 63, 162]. Im Hinblick auf das Verständnis der Radlastwirkungen besteht jedoch insofern Klärungsbedarf, als die einfacheren, phänomenologischen Reifenmodelle das Problem nur unzureichend erklären.

Die im Rahmen praxisorientierter numerischer Simulationen eingesetzten synthetischen Modelle der Seitenkraftdynamik erfordern i.a. komplizierte algorithmische Konstruktionen und gewisse Einschränkungen des Betriebsbereichs, um die Radlastwirkungen in Einklang mit den Versuchsdaten zu bringen (vgl. z.B. [141]). Um derartige Schwierigkeiten zu vermeiden, wird die Modellierung der Reifendynamik im folgenden an den in Abschn. 4 dargestellten Überlegungen zur Kontaktkinematik orientiert. Dementsprechend kann die Reifen-Fahrbahn-Kopplung durch ein einfaches mechanisches Ersatzmodell beschrieben werden, eine Reihenschaltung aus den Federungseigenschaften c_y in Querrichtung und einem i.a. nichtlinearen Dämpfungselement $F_y^*(v_y^*/|v|)$, welches die Kontaktdynamik wiedergibt. Wesentlich ist hier, daß nicht die Felgenquerbewegung v_y, sondern vielmehr die Quergeschwindigkeit v_y^* der Kontaktzone für die Reibungskräfte im Latsch verantwortlich ist. Unter Beachtung der kinematischen Beziehungen erhält man eine nichtlineare Differentialgleichung und eine Restriktionsbeziehung für die Seitenkraftdynamik:

$$\frac{\dot{F}_y}{c_y\,|v|} + \alpha_{max}\,\mu_{max}\ g^{-1}\!\left(\frac{F_y}{\mu_{max}F_z}\right) = \alpha; \quad |F_y| \le \mu_{max}\,F_z. \tag{3.98}$$

Im Interesse der Übersicht wurde unterstellt, daß die normierte stationäre Seitenkraftkennlinie $g(\ldots)$ invertierbar ist. Die Parameter μ_{max} und α_{max} spezifizieren das Kraftschlußverhalten von Reifen und Fahrbahn (vgl. Abschn. 4). Für grundlegende Untersuchungen kann die inverse Kraftschlußkennlinie beispielsweise wie folgt approximiert werden:

$$g^{-1}(g) \;=\; sign(g)\ \left(1 - \sqrt{1 - min(1,|g|)}\right). \tag{3.99}$$

Die Beziehung (3.98) bringt zum Ausdruck, daß Radlastschwankungen $F_z(t)$ als Parametererregung in die Seitenkraftdynamik eingehen. Damit wird die gleichzeitige Amplituden- und Frequenzabhängigkeit der Störgrößen erklärbar. Zudem erhält man die Möglichkeit, die Wirkung von Radlastfluktuationen in kompakter Weise darzustellen und quantitativ zu analysieren.

Die Cornering-Stiffness c_α und die Einlauflänge des Reifens l_e, d.h. die zurückgelegte Wegstrecke des Reifens bis zum Erreichen eines neuen stationären Seitenkraftwerts, sind im Rahmen des Modells wie folgt erklärt:

$$c_\alpha \;=\; \frac{F_z}{\alpha_{max}}\,g'(0); \qquad l_e \;=\; \frac{c_\alpha}{c_y}. \tag{3.100}$$

Die Quersteifigkeit c_y des Reifens wird als konstant betrachtet. Im Gegensatz dazu ist die wirksame Cornering-Stiffness – und damit auch die Einlauflänge – vom Betriebszustand des Reifens und von der Art der Radlaständerung abhängig. Die Einlaufstrecken l_e sollten mit positiven Radlastgradienten deutlich ansteigen, bei Abnahme der Radlast aber – der Schwankungshöhe entsprechend – kleiner werden, mitunter gar verschwinden. Der Effekt wird aus der Anschauung sofort klar, denn im ersten Fall muß der Reifenlatsch zunächst größere Querauslenkungen aufbauen, bevor er einen neuen stationären Gleitzustand mit höherer Seitenkraft erreichen kann. Umgekehrt führt die Abnahme der Radlast zu einer kurzfristigen Überbeanspruchung der Kontaktzone zwischen Reifen und Fahrbahn, die mehr oder minder spontan in entsprechende Seitenkraftänderungen umgesetzt werden kann.

Die Modellformulierung gestattet es, die Einlaufstrecken bei sprungförmigen Radlaständerungen explizit zu bestimmen:

$$l_e = \frac{c_\alpha}{c_y} =$$

$$\frac{F_z}{c_y\, \alpha_{max}\, g^{-1'}\left(min(\frac{|F_y|}{\mu_{max}F_z}, 1)\right)} = \frac{2\,F_z\,\sqrt{1 - min\left(1, \frac{|F_y|}{\mu_{max}F_z}\right)}}{c_y\,\alpha_{max}}. \qquad (3.101)$$

Spontane Radlaststeigerungen $F_z^* = F_z + \Delta F_z$ führen somit – bei zunächst unveränderter Seitenkraft F_y – zur Verlängerung der Einlaufstrecke. Radlastreduktionen $F_z^* = F_z - \Delta F_z$ bewirken hingegen, daß sich l_e verkleinert oder gar verschwindet, wenn die lokale Stabilitätsbedingung $|F_y| \leq \mu F_z^*$ verletzt wird. Wie weitergehende Untersuchungen zeigen, ist das Modell in der Lage, die wesentlichen Radlasteinflüsse – die Seitenkraftabminderung und die Veränderung der Einlauflängen – qualitativ und quantitativ in angemessener Weise nachzubilden (vgl. [11, 89]).

Damit sind die primären Radlastwirkungen, d.h. deren Einflüsse auf das Führungsvermögen der Reifen bekannt und beschreibbar. Um die damit verbundenen Konsequenzen für die Fahrsicherheit erfassen zu können, müssen nun – in einem zweiten Schritt – die Auswirkungen schwankender Führungskräfte auf das Fahrzeugverhalten bzw. den Fahrzustand transparent gemacht werden. Im Interesse der Überschaubarkeit wird die Fahrzeugnachbildung hier auf ein Minimalmodell beschränkt, welches lediglich aus einer Achse bzw. einem Rad und der zugehörigen (anteiligen) Fahrzeugmasse m besteht. Damit können stationäre Kurvenfahrten mit im Mittel konstanter Querbeschleunigung a_y^B und – nach Anpassung der Kraftschlußkennlinie $g(\ldots)$ – entsprechende Beschleunigungs- oder Verzögerungsvorgänge hinreichend genau untersucht werden. Wichtig ist hierbei, daß die Fahrzeugquerbewegung als echter Freiheitsgrad behandelt wird. – Die entstehenden Schräglaufwinkel sind folglich nicht konstant, sondern, wie die Seitenkraft selbst, permanenten Schwankungen ausgesetzt.

Für kleine Radlenkwinkel δ in der Umgebung des Betriebspunkts B gilt:

$$F_y^B + m\,\dot{v}_y \approx F_y; \qquad \alpha = \delta - \frac{v_y}{|v|}. \qquad (3.102)$$

Dabei ist F_y^B eine konstante Fahrzeugquerkraft, welche die im Mittel angreifenden Trägheitswirkungen $m\,a_y^B$ bei Kurvenfahrt wiedergibt. Die Modellvorstellung ist konsistent, wenn man einen Lenkwinkel δ findet, der die fahrzeugfeste Quergeschwindigkeit v_y – bei schwankender Seitenkraft F_y – im zeitlichen Mittel eliminiert und das Fahrzeug auf Kurs bzw. in der Spur hält. Die Aufgabe läßt sich im Rahmen der Kraftschlußgrenzen durch einfache Optimierungsstrategien lösen.

In Kombination mit dem Reifenmodell (3.98) erhält man schließlich eine nichtlineare Differentialgleichung 2. Ordnung und eine zugehörige Restriktionsgleichung als Gesamtmodell für das Zusammenwirken von Fahrzeug- und Seitenkraftdynamik. Im einfachsten Fall konstanter Radlasten verschwindet die Querbewegung, wenn der Lenkwinkel folgender Bedingung genügt:

$$\delta_0 = \delta(F_z \equiv F_z^B) = \alpha_{max}\,\mu_{max}\ g^{-1}\!\left(\frac{F_y^B}{\mu_{max}\,F_z^B}\right). \tag{3.103}$$

Dies ist der zentrale Betriebspunkt des Systems. Unter dem Einfluß von Radlastschwankungen müssen i.a. größere Lenkwinkel $\delta = \delta_0 + \Delta\delta$ eingestellt werden, um die gewünschte Fahrspur einhalten zu können. Die daraus resultierenden Seitenkraftänderungen bewirken ferner, daß das Fahrzeug permanenten Querbewegungen $v_y \neq 0$ ausgesetzt ist.

Der Umfang der erforderlichen Lenkkorrekturen $\Delta\delta$ und die Querbewegungen des Fahrzeugs, etwa repräsentiert durch die Streuung σ_{v_y} der Quergeschwindigkeit, können als Maß für die Beeinträchtigung der Fahrsicherheit angesehen werden:

$$\Delta\delta \overset{\overline{v_y} \rightsquigarrow 0}{=} \delta(a_y^B) - \delta_0; \qquad \sigma_{v_y} \overset{\overline{v_y} \rightsquigarrow 0}{=} \sqrt{\frac{1}{T}\int_T (v_y - \overline{v_y})^2\, dt}. \tag{3.104}$$

Beide Effekte beanspruchen die Aufmerksamkeit des Fahrers. Für den Lenkaufwand ist dies offensichtlich, denn die Radlastschwankungen stehen in direktem Zusammenhang mit der Fahrbahnbeschaffenheit und der Geschwindigkeit des Fahrzeugs. Änderungen dieser Größen müssen folglich durch entsprechende Lenkeingriffe kompensiert werden. Die Schwankungen der Quergeschwindigkeit sind ähnlich zu beurteilen. Beim Gesamtfahrzeug führen sie – über die Gierbewegung – zu vergleichbaren Kursabweichungen, die ebenfalls korrigiert werden müssen, um die Fahrspur einhalten zu können. Abb. 3.30 zeigt ein Schema des vollständigen Bewertungsverfahrens.

Die Maßzahlen können zudem zu den gebräuchlichen Fahrzustandsgrößen (Lenkwinkel, Schwimmwinkel) in Bezug gesetzt werden und ermöglichen daher eine direkte Beurteilung der Sicherheitsbeeinträchtigung beim Fahren. Wesentlich ist hierbei, daß nicht nur die radlastbedingte Abminderung der Kraftübertragungsgrenzen, sondern die Gesamtheit der fahrdynamisch relevanten Betriebszustände in die Betrachtung einbezogen wird. Daher sind die wesentlichen Elemente der Wirkungskette Fahrer-Fahrzeug-Umgebung im Gesamtmodell verwirklicht. Sofern die Kraftschlußgrenzen noch nicht erreicht sind, liefern die abgeleiteten Grössen $\Delta\delta$ und σ_{v_y} ein Maß für die Beanspruchung bzw. die Verunsicherung des

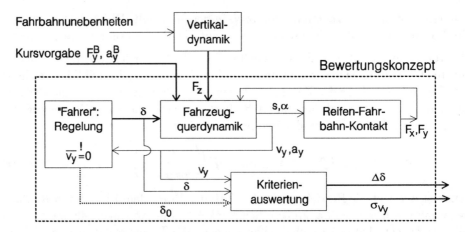

Abb. 3.30: Konzept zur Bewertung der Sicherheitsrelevanz von Radlastschwankungen im Fahrbetrieb.

Fahrers aufgrund der gestörten Quer- und Längskraftübertragung. Im Grenzbereich werden Korrektur- und Störgrößen ermittelt, die den Fahrer i.a. überfordern und daher stets als sicherheitskritisch einzustufen sind. Der Ansatz bietet hier die Möglichkeit, das Gefährdungspotential durch Radlastschwankungen kontinuierlich – vom „normalen" Fahren bis hin zum Grenzbereich – aufzuzeigen und bewertbar zu machen.

Um einen Vergleich mit der konventionellen Bewertungsgröße, der normierten Varianz der Radlastschwankungen σ_{F_z}, zu ermöglichen, wurden die Daten eines Mittelklassefahrzeugs im Modell umgesetzt. Die Welligkeit der Fahrbahn betrug $w = 2$. Zur Bestimmung der Radlast-Zeit-Signale $F_z(t)$ wurden Modellrechnungen herangezogen, die die wesentlichen Nichtlinearitäten (örtliche Glättung der Unebenheitsanregung durch den Reifenlatsch, Abheben des Rades bei verschwindender Radlast, asymmetrische Dämpferkennlinie) berücksichtigen. In Bezug auf σ_{F_z} ergeben sich folgende Relationen:

$$\Delta\delta \approx \Delta\delta^0(a_y^B)\left(\frac{\sigma_{F_z}}{\sigma_{F_z}^0}\right)^2 ; \qquad \sigma_{v_y} \approx \sigma_{v_y}^0(a_y^B)\left(\frac{\sigma_{F_z}}{\sigma_{F_z}^0}\right)^1 . \tag{3.105}$$

Die Gegenüberstellung zeigt somit, daß sich die eingeführten Kenngrößen im wesentlichen über Potenzgesetze auf die Radlastschwankungen σ_{F_z} abbilden lassen. Für $a_y^B = 3m/s^2$ und $\sigma_{F_z}^0 = 0.1$ wurde ein Zusatzlenkwinkel von etwa $\Delta\delta^0 = 0.01°$ ermittelt; die Schwankungen der Quergeschwindigkeit wurden mit $\sigma_{v_y}^0 = 0.01 m/s$ bestimmt.

Im Rahmen des betrachteten Abstimmungsbeispiels (s.o.) reagieren beide Kenngrößen nahezu gleichwertig auf erhöhte Radlastschwankungen. Der Lenkwinkelbedarf ist als insgesamt kritischere Maßzahl anzusehen, da die ermittelten Querbewegungen σ_{v_y} eher tolerabel erscheinen als die notwendigen Lenkkorrekturen $\Delta\delta$. In Anbetracht der einfachen Beziehung zwischen σ_{F_z} und den Maßzahlen $\Delta\delta$, σ_{v_y} wird das konventionelle Kriterium σ_{F_z} somit eher bestätigt als in Frage gestellt, gibt es doch die wesentlichen Zusammenhänge hinreichend genau wieder.

Zur eigentlichen Sicherheitsbewertung erscheint es zweckmäßig, den Zusatz-Lenkaufwand auf etwa $\Delta\delta = 1°$ zu beschränken. Der Fahrer müßte damit den Lenkradwinkel – je nach Lenkübersetzung und Fahrzeugabstimmung – im Durchschnitt um etwa $5 - 10°$ korrigieren, wenn das Fahrzeug (plötzlich) auf eine entsprechend unebene Fahrbahn gerät. Für kleine Querbeschleunigungen wären damit Radlastschwankungen von bis zu $\sigma_\xi \approx 80\%$ tolerabel, bei hohen Querkräften hingegen nur etwa $\sigma_\xi = 30\%$. In beiden Fällen nimmt die Fahrzeuggeschwindigkeit, d.h. die daraus resultierenden Filtereffekte, nur geringen Einfluß auf die Sicherheitskenngrößen.

Im oben betrachteten Beispiel scheint die effektive Fahrsicherheit nur schwach von der Frequenzzusammensetzung der Störungen abzuhängen, selbst wenn man extreme Fahrzustände und Fahrwerksabstimmungen in die Diskussion einbezieht. Diese Aussage kann für konventionelle Fahrwerke – im Rahmen technisch sinnvoller Auslegungen – aufrecht erhalten werden. In allgemeineren Fällen, insbesondere wenn Radführungen mit aktiven und semiaktiven Komponenten zu bewerten sind, muß die Frequenzkonfiguration der Radlastverläufe jedoch explizit berücksichtigt werden.

Die Aufgabe besteht letztlich darin, die Sensitivität der Sicherheitskenngrößen gegenüber Radlastanregungen verschiedener Frequenzzusammensetzung in einem regulären Betriebszustand zu ermitteln. Die Ergebnisse einer solchen Analyse sind in Abb. 3.31 dargestellt. Dabei wurde das System einer realistischen breitbandigen Radlastanregung ausgesetzt. Für die Bewertung wurde die Sicherheitsmaßzahl $\Delta\delta$ verwendet. Den dargestellten Sensitivitätskurven liegt folgender Filteransatz zugrunde:

$$\Delta\delta \approx \Delta\delta^0 \left(\frac{\sigma_\delta}{\sigma_\delta^0}\right)^2; \qquad \sigma_\delta^2 = 2\int_0^\infty K_\delta(f)\, S_{F_z}(f)\, df;$$

$$\sigma_{F_z}^2 = 2\int_0^\infty S_{F_z}(f)\, df. \tag{3.106}$$

Der Radlasteinfluß ist offensichtlich sowohl im Bereich der Aufbaueigenfrequenzen als auch im Bereich der Radeigenfrequenzen relativ groß. Letzteres ist auf die Seitenkraftdynamik zurückzuführen, die niederfrequenten Effekte resultieren hingegen aus der Querdynamik des Fahrzeugs. Im Hinblick auf aktive Fahrwerkregelungen dürfte vor allem der Frequenzbereich um $3\,Hz$ interessant sein. Hier ist das System vergleichsweise robust; es bietet damit einen attraktiven Ansatzpunkt,

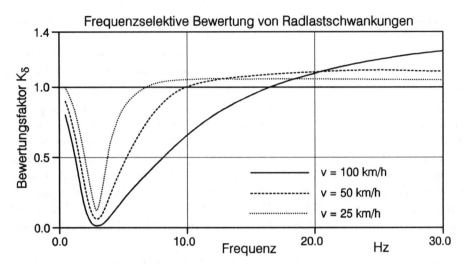

Abb. 3.31: Zum Einfluß der Frequenzzusammensetzung von Radlastschwankungen auf die Fahrsicherheit bei verschiedenen Geschwindigkeiten.

um unvermeidbare Störeffekte elegant zu plazieren. Insgesamt eröffnet das vorgestellte Bewertungsverfahren die Möglichkeit, Fahrzeugvarianten im Hinblick auf die Fahrsicherheit objektiv zu beurteilen und gezielt weiterzuentwickeln. Erweiterungen im Hinblick auf die Längsdynamik sind ebenso möglich wie die Ergänzung der niederfrequenten Bewertung um entsprechende Modelle des Fahrereingriffs.

3.5.4 Ebene Modellierung der Vertikaldynamik

In Abb. 3.32 ist ein zweidimensionales Modell zur Beschreibung der Vertikal- und Nickschwingungen eines Kraftfahrzeugs dargestellt. Der Ansatz geht davon aus, daß beide Fahrzeugseiten formal zusammengefaßt werden können. Wankbewegungen sind folglich nicht auflösbar. Zur Formulierung von Unebenheitsanregungen ist lediglich der translatorische Anteil $\xi(t) \equiv \bar{\xi}(t)$ der vollständigen Störanregung von Bedeutung (vgl. Abschn. 3.5.1). Die Trägheitswirkungen und Kraftgesetze der Radführungen sind auf die betreffenden Achsen anzuwenden.

3.5.4.1 Dynamik des Fahrzeugaufbaus

Das D'Alembert-Gleichgewicht für den vertikalen Freiheitsgrad z und die Rotation um die Fahrzeugquerache, die sog. Nickbewegung ϕ, liefert:

$$M\ddot{z} = F_v + F_h - Mg; \tag{3.107}$$

$$J_\phi\ddot{\phi} = -F_v\, l_v + F_h\, l_h. \tag{3.108}$$

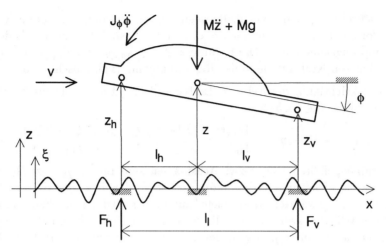

Abb. 3.32: Ein Zweifreiheitsgrad-Modell für die Vertikal- und Nickschwingungen eines Fahrzeugs.

Als Parameter sind die Masse des Fahrzeugkörpers M, die Rotationsträgheit bezüglich der Querachse J_ϕ, der Radstand l_l und die Schwerpunktsabstände l_v, l_h von Vorder- und Hinterachse zu spezifizieren.

Im Gleichgewichtszustand ($\ddot{z}=0$, $\ddot{\phi}=0$) stellen sich die statischen Achslasten $F_{v,0}$ bzw. $F_{h,0}$ ein:

$$F_{v,0} \;=\; \frac{l_h}{l_l}\,Mg; \qquad F_{h,0} \;=\; \frac{l_v}{l_l}\,Mg. \tag{3.109}$$

Die Kinematik liefert die Beziehungen zwischen den Kontaktpunkten der Vorder- und Hinterachse und den Zustandsgrößen z, ϕ des Fahrzeugs. Im Rahmen üblicher Fahrzeugabmessungen ist es an dieser Stelle ausreichend, einen linearen Ansatz zu verwenden:

$$z_v \;=\; z - l_v\,\phi; \qquad z_h \;=\; z + l_h\,\phi. \tag{3.110}$$

3.5.4.2 Beschreibung der Radführungen

Durch die Radaufhängungen werden die Vertikalkräfte F_v und F_h der Vorder- und Hinterachse auf das Fahrzeug übertragen (vgl. Abschn. 3.5.2):

$$
\begin{aligned}
F_i \;=\; & \\
& c_i(\zeta_i - z_i)[1 + \varepsilon_{z,i}(\zeta_i - z_i)^2] + k_i(\dot{\zeta}_i - \dot{z}_i)[1 - \kappa_{a,i}\mathrm{sign}(\dot{\zeta}_i - \dot{z}_i)] \\
& + F_{R,i}\mathrm{sign}(\dot{\zeta}_i - \dot{z}_i); \qquad\qquad i \in \{v, h\}.
\end{aligned}
\tag{3.111}
$$

Dabei beschreiben $\zeta_{v/h}$ die Vertikalbewegungen der zusammengefaßten Radmassen der Vorder- bzw. der Hinterachse. $c_{v/h}$ und $k_{v/h}$ sind die linearen Federungsbzw. Dämpfungskonstanten. Die Parameter $\varepsilon_{z,v/h}$, $\kappa_{a,v/h}$ und $F_{R,v/h}$ spezifizieren die nichtlinearen Kraftanteile in der Radaufhängung (vgl. Abschn. 3.5.2).

Unter Berücksichtigung der Achsvertikaldynamik erhält man zwei zusätzliche Modellfreiheitsgrade ($i \in \{v, h\}$):

$$m_i \ddot{\zeta}_i = -F_i - m_i g + \begin{cases} c_{z,i}(\xi_i - \zeta_i)[1 + \varepsilon_{z,i}(\xi_i - \zeta_i)^2], & (\xi_i - \zeta_i) \geq 0; \\ 0, & \text{sonst.} \end{cases} \quad (3.112)$$

Die zusammengefaßten Rad- bzw. Achsmassen sind mit $m_{v/h}$ bezeichnet. $\xi_{v/h}$ gibt die jeweils wirksame Fahrbahnhöhe an der Vorder- bzw. der Hinterachse an. Im Rahmen der gewählten Modelltiefe muß die Ermittlung der Fahrbahnhöhen die örtliche Glättungswirkung der Reifenaufstandsflächen beinhalten (vgl. Abschn. 4). Ferner ist für $\xi_{v/h}$ der beiden Fahrspuren gemeinsame Hubanteil $\bar{\xi}$ der Unebenheitsanregung einzusetzen, da der Modellansatz keine Wankbewegungen nachbilden kann.

Insgesamt erhält man ein Modellsystem mit vier Freiheitsgraden. Die Aufbautranslation und -rotation ist vor allem im Frequenzbereich von $0.5 - 2 Hz$ von Bedeutung, für die Rad- bzw. Achsvertikalbewegungen sind hingegen Eigenfrequenzen von etwa $10 - 15 Hz$ charakteristisch. Die Schwingungseigenschaften des Fahrzeugaufbaus werden durch die Beziehungen (3.107-3.112) mit angemessener Genauigkeit beschrieben, so daß eine ausreichende Basis für Komfortuntersuchungen zur Verfügung steht.

3.5.4.3 Zur Abstimmung der Vertikaldynamik

Abb. 3.33 zeigt das Leistungsdichtespektrum der vertikalen Aufbauschwingungen eines Mittelklassefahrzeugs. Der Schwingungzustand basiert auf einer Fahrt mit konstanter Geschwindigkeit über eine Fahrbahn niedriger Güte, etwa einer stark befahrenen Kreisstraße.

Im Bereich von $0.3 - 2 Hz$ tragen vor allem die Aufbaueigenfrequenzen, d.h. Hub- und Nickbewegungen, zum Schwingungsbild bei. Die Rad- bzw. Achsschwingungen machen sich vorwiegend um $10 - 15 Hz$ bemerkbar. Die Dämpfer werden i.a. so abgestimmt, daß sich sowohl für den Aufbau als auch für die Räder äquivalente lineare Dämpfungen von $D \approx \sqrt{2}/2$ einstellen.

Die dargestellten Modelle können einerseits direkt für Komfortuntersuchungen verwendet werden, indem aus den rechnerisch ermittelten Fahrzeugbeschleunigungen entsprechende Schwingungsbeanspruchungen für die Insassen ermittelt werden (vgl. Abschn. 3.5.3). Andererseits bietet sich die Möglichkeit, konstruktiv unscharfe Parameter, etwa die Reibungskräfte $F_{R,v/h}$, in eleganter Weise aus

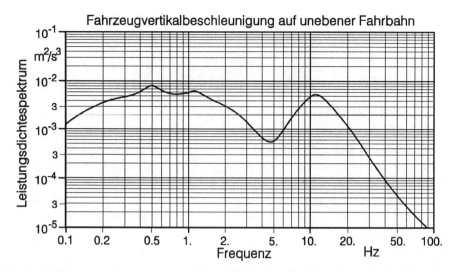

Abb. 3.33: Leistungsdichtespektrum der Fahrzeugvertikalbeschleunigungen bei Fahrt über eine unebene Fahrbahn mit ca. 100km/h.

Fahrzeug-Meßdaten zu bestimmen, indem entsprechende Identifikationsverfahren appliziert werden. Der Einsatzbereich ebener Fahrzeugmodelle wird dadurch beschränkt, daß detaillierte Komfortanalysen mitunter genauere, räumliche Fahrzeugmodelle erfordern, um die interessierenden Phänomene reproduzieren zu können. Als Beispiele hierfür seien Fragen der Einkopplung von Wankbewegungen durch Stabilisatoren oder Vertikal-Quer-Interaktionen infolge der Radkinematik genannt.

4   Phänomenologie und Modellierung des Reifenverhaltens

Die Beschreibung realer Abrollvorgänge erweist sich als schwierig, wenn man die physikalisch und phänomenologisch wichtigen Deformationen der Rad- bzw. Reifenstruktur konsistent berücksichtigen möchte. Letzteres ist für die Untersuchung und Diskussion der dynamischen Eigenschaften eines Fahrzeugs unerläßlich. – Unter dieser speziellen Zielsetzung, die wesentlichen Auswirkungen der Reifenmechanik auf das Fahrverhalten nachzubilden, werden die Mechanismen der Kraftübertragung zwischen Fahrzeug und Fahrbahn im folgenden anhand einfacher Modellvorstellungen erläutert und durch entsprechende mathematische Beschreibungsformen einer übergeordneten Gesamtsystemanalyse zugänglich gemacht.

4.1   Zur Bindung zwischen Reifen und Fahrbahn

4.1.1   Kinematische und kinetische Grundlagen

Aufgrund der radialen Nachgiebigkeit des Reifens verkürzt sich der Abstand zwischen Drehzentrum und Kontaktfläche im Betriebspunkt auf $r = r_{stat}$, den Radius der „statischen Einfederung" (vgl. Abb. 4.1). Bei Fahrzeugreifen sind statische Deformationen von $(r_0 - r_{stat})/r_0 = 5\ldots10\%$ üblich.

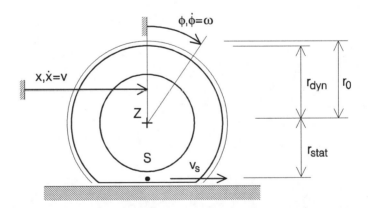

Abb. 4.1: Geometrische und kinematische Größen am rollenden Rad.

4.1.1.1 Dynamischer Rollradius

Im Gegensatz dazu sind gebräuchliche Fahrzeugreifen in Tangentialrichtung nahezu ideal starr. Die verwendeten Stahleinlagen wirken wie ein undehnbares Band in der äußeren Reifenstruktur – ähnlich einer Panzerkette. Durch eine Vielzahl von Messungen wird belegt, daß die Umfangsdeformationen auch bei extremen Lastzuständen kleiner 1% bleiben [125]. Es ist somit gerechtfertigt, den Abrollumfang im normalen Betriebsbereich als konstant zu betrachten und durch einen festen Strukturparameter, den sog. dynamischen Rollradius r_{dyn}, zu beschreiben.

Die Konstanz des dynamischen Rollradius hat erstaunliche Konsequenzen für die Abrollkinematik. – Bei einer Umdrehung des Rades wird stets dieselbe Strecke von $2\pi r_{dyn}$ gegenüber der Unterlage abgewickelt, unabhängig von der statischen Einfederung r_{stat}. Im Falle reinen Rollens ($v_s = 0$, Abb. 4.1) gilt für kleine Verschiebungen dx und Winkeländerungen $d\phi$:

$$dx \equiv r_{dyn}\, d\phi \neq r_{stat}\, d\phi. \tag{4.1}$$

Die Reifenstruktur erweist sich somit – aufgrund ihrer speziellen Deformationseigenschaften – als eine Art Übersetzungsgetriebe.

Ein entsprechendes mechanisches Ersatzmodell ist in Abb. 4.2 dargestellt. Die Undehnbarkeit des Reifenumfangs wird durch ein starres Band realisiert, das einerseits auf einer starren Radscheibe (oben) und anderseits auf der Unterlage (unten) abläuft. Die radiale Reifenverformung kann über die Position zweier am Drehzentrum angelenkter Führungsrollen eingestellt werden.

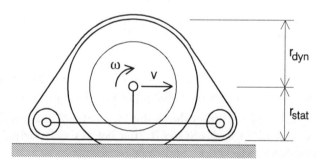

Abb. 4.2: Kinematisches Modell eines schlupffrei rollenden Rades.

4.1.1.2 Arbeitsbilanz

Das in Abb. 4.2 dargestellte Modell setzt die beiden zentralen Reifeneigenschaften (radial deformierbar, tangential starr) direkt in mechanische Elemente um. – Die Phänomenologie des schlupffrei rollenden Reifens wird dadurch weder ergänzt noch reduziert! Die Modellvorstellung ist somit zur Diskussion der elementaren Reifenkinetik geeignet, wie in Abb. 4.3 dargestellt.

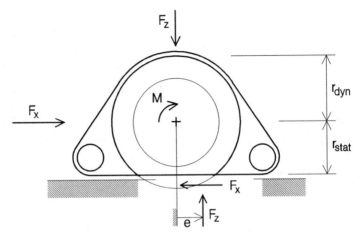

Abb. 4.3: Kräfte und Momente an einem kinematischen Modell für den schlupffrei rollenden Reifen.

Es zeigt sich, daß die im Drehzentrum angreifenden Kräfte und Momente zu einer Verlagerung e des Angriffspunkts der Aufstandskraft F_z führen, die proportional zur statischen Einfederung $(r_{dyn} - r_{stat})$ ist:

$$e = -\frac{F_x}{F_z}(r_{dyn} - r_{stat}) = \frac{M}{F_z}(1 - \frac{r_{stat}}{r_{dyn}}).$$
(4.2)

Dabei ist hervorzuheben, daß die Verlagerung e eine direkte Folge der kinematischen Bedingungen ist – und somit unabhängig von Rollwiderständen entsteht.

Die Beziehung (4.2) wird bestimmt durch die Momentenbilanz um das Drehzentrum und die Kinematik (4.1) des Systems. Hier liefert das Prinzip der virtuellen Arbeit die Verbindung zwischen F_x und Moment M:

$$\delta W = F_x\,\delta x + M\,\delta\phi \equiv 0; \quad \leadsto \quad M + F_x r_{dyn} = 0.$$
(4.3)

Anders als bei der Starrkörperbewegung ist die Längskraft F_x eines Reifens (im stationären Fall) stets dem angreifenden Moment M proportional, unabhängig von der statischen Einfederung. Erfolgt der Abrollvorgang verlustfrei, wie hier angenommen, so bedingen sich Längskraft und Moment gegenseitig. Das ändert sich, wenn man dissipative Effekte in die Betrachtung einbezieht.

4.1.1.3 Abrollverluste

Beim realen Abrollvorgang sind im wesentlichen zwei Effekte für Energieverluste verantwortlich: die Strukturdeformationen des Reifens und die schlupfbedingten Gleitvorgänge in der Kontaktzone zwischen Reifen und Unterlage.

Eine einfache Modellvorstellung zur Entstehung und Wirkung von Strukturdämpfungen zeigt Abb. 4.4. Beim Einlauf in die Kontaktzone wird der Reifentorus gestaucht und beim Auslauf entsprechend gedehnt. Dadurch entsteht ein positiver Beitrag zur Vertikallast vor dem Drehzentrum und ein negativer Beitrag dahinter. Ein äquivalentes Ergebnis erhält man aus der Betrachtung der Impulsänderung von Reifenumfangsteilchen beim Einlauf und beim Verlassen der Kontaktzone. Insgesamt wirken die Strukturdeformationen als ein der Drehung entgegengesetztes Moment M_d. Eine gute Übereinstimmung mit Meßergebnissen erzielt man z.B. durch folgenden Ansatz:

$$M_d = M_{d,0} + k_d\,\omega, \tag{4.4}$$

worin sich die Frequenzabhängigkeit der wirksamen Material- bzw. Gummidämpfungen widerspiegelt (vgl. [47, 87]).

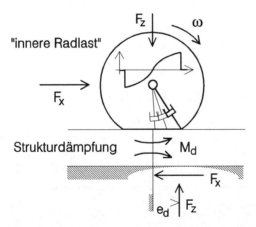

Abb. 4.4: Ein einfaches Modell zur Entstehung des Rollwiderstands aufgrund dynamischer Deformationen der Reifenstruktur.

Das Rollwiderstandsmoment M_d wird in der Kontaktzone eingeleitet. Analog zur Reifenkinematik führt dies zu einer (weiteren) Verlagerung e_d des Angriffspunkts der Aufstandskraft F_z:

$$e_d = M_d\,/\,F_z. \tag{4.5}$$

4.1.2   Schlupf

Die Übertragung von Längs- und Querkräften auf die Fahrbahn ist beim realen „Abrollen" stets mit Gleitvorgängen in der Kontaktzone verbunden. Die äußere Reifenstruktur kann in Tangentialrichtung nur dann Kräfte vermitteln, wenn ihr entsprechende dynamische Scher-Deformationen aufgeprägt werden (vgl. [101, 22, 115]).

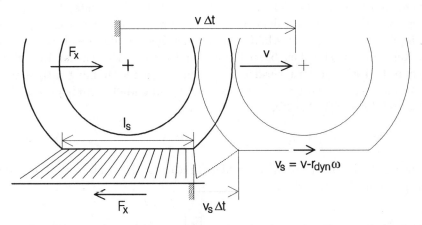

Abb. 4.5: Das Konzept des Bürstenmodells zur Beschreibung der Kinematik des Reifen-Fahrbahn-Kontakts.

4.1.2.1   Kinematische Schlupfdefinition

Die Aufenthaltsdauer eines Reifenteilchens in der Kontaktzone ist offensichtlich umgekehrt proportional zur Raddrehgeschwindigkeit ω, die Schergeschwindigkeit ergibt sich aus der Reifentranslation $v_s = v - r_{dyn}\,\omega$ am Boden (vgl. Abb. 4.5). Daher erweist sich der aus beiden Geschwindigkeiten gebildete Schlupf s als geeignete Größe zur Beschreibung der Kontaktkinematik:

$$s = \frac{v - r_{dyn}\,\omega}{r_{dyn}\,|\omega|}. \tag{4.6}$$

Der Schlupf s kann somit als Maß für die mittlere Scherung interpretiert werden, die ein Reifenumfangsteilchen während des Aufenthalts in der Kontaktzone erfährt.

4.1.2.2   Pragmatische Formulierung des Längsschlupfs

Die Schlupfdefinition (4.6) wurde auf der Basis der Kontaktkinematik hergeleitet und kommt daher der Reifenphysik relativ nahe. Aus verschiedenen Gründen wird der Schlupf jedoch häufig mit der Längsgeschwindigkeit im Nenner formuliert [31, 124]:

$$s = \frac{v - r_{dyn}\,\omega}{|v|}. \tag{4.7}$$

Manche Autoren verwenden unterschiedliche Normierungen für die Betriebsfelder Antreiben und Bremsen [125, 175], um singuläre Schlupfwerte weitgehend zu vermeiden.

In praxi liefern beide Schlupfdefinitionen nahezu identische Ergebnisse für stationäre Betriebszustände. Eine Ausnahme hiervon stellt der Betriebspunkt „Reifenstillstand" ($v \approx 0, \omega \approx 0$) dar, der jedoch prinzipiell einer gesonderten Analyse zu unterziehen ist (vgl. Abschn. 4.1.3). Im Interesse einer allgemeinen Betrachtung wird im folgenden eine formale Normierungsgeschwindigkeit v^* eingeführt, die je nach Anwendung mit der physikalisch konsistenten Transportgeschwindigkeit $v^* := r_{dyn}\,\omega$ oder mit der praktisch bedeutsameren Längsgeschwindigkeit $v^* := v$ erklärt werden kann:

$$s = \frac{v - r_{dyn}\,\omega}{|v^*|}. \tag{4.8}$$

4.1.3 Kraftübertragung zur Fahrbahn

4.1.3.1 Einfache stationäre Ansätze

Im Bereich kleiner bis mittlerer Kräfte ($|F_x| < 0.5\mu F_z$) sind die stationären Reifenlängskräfte in guter Näherung linear zum anliegenden Schlupf s. Mit der sog. Längssteifigkeit c_l [N] gilt:

$$F_x = c_l\,s. \tag{4.9}$$

Damit kommt eine weitere wesentliche Reifeneigenschaft zum Ausdruck: Beim realen Reifen besteht ein fester, nichtlinearer Zusammenhang zwischen den Kraft- und Geschwindigkeitsgrößen. Die Anbindung des rollenden Reifens an die Fahrbahn hat somit – entgegen der Erwartung – die Qualität eines mechanischen Dämpfungselements. Die Übertragung von Kräften erfolgt nur, wenn Relativgeschwindigkeiten in der Kontaktzone vorliegen und ist daher stets mit Energieverlusten verbunden.

Die Stärke der Anbindung, d.h. der Dämpfungsparameter k_s, nimmt mit steigender Geschwindigkeit ab:

$$F_x := k_s\,v_s; \qquad k_s = \frac{c_l}{|v^*|}. \tag{4.10}$$

Die „Längssteife" c_l erweist sich damit im Rahmen einer globalen Betrachtung als Dämpfungsparameter, mikroskopisch gesehen beschreibt sie hingegen (tatsächlich) die Steifigkeit des Reifenumfangs gegen Scherdeformationen.

Für $v^* \to 0$ versteift sich die Kontaktzone so sehr, daß der Ausdruck für k_s singulär wird. Das einfache Scherungsmodell, das zur Einführung der Kraft-Schlupf-Abhängigkeit (4.8,4.9) verwendet wurde, verliert hier seine Bedeutung. Abgesehen von der reibungsbedingten Beschränkung der Längskraft (vgl. Abschn. 4.2.1) behält der Ansatz (4.9) jedoch seine volle Gültigkeit für stationäre Betriebszustände. Im Bereich kleiner Geschwindigkeiten konzentriert sich das Interesse hingegen auf das instationäre Reifenverhalten (z.B. Anhalten, Anfahren aus dem Stillstand), wie im folgenden gezeigt wird.

4.1.3.2 Instationäres Reifenverhalten

Im Stillstand und bei niedrigen Geschwindigkeiten sind hauptsächlich die rotatorischen Nachgiebigkeiten des Reifens für die Entstehung von Längskräften verantwortlich. Für $v = 0$ erhält man analog zum obigen Scherungskonzept folgendes Längskraftmodell für die Kontaktzone:

$$F_x := c_s x_s; \qquad c_s = \frac{2 c_l}{l_s}, \tag{4.11}$$

wobei l_s die Länge der Kontaktzone am Boden, die sog. Latschlänge, beschreibt.

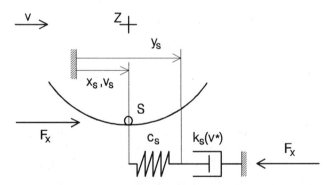

Abb. 4.6: Ein dynamisches Modell zur Synthese der Kontaktkräfte am Reifen.

Die Synthese der Teilmodelle für stationäre (4.10) und instationäre (4.11) Vorgänge erfordert die Einführung einer zusätzlichen inneren Zustandsgröße y_s. Wie man sich leicht verdeutlichen kann, ist das in Abb. 4.6 dargestellte Reihenschaltungs-Modell mit den obigen Betriebszuständen kompatibel. Damit erhält man zwei Bedingungen für die Längskraft am Reifen F_x:

$$F_x := c_s (x_s - y_s) = k_s(v^*) \dot{y}_s. \tag{4.12}$$

Die Zustandsgröße y_s kann durch Differenzieren und Einsetzen eliminiert werden. Als Ergebnis erhält man ein von verschiedenen Autoren vorgeschlagenes Modell für den dynamischen Kraftaufbau am Reifen (vgl. [153, 162, 140], z.T. nur Seitenkraft-Dynamik):

$$\frac{\dot{F}_x}{\omega_x} + F_x = c_l\, s; \qquad \omega_x = \frac{c_s}{k_s(v^*)} = \frac{c_s}{c_l}\, |v^*|. \tag{4.13}$$

Die Frequenzkonstante ω_x bringt die Versteifung des Systems für $v \to 0$ zum Ausdruck. Unter Verwendung von (4.11) wird klar, daß der Frequenzparameter direkt auf die Länge der Kontaktzone zurückgeführt werden kann ($\omega_x = 2|v^*|/l_s$). Die Dynamik des Kraftaufbaus wird damit in erster Linie durch die Reifengeometrie bestimmt. (In praxi sind neben den Elastizitäten in der Kontaktzone noch weitere rotatorische Nachgiebigkeiten wirksam, wodurch c_s abgemindert und in Beziehung zu konstruktiven Parametern gesetzt wird.)

4.1.3.3 Ein einfaches lineares Reifendynamik-Modell

In der gewählten Form (4.13) wird die Längskraftgleichung für kleine Geschwindigkeiten singulär. Da das zugrunde liegende mechanische Modell (4.6) auch im Stillstand auf beschränkte – und damit physikalisch konsistente – Kräfte führt, muß es eine äquivalente Systembeschreibung geben, die im gesamten Geschwindigkeitsbereich gültig und auswertbar ist. Man erhält eine geeignete Darstellung durch Multiplikation mit $|v^*|$:

$$\frac{c_l}{c_s}\, \dot{F}_x + |v^*|\, F_x = c_l\, (v - r_{dyn}\dot{\phi}). \tag{4.14}$$

Die Längskraft-Differentialgleichung läßt sich nun problemlos implizit integrieren. Für $v = 0$ erhält man die formulierte Federkennlinie, im stationären Zustand wirkt hingegen das entsprechende Dämpfungsgesetz.

Anhand dieses Beispiels wird klar, daß die vermeintliche Inkonsistenz allein durch die pragmatische „Zustandsgröße" Schlupf s hervorgerufen wird. Die Schlupfdefinition selbst (4.8) ist mit dem Reifenbetriebspunkt $v = 0$ nicht vereinbar, unabhängig von dem für die Kontaktzone postulierten Kraftgesetz. Es erscheint daher sinnvoll, analytische Betrachtungen und die Modellentwicklung grundsätzlich auf der Basis von Geschwindigkeiten $(v, r_{dyn}\dot{\phi})$ vorzunehmen. Der Schlupf (bzw. im Falle von Querkräften der Schräglaufwinkel) ist folglich als abgeleitete Größe zu betrachten und lediglich – im Sinne der ursprünglichen Definition – zur Beschreibung stationärer Kraftanteile heranzuziehen.

4.1.4   Vertikalkräfte

Die in Richtung der Reifenhochachse z übertragene Radlast F_z hängt in erster Linie vom Abstand zwischen Radmitte und Fahrbahn ab. Die Verformungen der Reifenstruktur führen stationär zu einer schwach progressiven Federkennlinie, wie in Abb. 4.7 dargestellt:

$$F_z = \begin{cases} c_z \Delta r + c_{z,3} \Delta r^3, & \Delta r \geq 0; \\ 0, & \text{sonst;} \end{cases} \qquad \Delta r = r_0 - r_{stat}. \qquad (4.15)$$

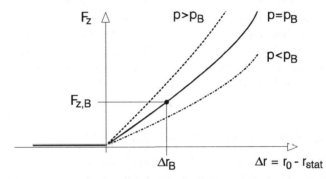

Abb. 4.7: Stationäre Vertikalkraft am Reifen, Betriebspunkt B und konstruktive Radlast $F_{z,B}$.

Der progressive Radlastanteil $\Delta F_z = c_{z,3} \Delta r^3$ ist im allgemeinen klein gegenüber dem Linearterm. Für elementare Untersuchungen und einfache Modellbetrachtungen ist es daher ausreichend, eine um den Betriebspunkt B linearisierte Form der Radlastgleichung zu verwenden. Das Charakteristikum der Bindung – die Tatsache, daß das Rad abheben kann und damit die Radlast $F_z = 0$ generiert – sollte hingegen stets berücksichtigt werden. Insbesondere bei der Untersuchung von Bremsvorgängen auf unebener Fahrbahn oder bei der Beurteilung der Straßenschädigung durch Fahrzeuge zeigt sich, daß die einseitige Kopplung großen Einfluß auf die Ergebnisse nehmen kann.

Im drucklosen Zustand ($p = 0$) ist die Reifenstruktur in Radialrichtung sehr nachgiebig. Durch den Betriebsfülldruck $p = p_B$ wird die Reifenhülle vorgespannt und versteift, was zu den in Abb. 4.7 dargestellten Kennlinien führt. Da der Fülldruck im Reifen überall gleich ist, kann die Kraftübertragung zur Felge nur über die Wandung erfolgen. Der globale Verformungswiderstand (4.15) erweist sich somit als Produkt der räumlichen Reifengeometrie und ihrer komplexen Biege- und Scherdeformationen unter Last. Eine physikalische Beschreibung der Kraftübertragung *im* Reifen erfordert daher aufwendige kontinuumsmechanische Ansätze bzw. detaillierte FEM-Modelle, wie sie z.B. von Böhm [22, 23] oder Gipser [63] entwickelt wurden.

4.2 Kraftübertragung in Längsrichtung

4.2.1 Kraftschlußpotential

Die Übertragung von Reifenkräften zur Fahrbahn erfolgt letztlich an der Grenzfläche zwischen Reifen und Unterlage. In Vertikalrichtung liegt eine feste, einseitige Bindung vor. Die parallel zur Fahrbahnebene wirkenden Längs- und Querkräfte werden hingegen allein durch Reibung übertragen und sind daher grundsätzlich beschränkt.

4.2.1.1 Längskraft und Schlupf

Eine der praktisch wichtigsten Nichtlinearitäten im Reifenverhalten ist auf inhomogene Scherdeformationen und Reibung in der Kontaktzone zurückzuführen: Bei gegebener Radlast F_z und definiertem Fahrbahnzustand steht die stationäre Reifenlängskraft F_x in einer festen, beschränkten Beziehung zum anliegenden Schlupf s (vgl. Abb. 4.8)!

Außerhalb des Linearbereichs (vgl. Abschn. 4.1.2) wächst F_x zunächst mit steigendem Schlupf degressiv an, wie in Abb. 4.8 dargestellt. Bei Schlupfwerten von etwa $s = 6 \cdots 20\%$ erreicht die übertragbare Längskraft einen für die Reibungspaarung spezifischen Maximalwert $F_{z,max}$. Daran schließt sich ein mehr oder minder stark ausgeprägter Rückgang von F_x auf das Kraftniveau $F_{x,gleit}$ für reines Gleiten an (Blockierzustand bzw. „Durchdrehen" eines Rades).

4.2.1.2 Haft- und Gleitzustände

Verschiedene, vor allem neuere Messungen zeigen, daß die Längskraft für sehr große Schlupfwerte wieder ansteigen kann. Die Ursache hierfür ist in der gummispezifischen Reibung zu sehen, die einen überproportionalen Zuwachs der Kraftübertragung bei höheren Gleitgeschwindigkeiten ermöglicht (vgl. [174]). Dieser Effekt ist für fahrdynamische Untersuchungen jedoch kaum von Bedeutung. Im interessierenden Schlupf- bzw. (Gleit-) Geschwindigkeitsbereich ordnet man dem Reifen meist zwei charakteristische Reibwerte zu: den maximalen Kraftschlußbeiwert μ_{max} und den Gleitreibungskoeffizienten μ_{gleit}. Beide Kenngrößen werden zunächst formal, unter Verwendung der wirksamen Radlast F_z, als Reibungskenn-

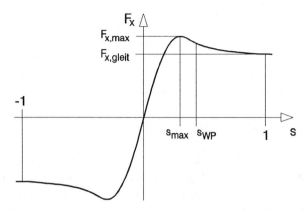

Abb. 4.8: Typischer Längskraft-Schlupf-Verlauf eines Fahrzeugreifens.

werte definiert:

$$\mu_{max} = \frac{F_{x,max}}{F_z}; \qquad \mu_{gleit} = \frac{F_{x,gleit}}{F_z}. \qquad (4.16)$$

Lage und Ausprägung des Reibungsmaximums (Kennwerte s_{max}, s_{WP}) hängen von den konstruktiven Parametern des vorliegenden Reifens und der Reibungspaarung Gummi-Fahrbahn ab. Mit zunehmender Schersteife der äußeren Reifenstruktur verlagert sich s_{max} zu kleineren Schlupfwerten. Dabei nimmt die relative Höhe des Maximums μ_{max}/μ_{gleit} im allgemeinen zu, die Breite $(s_{WP} - s_{max})$ wird geringer. Aufgrund der großen Profilhöhe findet man bei neuen Winterreifen meist nur schwach ausgeprägte Maxima bei Schlupfwerten von bis zu $s_{max} = 15\%$. Abgefahrene Sommerreifen zeigen in der Regel deutliche Überhöhungen der Längskraft-Schlupf-Kurven bei $s_{max} = 6 \cdots 10\%$.

4.2.1.3 Reifenparameter und Reifenverhalten

Sofern keine Kräfte quer zur Reifenmittelebene übertragen werden, hängt die Relation $F_x(s)$ im wesentlichen vom konstruktiven Aufbau und den Materialien des Reifens ab (vgl. Abschn. 4.3.1). Die Kurven-*Form* kann somit für einen gegebenen Reifentyp (und -verschleißzustand) als invariant angesehen werden. Die in verschiedenen Betriebszuständen tatsächlich vorliegende Längskraft-Schlupf-Beziehung hängt jedoch in starkem Maße von zwei äußeren Parametern ab, der Vertikalkraft F_z und der Reifen-Fahrbahn-Reibung μ_{max} bzw. μ_{gleit}. Wie Abb. 4.9 zeigt, kann die resultierende Längskraft F_x aufgrund beider Einflußgrößen um bis zu 100% gegenüber dem Bezugsniveau B variieren. Wesentlich ist hierbei, daß man die angegebene Schwankungsbreite bereits im Rahmen „normaler" Fahrsituationen berücksichtigen muß.

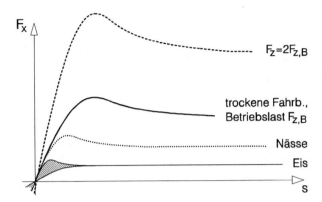

Abb. 4.9: Zum Einfluß der Radlast F_z und der Reifen-Fahrbahn-Reibung auf die Längskraft $F_x(s)$.

Unterschiede im globalen Reibungsverhalten von etwa 10 : 1 zwischen trocke-
ner, griffiger Fahrbahn $(\mu_{max} = 0.9 \cdots 1.2)$ und Eis $(\mu_{max} = 0.3 \cdots 0.1)$ sind im
allgemeinen bekannt. Ähnliches gilt auch für die Radlast F_z, wenn man (nur)
die stationären Lastverlagerungen beim Bremsen und bei Kurvenfahrt betrachtet. Personenwagen erreichen typischerweise Radlastverschiebungen von bis zu
$\Delta F_z/F_{z,B} = 20 \cdots 25\%$ beim Bremsen und $50 \cdots 70(100)\%$ bei Kurvenfahrt. Aufgrund des relativ höheren Schwerpunkts treten bei Nutzfahrzeugen z.T. noch
stärkere Radlastverlagerungen auf. Diesen stationären Radlasten werden im Fahrbetrieb dynamische Kraftanteile überlagert. Sie entstehen hauptsächlich durch
die Bewegungen des Fahrzeugaufbaus und durch Fahrbahnunebenheiten. Insofern
ist die in Abb. 4.9 gewählte Schwankungsbreite als konservative bzw. pragmatische Abschätzung anzusehen. Sie bringt eine der grundlegenden Schwierigkeiten
bei der Untersuchung von Fahrzeugeigenschaften zum Ausdruck: Die wichtigsten
Einflußgrößen können in weiten Grenzen variieren!

4.2.2   Ein standardisiertes Längskraft-Schlupf-Modell

Die in Abb. 4.9 dargestellten Längskraft-Schlupf-Kennlinien liefern sehr unterschiedliche Ergebnisse für verschiedene Betriebsbereiche. – Die charakteristische
Kurvenform ist jedoch im wesentlichen invariant gegenüber Radlast und Reibung. Bei genauerer Analyse zeigt sich, daß Änderungen der Vertikalkraft F_z
hauptsächlich zu einer Amplifikation der Ordinate führen. Variationen der Reifen-
Fahrbahn-Reibung können hingegen als zentrische Transformation bezüglich des
Ursprungs dargestellt werden. Beide Effekte lassen sich durch physikalische bzw.
kinematische Vorgänge in der Kontaktzone erklären.

4.2.2.1 Separation der Einflußgrößen

Auf der Grundlage der o.g. Eigenschaften ist es möglich, die Wirkung äußerer Parameter (Radlast und „Straßenzustand") und typspezifischer Reifenkenngrößen getrennt zu behandeln: Der Aufbau, die Geometrie und die Materialien eines Reifens legen offensichtlich die Grundform der Kraftschluß-Kurve fest. Ist dieser reifenspezifische Verlauf $F_{x,B}(s)$ bekannt, z.B. für einen trockenen, griffigen Fahrbahnbelag mit $\mu_{max} = \mu_{max,B}$ und die Betriebsradlast $F_z = F_{z,B}$, so kann das Reifenverhalten in anderen Betriebszuständen durch entsprechende Transformationen abgeleitet werden.

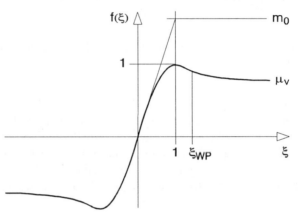

Abb. 4.10: Standard-Kennlinie zur Beschreibung der typspezifischen Reifeneigenschaften in Längsrichtung.

Dazu wird zunächst eine standardisierte Kennlinienfunktion $f(\xi)$ eingeführt, welche – unabhängig vom Reibungsmaximum – den prinzipiellen Verlauf der Längskraft-Schlupf-Beziehung $F_{x,B}(s)$ beschreibt:

$$f(\xi) \;=\; \frac{1}{\mu_{max,B}\,F_{z,B}}\,F_{x,B}(\xi\,s_{max,B}\,\mu_{max,B}). \tag{4.17}$$

Die gewählte Normierung führt zu den in Abb. 4.10 dargestellten Kurvenformen. Sie beschreiben den Einfluß der konstruktiven Reifenparameter auf die Längskraft-Schlupf-Beziehung und sind von Reifentyp und -zustand abhängig. Gegenüber der Radlast und den Reibungsverhältnissen sind die normierten Kennlinien (4.17) jedoch weitgehend invariant.

4.2.2.2 Eine standardisierte Kraftschlußfunktion

Detaillierte Kennlinienmodelle für das Reifenverhalten in Längs- und Querrichtung wurden z.B. von Lugner [96] oder Pacejka [117] vorgeschlagen. Für elementare fahrdynamische Untersuchungen ist es hier jedoch ausreichend, lediglich die zentralen physikalischen Reifeneigenschaften zu betrachten, welche die Kurvenformen $f(\xi)$ bestimmen. Die damit verbundene Parameterreduktion vereinfacht spätere Analysen erheblich und wiegt den Verlust an Modellgenauigkeit in vielen Fällen auf. In diesem Sinne können die Standard-Kennlinien beispielsweise durch folgenden Modell-Ansatz approximiert werden:

$$f(\xi) = \begin{cases} m_0\,\xi(1-|\xi|)^2 + \xi|\xi|(3-2|\xi|), & |\xi| \leq 1; \\[2mm] \mathrm{sign}(\xi)\,\dfrac{(\xi_{WP}-1)^2 + \mu_v(|\xi|-1)^2}{(\xi_{WP}-1)^2 + (|\xi|-1)^2}, & \text{sonst.} \end{cases} \qquad (4.18)$$

Zur Beschreibung des typspezifischen Reifenverhaltens sind somit drei Parameter erforderlich: die Anfangssteigung m_0, das Reibungsverhältnis μ_v und die Relation ξ_{WP} zwischen dem Schlupf $s_{WP,B}$ im Wendepunkt und $s_{max,B}$ im Maximum. Diese Kenngrößen werden durch im allgemeinen bekannte globale Reifendaten für den Betriebspunkt B festgelegt:

$$m_0 = \frac{c_l\,s_{max,B}}{F_{z,B}}; \qquad \mu_v = \frac{\mu_{gleit,B}}{\mu_{max,B}}; \qquad \xi_{WP} = \frac{s_{WP,B}}{s_{max,B}}. \qquad (4.19)$$

Dabei ist c_l die für den Linearbereich ermittelte Längssteifigkeit des Reifens (vgl. Abschn. 4.1.3). Bei gebräuchlichen Reifenbauformen nehmen die Parameter der Standardkennlinie $f(\xi)$ meist Werte von $m_0 = 1.3 \cdots 2.5$, $\mu_v = 0.7 \cdots 0.95$ und $\xi_{WP} = 1.5 \cdots 3.0$ an.

4.2.2.3 Zur Wirkung der Vertikalkraft

Im „normalen" Betriebsbereich stehen die übertragbaren Reifenlängskräfte $F_x(s)$ in einem linearen Zusammenhang zur wirksamen Vertikalkraft F_z, welche die Kontaktzone auf die Fahrbahn preßt. Jenseits der konstruktiven Betriebslast $F_{z,B}$ zeigt sich jedoch häufig, daß das Längskraftpotential $F_{x,max}$ schwach degressiv zur Radlast anwächst, wie in Abb. 4.11 dargestellt. – Offensichtlich nimmt die Effektivität der Reibungsbindung im Kontaktbereich mit steigender Anpreßkraft ab. Dieser Effekt dürfte hauptsächlich auf die damit verbundenen starken Deformationen der Reifenstruktur zurückzuführen sein, wodurch eine zunehmend inhomogene Druckverteilung in der Kontaktzone erzeugt wird.

Der Einfluß der Radlast ist folglich auf die spezifische Bauweise des vorliegenden Reifens zurückzuführen. Es erscheint daher gerechtfertigt, eine entsprechende typspezifische Kennlinienfunktion einzuführen, welche den Einfluß der Radlast auf das Längskraftpotential beschreibt und mit den bisherigen Definitionen verträglich ist. Diese Bedingungen erfüllt z.B. das Konzept der effektiven Radlast $F_{z,eff}$:

$$F_{z,eff} := \frac{F_{x,max:B}}{\mu_{max,B}} \equiv F_{z,B}\,(\xi - \varepsilon_z\xi^3); \qquad \xi := \frac{F_z}{F_{z,B}}. \qquad (4.20)$$

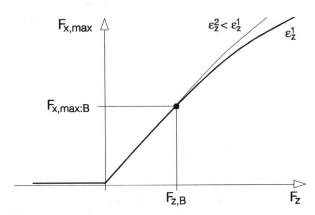

Abb. 4.11: Zum Einfluß der Radlast F_z auf die maximale Reifenlängskraft $F_{x,max}$.

Dabei wird der im regulären Betriebspunkt ermittelte Reibwert $\mu_{max,B}$ als eine radlastinvariante Kenngröße angesehen, die letztlich den lokalen Reibungskontakt zwischen Reifenpartikeln und Fahrbahn beschreibt. Der Einfluß der globalen Strukturdeformationen wird hingegen vollständig auf die Ansatzfunktion $F_{z,eff}(F_z/F_{z,B})$ abgebildet. Je nach Reifentyp und -belastbarkeit sind kubische Beiträge von $\varepsilon_z = 0 \cdots 0.04$ zur wirksamen Radlast $F_{z,eff}$ zu berücksichtigen.

4.2.2.4 Synthese der Modellkomponenten

Die in Abb. 4.9 dargestellten stationären Längskraft-Schlupf-Kennlinien für verschiedene Betriebszustände lassen sich kompakt und einheitlich erklären, wenn man die diskutierten Separationsansätze zugrunde legt.

Dabei werden die konstruktiven, typspezifischen Reifeneigenschaften durch eine Standard-Kraftschluß-Funktion $f(\xi)$ der Form (4.17) bzw. (4.18) und die reibungswirksame Radlast $F_{z,eff}(\xi)$ nach (4.20) repräsentiert. Ferner ist mit $s_{max,B}$ ein für die Schersteifigkeit des Reifenumfangs und den Abnutzungsgrad charakteristischer Parameter zu spezifizieren: $s_{max,B}$ beschreibt die Lage des Maximums der Kraftschluß-Kurve $F_x(s)$ im regulären Betriebszustand B. Sowohl die Reifen-Fahrbahn-Reibung als auch die Vertikalkraft F_z sind – aus der Perspektive des Längskraftmodells – als äußere Parameter zu betrachten. Der Kraftschluß wird (pragmatisch) durch den maximalen Reibungskoeffizienten μ_{max} (4.16) charakterisiert, der auf dem betreffenden Fahrbahnbelag erreicht wird. Für die stationäre Längskraft-Schlupf-Beziehung gilt damit allgemein:

$$F_x(s) := \mu_{max}\, F_{z,eff}\left(\frac{F_z}{F_{z,B}}\right)\; f\left(\frac{s}{s_{max,B}\,\mu_{max}}\right). \tag{4.21}$$

Der Ansatz gestattet es, die Wirkung der drei hauptsächlichen Einflußgrößen s,

μ_{max}, F_z auf die Reifenlängskraft qualitativ und – in guter Näherung – quantitativ nachzubilden. Angesichts der nach wie vor heftigen Diskussion über die Gültigkeit und Vergleichbarkeit von Reifen-Prüfstandsmessungen ist die erreichte Modelltiefe für eine Vielzahl fahrdynamischer Untersuchungen als ausreichend zu erachten.

4.2.2.5 Inhomogene Kraftübertragung in der Kontaktzone

Die in den vorangehenden Abschnitten diskutierte, stark nichtlineare Längskraft-Schlupf-Beziehung $F_x(s)$ ist auf ortsvariante Deformationen und Reibungsprozesse in der Kontaktzone zwischen Reifen und Fahrbahn zurückzuführen. Bemerkenswert ist dabei, daß der Haftreibungskoeffizient zwischen Reifengummi und Unterlage auf trockener Straße normalerweise Werte von $\mu_{haft} = 1.7 \cdots 2$ erreicht. Unter den gleichen Bedingungen werden für das Gesamtsystem *Reifen* hingegen Kraftschlußmaxima (4.16) von $\mu_{max} = 0.9 \cdots 1.1$ ermittelt. Die Diskrepanzen sind auf die Kinematik des schlupfbehafteten Abrollens zurückzuführen, die es nicht zuläßt, alle Segmente der Kontaktzone gleichermaßen optimal zu beanspruchen.

Dieses Phänomen zeichnete sich bereits bei der Diskussion des Bürstenmodells in Abschn. 4.1.2 ab. Während des Aufenthalts in der Kontaktzone unterliegen die Reifenumfangs-Elemente zunächst einer linear anwachsenden kinematischen Scherung $\gamma^k(\xi)$, die sich aus der Gleitgeschwindigkeit $v_B(s) = sv^*$ und der wirksamen Profilhöhe h ergibt:

$$\gamma^k(\xi) = \frac{v_B(s)}{h} \frac{l_k \xi}{v}; \quad \xi = \frac{t}{t_{max}}; \quad 0 \leq t \leq t_{max} = \frac{l_k}{v}. \tag{4.22}$$

Die Durchlaufzeit t_{max} wird durch die Länge der Kontaktzone l_k und die Längsgeschwindigkeit v bestimmt.

Die Scherung $\gamma^k(\xi)$ bedingt – im Zusammenhang mit der Schersteife G des Reifenumfangs – eine ortsvariante Scherspannung $\sigma^k(\xi) = G\gamma^k(\xi)$, welche zur Fahrbahn übertragen werden muß. Die Reifenteilchen werden jedoch nur endlich fest auf die Unterlage gepreßt. Maßgeblich ist hierbei die aus der Radlast F_z entstehende Bodendruckverteilung $p_z(\xi)$. Daraus ergibt sich eine maximal übertragbare Scherspannung $\sigma^{haft}(\xi) = \mu_{haft} p_z(\xi)$ für Umfangselemente, die sich relativ zur Unterlage nicht bewegen sollen – und eine entsprechende Grenzbedingung $\sigma^{gleit}(\xi) = \mu_{gleit} p_z(\xi)$ für bewegte Teilchen. Die Bodendruckverteilung kann für reguläre Betriebsbedingungen durch Monom-Ansätze der Ordnung $\kappa = 2 \cdots 4$ beschrieben werden [64]:

$$p_z(\xi) = p_{z,max} \left(1 - |2\xi - 1|^\kappa\right); \quad \int_A p_z(\xi)\, dA = F_z. \tag{4.23}$$

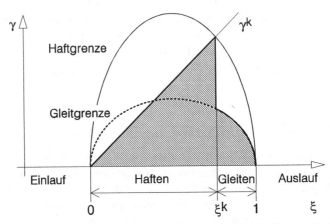

Abb. 4.12: Scherungsprofile in der Kontaktzone zwischen Reifen und Fahrbahn.

Die in praxi gleichfalls wichtigen Änderungen des Bodendrucks in Reifenquerrichtung werden aus Gründen der Übersicht hier nicht diskutiert.

Im stationären Zustand ergeben sich damit die in Abb. 4.12 dargestellten Scherungsprofile:

$$\gamma(\xi) = \begin{cases} \gamma^k(\xi), & \xi \leq \xi_k; \\ \mu_{gleit}\, p_z(\xi)/G, & \text{sonst}; \end{cases} \qquad \xi_k: \ \sigma^k(\xi_k) \equiv \sigma_{haft}(\xi_k). \qquad (4.24)$$

Die Haft-Gleit-Grenze $\xi_k(s)$ erhält man aus der Forderung, daß die kinematisch bedingte Scherspannung σ^k an der Stelle $\xi = \xi_k$ gerade noch durch Haftreibung übertragen werden kann.

Im Rahmen des diskutierten Kontaktmodells kann nun die vom Reifen übertragene Längskraft $F_x(s)$ berechnet werden:

$$F_x(s) = F_z \left\{ \int_0^{\xi_k(s)} \sigma^k(\xi)\, d\xi + \int_{\xi_k(s)}^1 \sigma_{gleit}(\xi)\, d\xi \right\} \bigg/ \int_0^1 p_z(\xi)\, d\xi. \qquad (4.25)$$

Die obigen Integralausdrücke sind für $\kappa \geq 1$ eindeutig bestimmt:

$$F_x(s) = F_z \frac{\kappa+1}{\kappa} \left\{ \mu_{haft} \frac{\xi_k(1-|2\xi_k-1|^\kappa)}{2} \right. $$
$$\left. + \mu_{gleit}\left(1-\xi_k - \frac{1-|2\xi_k-1|^\kappa(2\xi_k-1)}{2(\kappa+1)}\right) \right\}. \qquad (4.26)$$

Damit ist es möglich, den Verlauf der Längskraft-Schlupf-Kurve direkt auf der Grundlage der formulierten Kontaktkinematik zu berechnen.

Es zeigt sich beispielsweise, daß die Längskraft – unabhängig vom Exponenten der Bodendruckverteilung ($\kappa \geq 1$) – stets ein Maximum aufweist, sofern $\mu_{haft} > \mu_{gleit}$ erfüllt ist. Die Ausprägung der Kurvenüberhöhung μ_{max}/μ_{gleit} fällt allerdings deutlich schwächer aus als man aufgrund des Haftreibungskoeffizienten μ_{haft} erwarten würde. Im Falle quadratischer Bodendruckverteilungen erhält man z.B.:

$$\mu_{max}/\mu_{gleit} = \eta^2 \frac{4\eta - 3}{(3\eta - 2)^2}; \qquad \eta = \frac{\mu_{haft}}{\mu_{gleit}}. \tag{4.27}$$

Dabei ist zu beachten, daß der globale Gleitreibungskoeffizient des Reifens und der entsprechende mikroskopische Kennwert für die Materialpaarung Gummi-Fahrbahn identisch sind.

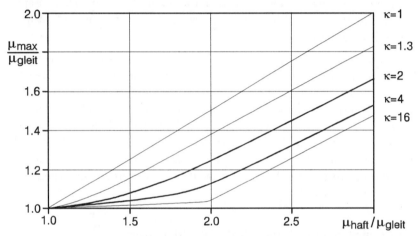

Abb. 4.13: Kraftschlußvermögen eines Reifes (μ_{max}, μ_{gleit}) in Abhängigkeit von den Eigenschaften der Materialpaarung Gummi-Fahrbahn (μ_{haft}, μ_{gleit}).

Abb. 4.13 zeigt die globalen Kraftschlußmaxima μ_{max} für Reifen mit unterschiedlichen Bodendruckverteilungen. Insgesamt erscheint bemerkenswert, daß aufgrund der „Abrollkinematik" des Reifens bis zu 40% des Kraftschlußpotentials ungenutzt bleiben, wenn man realistische Daten von $\mu_{haft}/\mu_{gleit} = 1.6 \cdots 2$ für die Reibungspaarung Gummi-Fahrbahn zugrunde legt.

Die Position $s = s_{max}$ des Maximums der Kraftschlußkurve $F_x(s)$ ergibt sich im Rahmen des Kontaktmodells zu:

$$s_{max} = \mu_{max} \frac{F_z}{l_k} C; \qquad C = \frac{\mu_{haft} h (\kappa+1) (1 - |2\xi_k - 1|^\kappa)}{G \kappa A \xi_k \mu_{max}}. \tag{4.28}$$

Damit sollte der Schlupf im Maximum linear zur Radlast F_z anwachsen. Tatsächlich hängt jedoch auch die Länge der Kontaktzone l_k stark von der Vertikallast

F_z ab. Der Zusammenhang wird beispielsweise von Babbel ausführlich und kritisch diskutiert [17]. Berücksichtigt man ferner, daß sich der Haftreibungsbeiwert μ_{haft} i.a. schwach degressiv zur Radlast verhält, so wird die experimentell bekannte (lokale) Invarianz von s_{max} gegenüber F_z auch in diesem Zusammenhang erklärbar.

4.2.3   Stabile und instabile Raddrehung

Aufgrund der Beschränkungen in der Kraftübertragung zwischen Reifen und Fahrbahn kann die Rad-Drehung bereits im Rahmen „gewöhnlicher" Fahrsituationen instabil werden. Dieses Phänomen äußert sich beispielsweise bei heftigem Bremsen, indem einzelne Räder (scheinbar) spontan blockieren. Dementsprechend können die Antriebsräder „durchdrehen", wenn das Kraftschlußpotential kurzfristig überschritten wird.

Da die Instabilität der Raddrehung in beiden Fällen mit einem erheblichen Verlust an Fahrstabilität verbunden ist, wurden in den letzten Jahrzehnten Regelungssysteme entwickelt (Antiblockiersysteme, Antriebsschlupfregelungen), die die Stabilität des Rotationsfreiheitsgrades synthetisch aufrecht erhalten. Derartige Systeme basieren auf dem Konzept, die Raddrehung zu stabilisieren, indem sie die wirksamen Antriebs- und Bremsmomente auf den momentanen Kraftschluß zur Fahrbahn abstimmen. Die in diesem Zusammenhang relevanten Reifeneigenschaften und daraus resultierende prinzipielle Probleme werden im folgenden diskutiert.

4.2.3.1   Instationäre Dynamik der Raddrehung

Unter Berücksichtigung der in Abschn. 4.1 behandelten Abrollkinematik erhält man folgende Momentenbilanz für den Drehfreiheitsgrad ϕ eines Rades:

$$J\dot{\omega} = F_x r_{dyn} + M_a - M_b - M_d; \qquad \dot{\phi} = \omega. \qquad (4.29)$$

Dabei ist J das Trägheitsmoment um die Drehachse. M_a und M_b bezeichnen das Antriebs- bzw. das Bremsmoment, M_d steht für den Rollwiderstand (vgl. Abschn. 4.1.1). F_x ist die momentan übertragene Reifenlängskraft. In Abb. 4.14 sind die interessierenden Größen dargestellt.

Im Rahmen fahrdynamischer Analysen kann der Rollwiderstand M_d meist vernachlässigt werden. Wie experimentelle Untersuchungen z.B. von Krehan zeigen, beträgt die entsprechende Rollwiderstandskraft in der Regel etwa $1 \cdots 2\%$ der Radlast F_z [87].

Neben den vom Fahrzeug aufgeprägten Momenten M_a und M_b ist die wirksame Rotationsträgheit J in praxi den unsicheren – und damit problematischen – Para-

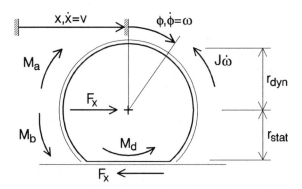

Abb. 4.14: Für den Drehfreiheitsgrad maßgebliche Kräfte und Momente am Rad.

metern zuzurechnen. Für gebräuchliche Reifenbauformen nimmt die Drehträgheit Werte von $J = 0.8 \cdots 1.5\,kg\,m^2$ an. Betrachtet man jedoch die Räder einer Antriebsachse, so müssen – abhängig von der Modellierungstiefe – den Radträgheiten zumindest Teile des Triebstrangs zugeschlagen werden. Dadurch kann sich J um Faktor 10, bei symmetrischen Anregungen und unter Berücksichtigung von Getriebe und Motor sogar um mehr als $100\,kg\,m^2$ erhöhen. Die Analyse wird ferner dadurch erschwert, daß die Antriebsräder durch ein Verteilergetriebe (Differential) kinetisch und gegebenenfalls kinematisch gekoppelt sind.

4.2.3.2 Nichtlineare Effekte im stationären Betrieb

Die Reifenlängskraft F_x ist aufgrund ihrer nichtlinearen Beziehung zum Schlupf s (4.21) und der damit verbundenen Rückkopplung zur Raddrehzahl ω als eine der wichtigsten Einflußgrößen für den Rotationszustand zu betrachten.

Zur übersichtlicheren Darstellung wird im folgenden der Schlupf s zur Beschreibung des Rotationszustandes verwendet. Für Längsgeschwindigkeiten $v > 0$ erhält man mit der (pragmatisch gewählten) Schlupfdefinition (4.7) eine nichtlineare Differentialgleichung 1. Ordnung in s:

$$\frac{J}{r_{dyn}}(v\dot{s} + \dot{v}s) + \mu_{max}r_{dyn}F_{z,eff}\,f\!\left(\frac{s}{s_{max,B}\,\mu_{max}}\right) = \frac{J}{r_{dyn}}\dot{v} - M_{ges}, \quad (4.30)$$

wobei in $M_{ges} = M_a - M_b - M_d$ die auf den Reifen wirkenden Momente zusammengefaßt sind.

Aufgrund des verwendeten Kraftgesetzes (4.21) ist die obige Systembeschreibung (4.30) nur für stationäre Vorgänge bzw. „langsame" Änderungen gültig. In Bezug auf die Raddrehung sind dies Zustände konstanter Beschleunigung bzw. Verzögerung ($\dot{v} = a = \text{konst.}$) mit gleichbleibendem Schlupf ($\dot{s} \approx 0$).

Um stationäre Betriebspunkte $\dot{s} = 0$ einnehmen zu können, ist es offensichtlich erforderlich, daß das äußere Moment M_{ges} innerhalb bestimmter Grenzen beschränkt bleibt. Daraus resultiert eine implizite Extremalbedingung für den zugehörigen Schlupfwert s_{opt}:

$$f'\left(\frac{s_{opt}}{s_{max,B}\,\mu_{max}}\right) = \frac{J\,a\,s_{max,B}}{r_{dyn}^2\,F_{z,eff}}. \tag{4.31}$$

Unter Verwendung realistischer Parameter ($J = 1\,kg\,m^2$, $s_{max} = 0.1$, $r_{dyn} = 0.3\,m$, $F_{z,eff} = 4000\,N$) zeigt sich, daß die Kennliniensteigung $f'(\ldots)$ im interessierenden Fall kleiner 0.002 bleibt. Die Abschätzung berücksichtigt die physikalischen Grenzen der Fahrzeugbeschleunigung mit $|\dot{v}| \leq \mu_{max}\,g$, wobei g die Gravitationskonstante ist. In praxi werden die Grenzmomente für stabile Rotation somit in guter Näherung durch die Extrema der Längskraft-Schlupf-Kurven $F_x(s)$ bestimmt:

$$|M_{ges}| \overset{\sim}{<} \mu_{max}\,r_{dyn}\,F_{z,eff}; \qquad |s_{opt}| \simeq s_{max,B}\,\mu_{max}. \tag{4.32}$$

In diesem Zusammenhang wird deutlich, daß die Rotationsträgheit des Rades gegenüber der Fahrzeugträgheit weitgehend vernachlässigt werden kann. Die Raddrehung wird nahezu vollständig durch die vom Fahrzeug aufgeprägten Antriebs- und Bremsmomente bestimmt.

Die (approximative) Bedingung (4.32) ist notwendig für die Existenz eines stationären Rotationszustands. Damit die Raddrehung tatsächlich zeitinvariant ist bzw. wird, muß jedoch zusätzlich eine der folgenden Relationen erfüllt sein:

$$|s| < s_{max,B}\,\mu_{max}, \tag{4.33}$$

$$|M_{ges}| < \mu_{gleit}\,r_{dyn}\,F_{z,eff}. \tag{4.34}$$

Die erste Bedingung (4.33) besagt, daß sich das Rad auf dem stabilen Ast der Längskraft-Schlupf-Kurve befindet. Mit (4.34) ist hingegen die Existenz eines stabilen Drehzustands sichergestellt, den das Rad nach einer gewissen Übergangsphase einnehmen wird.

Sind die obigen Bedingungen (4.32, 4.33, 4.34) nicht erfüllt, so kann ein Rad z.B. bei $v = 100\,km/h$ unter extremen Bedingungen ($\mu_{max} \ll 1$) innerhalb von etwa $50\,ms$ blockieren bzw. bei entsprechend hoher Motorleistung nach weniger als $100\,ms$ vollständig durchdrehen. Diese Abschätzung bringt einen Teil der technischen Schwierigkeiten zum Ausdruck, die bei der Entwicklung von Brems- bzw. Antriebsregelungen zu bewältigen sind.

4.2.3.3 Instationäre Längsdynamik des Reifens

Wie in Abschn. 4.1.3 gezeigt wurde, tragen bei transienten Vorgängen sowohl die schlupfbedingten Gleitprozesse in der Kontaktzone als auch Scherdeformationen am Reifenumfang bzw. rotatorische Verformungen der Reifenstruktur zur dynamischen Entwicklung der Längskraft F_x bei. Letztere können auch im Falle großer Brems- bzw. Antriebskräfte durch eine zustandsinvariante Federkennlinie, z.B. $F_x = c_s(x_s - y_s)$ (4.11), angenähert werden. - Offensichtlich läßt sich die rotatorische Steifigkeit eines Reifens direkt auf konstruktive bzw. strukturspezifische Parameter zurückführen.

Im Gegensatz dazu hängt das in Reihe wirkende Kontaktkraft-Element $F_x = k_s(s^*)\,s^*$ aufgrund der realen nichtlinearen Beschränkungen (4.21) von einer inneren Zustandgröße $s^* = \dot{y}_s/v^*$ ab, die man als „Schlupf in der Kontaktzone" bezeichnen könnte (vgl. Abb. 4.6):

$$F_x(s^*) = k_s(s^*)\,s^* = \mu_{max}\, F_{z,eff}\, f\left(\frac{s^*}{s_{max,B}\,\mu_{max}}\right). \qquad (4.35)$$

Insgesamt erhält man somit eine nichtlineare Differentialgleichung 1. Ordnung in s^*. Dadurch ist, in Verbindung mit (4.36), die Dynamik der Reifenlängskraft-Entstehung vollständig festgelegt:

$$\frac{F_{z,eff}}{c_s\,s_{max,B}\,|v^*|}\, f'\left(\frac{s^*}{s_{max,B}\,\mu_{max}}\right)\dot{s}^* + s^* = s. \qquad (4.36)$$

Sofern (4.36) gilt, kann sich s^* jenseits des Kraftschlußmaximums beliebig schnell ändern. – Das Modell ist in diesem Punkt physikalisch inkonsistent. Tatsächlich muß bei sehr schnellen Zustandsänderungen auch die parallel zur Umfangssteife c_s wirkende, i.a. kleine Strukturdämpfungskraft $F_{x,d} = d_s(\dot{x}_s - \dot{y}_s)$ berücksichtigt werden:

$$\left[\frac{F_{z,eff}}{c_s\,s_{max,B}\,|v^*|}\, f'\left(\frac{s^*}{s_{max,B}\,\mu_{max}}\right) + \frac{d_s}{c_s}\right]\dot{s}^* + \left[1 + \frac{d_s\dot{v}^*}{c_s v^*}\right]s^*$$
$$= \left[1 + \frac{d_s\dot{v}^*}{c_s v^*}\right]s + \frac{d_s}{c_s}\dot{s}. \qquad (4.37)$$

Im Bereich mittlerer bis höherer Geschwindigkeiten ($v \overset{\sim}{>} 15\,m/s$) stellt die innere Dämpfung d_s in der Regel sicher, daß die „kinematische" Differentialgleichung (4.37) stabil bleibt. Unterhalb einer strukturspezifischen Grenzgeschwindigkeit treten jedoch – analog zu (4.36) – lokal instabile Systemzustände auf, wenn der innere Schlupf nahe dem Wendepunkt der stationären Reifenkennlinie $s^* \approx s_{WP}\,\mu_{max}$ liegt (vgl. Abb. 4.8).

Zur Diskussion des instationären nichtlinearen Reifenverhaltens wurde ein zusätzlicher innerer Freiheitsgrad eingeführt, die Schlupfgröße s^* bzw. die entsprechende

Gleitgeschwindigkeit $\dot{y}_s = s^*|v^*|$. Bei genauerer Betrachtung erweist sich dieses Vorgehen als notwendige Voraussetzung, um die Längskraftdynamik eindeutig und physikalisch plausibel darstellen zu können. Mit dem vereinfachten Ansatz (4.36) läßt sich zwar formal eine entsprechende Beziehung für F_x herleiten, wenn man um den Betriebspunkt $s^* = s_0^*$ linearisiert:

$$\frac{\bar{c}_l(F_x)}{c_s|v^*|} \dot{F}_x + F_x = \mu_{max} F_{z,eff} f\left(\frac{s^*}{s_{max,B}\,\mu_{max}}\right). \qquad (4.38)$$

Die Bestimmung der in diesem Falle zustandsvarianten Längssteife $\bar{c}_l(F_x)$ setzt aber voraus, daß die Kennlinienfunktion $f(\xi)$ (4.17,4.18) invertiert werden kann, was i.a. nicht möglich ist:

$$\bar{c}_l(F_x) = \frac{F_{z,eff}}{s_{max,B}} f'\left(f^{-1}\left(\frac{F_x}{\mu_{max} F_{z,eff}}\right)\right). \qquad (4.39)$$

Die Betrachtung verdeutlicht, daß eine Repräsentation der Längskraftdynamik in Form von (4.38,4.39) lediglich zur lokalen Beschreibung stabiler oder instabiler Rotationszustände geeignet ist. Insbesondere ist es nicht bzw. nur mit großem Aufwand möglich, Übergänge zwischen beiden Zustandsvarianten physikalisch plausibel nachzuvollziehen.

In verschiedenen einfacheren Reifenmodellen werden Ansätze des Typs (4.38) verwendet (vgl. z.B. [138]), wobei die Längssteife $\bar{c}_l(F_x) \equiv c_l$ als konstant betrachtet wird. Unter Berücksichtigung der (tatsächlich) möglichen Schwankungsbreite nach (4.39) und der damit verbundenen Versteifung bzw. Instabilität in der Umgebung des Kraftschlußmaximums ist diese Art der Modellierung – zumindest für die Untersuchung hochdynamischer Vorgänge (z.B. ABS-Bremsvorgänge, Antriebsregelungen) – als fragwürdig zu betrachten.

4.3   Vollständige ebene Reifenmodelle

4.3.1   Kraftübertragung in Reifenquerrichtung

Die bisher diskutierten Reifeneigenschaften und Modellvorstellungen lassen sich – von wenigen Ausnahmen abgesehen – ebenso zur Beschreibung von Reifenquerkräften F_y verwenden. Quer- oder auch Seitenkräfte F_y wirken senkrecht zur Führungsrichtung x und damit parallel bzw. nahezu parallel zur Raddrehachse.

4.3.1.1   Der Schräglaufwinkel

Sofern ein Rad relativ zur Unterlage bewegt wird, sind die ggf. auftretenden Reifenseitenkräfte F_y stets mit einer translatorischen Bewegung $\dot{y} = v_y$ in Querrichtung verbunden. Da die Kontaktzone in Längs- und Querrichtung ähnliche Deformationseigenschaften aufweisen sollte, kann das Konzept des Bürstenmodells (vgl. Abschn. 4.1.2) auch zur Erklärung der stationären Querkräfte herangezogen werden. Im schlupffreien Fall ($v = r_{dyn}\,\omega$) liefert somit das Verhältnis zwischen Quer- und Längsgeschwindigkeit v_y, v ein direktes Maß für die Scherdeformationen $\gamma_y = v_y/v$, die die Reifenaußenseite beim Passieren der Kontaktzone erfährt.

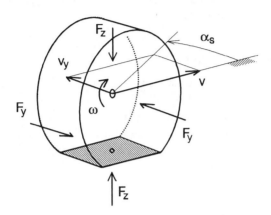

Abb. 4.15: Kinematische Größen und Kräfte zur Analyse der Kraftübertragung in Reifenquerrichtung.

Für kleine Querbewegungen ist diese charakteristische Größe gerade identisch mit dem sog. Schräglaufwinkel α_s:

$$\tan\alpha_s = \alpha = \frac{v_q}{v^*}. \tag{4.40}$$

Wie in Abb. 4.15 dargestellt, beschreibt α_s die Abweichung der Reifenbewegung von der Rad-Mittenrichtung. Die Unterschiede zwischen der Winkelgröße α_s und dem Geschwindigkeitsverhältnis α sind praktisch kaum von Bedeutung, da die Schräglaufwinkel meist im Bereich von $|\alpha_s| < 10°$ bleiben. Gleichwohl erscheint es zweckmäßig, die weitere Diskussion auf die eigentliche Scherungsgröße α – im folgenden Schräglauf genannt – aufzubauen, wodurch zumindest eine Ursache für komplizierende nichtlineare Effekte ausgeräumt wird.

Sofern die Querkräfte nicht allzu groß sind ($F_y \stackrel{\sim}{<} 0.5\mu F_z$), verhält sich F_y erwartungsgemäß linear zum Schräglauf α:

$$F_y = c_\alpha\,\alpha. \tag{4.41}$$

Die sog. Seitensteifigkeit (Cornering Stiffness) c_α nimmt im allgemeinen Werte von $50 \cdots 90\%$ der Reifenlängssteife c_l an (vgl. Abschn. 4.1.3). Darin zeigt sich zum einen eine ausgeprägte Anisotropie des Reifenumfangs bezüglich Scherdeformationen in verschiedenen Richtungen; die Unterschiede sind hauptsächlich auf die Anordnung und Geometrie der Stollen am Reifenumfang und die Form der Kontaktzone zurückzuführen. Zum anderen entstehen durch die Querkräfte sog. Rückstellmomente um die Reifenhochachse, die zu einer dynamischen Verdrehung des gesamten Reifentorus führen. Dadurch wird der in der Kontaktzone tatsächlich wirksame Schräglaufwinkel reduziert bzw. umgekehrt die Seitensteifigkeit (4.41) formal herabgesetzt.

4.3.1.2 Kraftschlußgrenzen

Da Seitenkräfte F_y letztlich wie Längskräfte durch Reibung zwischen Reifen und Fahrbahn übertragen werden, kann die lineare Beziehung (4.41) zum Schräglauf α nur für kleine Werte von F_y bzw. α gelten. Außerhalb dieses Betriebsbereichs führen die Kontaktkinematik und die Gummi-Fahrbahn-Reibung zu einer nichtlinearen Abschwächung bzw. zu einer Beschränkung der stationären Seitenkräfte $F_y(\alpha)$, wie in Abb. 4.16 dargestellt.

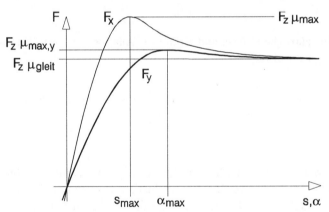

Abb. 4.16: Stationäre Seitenkraft-Schräglauf-Kurve $F_y(\alpha)$ im Vergleich zum Längskraft-Schlupf-Verlauf $F_x(s)$.

Im Gegensatz zu den Längskraftkennlinien sind die Maxima der Seitenkraft-Schräglauf-Kurven $F_y(\alpha)$ meist nur schwach ausgeprägt ($\mu_{max,y}/\mu_{gleit} \approx 1$). Einige Reifenbauformen mit besonders nachgiebigem Oberbau zeigen monoton steigende Seitenkraftkennlinien. Sofern eine Überhöhung im Kurvenverlauf meßtechnisch ermittelt werden kann, ist der zugehörige Schräglauf α_{max} meist größer als der entsprechende Schlupfwert s_{max} bei maximaler Längskraft (vgl. Abb. 4.16).

Bei sehr großen Schräglaufwinkeln befindet sich die Reifenaußenseite im Zustand reinen Gleitens. Die Seitenkraft wird folglich direkt durch die Anpreßkraft F_z und den Gleitreibungskoeffizienten μ_{gleit} bestimmt. – In diesem Betriebszustand treffen die Längskraft- und die Seitenkraftkennlinie zusammen.

Führt man analog zu Abschn. 4.2.2 eine Separation der äußeren und der reifenspezifischen Einflußgrößen für die Seitenkraft durch, so ergibt sich folgende stationäre Seitenkraft-Schräglauf-Beziehung:

$$F_y(\alpha) = \mu_{max,y}\, F_{z,eff} \left(\frac{F_z}{F_{z,B}} \right)\, g\left(\frac{\alpha}{\alpha_{max,B}\, \mu_{max,y}} \right). \tag{4.42}$$

Die Standard-Kennlinie $g(\xi)$ repräsentiert die Gesamtheit der durch Bauform und Materialien bedingten Reifeneigenschaften. Sie kann z.B. durch einen Ansatz der Form (4.18) beschrieben werden. Dazu sind allerdings die entsprechenden Seitenkraftparameter einzusetzen:

$$m_0 = \frac{c_\alpha\, \alpha_{max,B}}{F_{z,B}}; \qquad \mu_v = \frac{\mu_{gleit,B}}{\mu_{max,y:B}}; \qquad \xi_{WP} = \frac{\alpha_{WP,B}}{\alpha_{max,B}}. \tag{4.43}$$

Die gleichfalls typspezifische Modellkennlinie $F_{z,eff}(\ldots)$ bringt den Einfluß der Radlast auf F_y zum Ausdruck. Reifenmessungen deuten darauf hin, daß der in Abschn. 4.2.2 gewählte Ansatz 3. Ordnung (4.20) auch für Seitenkräfte zu einer hinreichend genauen Beschreibung der Abhängigkeiten führt. Allerdings kann die Radlast vor allem bei kleinen Reifenbauformen mitunter großen Einfluß auf das Seitenkraftpotential nehmen (vgl. [125]). Dadurch sind nichtlineare Anteile von bis zu $\varepsilon = 0.12$ im Modell (4.20) möglich. Der größere Radlasteinfluß – im Vergleich zur Längskraft – ist hauptsächlich auf die starken unsymmetrischen Deformationen der Reifenstruktur bei Querkraftwirkung zurückzuführen. Dadurch ergeben sich sehr inhomogene Bodendruckverteilungen, die insgesamt die Effizienz der Kraftübertragung zur Fahrbahn herabsetzen.

Durch die Einführung verschiedener Radlast-Wirkungen $F_{z,eff}(\ldots)$ für Längs- und Querkräfte wird die Konsistenz der Modellbildung gefährdet: In Verbindung mit den Kraftschlußkennlinien $f(\xi)$ und $g(\xi)$ können dadurch formal unterschiedliche Gleitreibungskräfte in x- und y-Richtung ermittelt werden. Damit wird klar, daß die maximalen Kraftschlußbeiwerte μ_{max} zur Normierung der Kontaktkräfte ungünstig sind. Genaugenommen müßte der Gleitreibungsbeiwert μ_{gleit} als Normierungsgröße verwendet werden, wenn die Modelle für Längs- und Querrichtung kompatibel sein sollen. – Damit ist jedoch gleichzeitig die Invarianz der Standard-Kennlinien gegenüber der Kontaktreibung hinfällig. Da die Reifeneigenschaften bei kleinen Schlupfwerten bzw. Schräglaufwinkeln meist am besten dokumentiert sind, das Gleitreibungsverhalten hingegen weniger wichtig und selten ausreichend bekannt ist, erscheint es zweckmäßig, die bisherigen Definitionen (4.21,4.42) beizubehalten. In diesem Punkt wird somit eine Beschränkung der Modellkonsistenz toleriert, um die Sicherheit bzw. Überprüfbarkeit der Modellparameter im hauptsächlichen Betriebsbereich zu erhöhen.

4.3.1.3 Instationäre Seitenkräfte

Bei zeitveränderlichen Schräglaufwinkeln trägt sowohl die momentane Reibung in der Kontaktzone (4.41,4.42) als auch die Steifigkeit der Reifenstruktur c_y gegenüber Verformungen in Querrichtung zur Seitenkraftentstehung bei. Die Wirkungskette läßt sich auf eine mechanische Reihenschaltung aus einer Feder für die Struktursteife und einem ggf. nichtlinearen Dämpfungselement für die Kontaktreibung zurückführen, wie in Abb. 4.17 dargestellt.

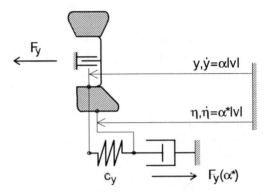

Abb. 4.17: Ein mechanisches Modell für den dynamischen Seitenkraftaufbau am Reifen.

Aufgrund der räumlichen Geometrie sind Fahrzeugreifen in Querrichtung i.a. erheblich nachgiebiger als in Längsrichtung. Die Steifigkeiten unterscheiden sich typischerweise um Faktor $c_s/c_y = 1.8 \cdots 3$. Bei den neuerdings häufiger verwendeten Niederquerschnittsreifen fallen die Unterschiede aufgrund des ausgeprägten Trapezquerschnitts geringer aus.

Im Falle kleiner Schräglaufwinkel, d.h. sofern das lineare Kontaktkraftgesetz (4.41) gilt, liefert die obige Modellanordnung eine lineare Differentialgleichung 1. Ordnung für den dynamischen Seitenkraftaufbau am Rad:

$$\frac{c_\alpha}{c_y|v|}\,\dot{F}_y + F_y = c_\alpha\,\alpha. \tag{4.44}$$

Der zugehörige Frequenzparameter $\omega_y = |v|c_y/c_\alpha$ ist proportional zur Längsgeschwindigkeit v. – Offensichtlich können Schräglaufwinkeländerungen bei höheren Geschwindigkeiten schneller in Seitenkräfte F_y umgesetzt werden.

Dieser (kinematische) Effekt läßt sich in einfacher Weise durch die Modellvorstellung der „Einlaufstrecke" l_e erklären. Dabei wird der Seitenkraftverlauf ΔF_y infolge eines Schräglaufwinkelsprungs um $\Delta\alpha$ diskutiert: Im stationären Zustand wird die Sprungantwort gemäß (4.41) den Wert $\Delta F_y = c_\alpha\,\Delta\alpha$ erreichen. Die

Schräglaufwinkeländerung selbst bewirkt eine zeitlich linear anwachsende Querauslenkung $\Delta y = v_y\, t = |v|\Delta\alpha\, t$. Sobald die daraus resultierende Federkraftänderung $\Delta F_{y,c} = c_y\, \Delta y$ den Endwert ΔF_y annimmt, ist der stationäre Endzustand erreicht und der Vorgang abgeschlossen. Die für den Vorgang benötigte Zeitspanne Δt ist unabhängig von der Auslenkung $\Delta\alpha$:

$$\Delta t = \frac{c_\alpha}{c_y|v|} = \frac{1}{\omega_y}. \tag{4.45}$$

Der Reifen muß somit stets dieselbe Streckenlänge $l_e = c_\alpha/c_y$ abrollen, um einen neuen stationären Zustand einzunehmen. Bei Pkw-Reifen mit einer typischen Cornering Stiffness von $c_\alpha = 25\cdots 80\,kN$ und Quer-Steifigkeiten von $c_y = 60\cdots 200\,kN/m$ ergeben sich Einlauflängen von $l_e = 0.3\cdots 0.6\,m$.

Im sicherheitstechnisch wichtigen Grenzbereich, d.h. bei Seitenkräften nahe der Kraftschlußgrenzen, verliert das lineare Modell (4.44) seine Gültigkeit. In extremen Fahrsituationen wirken sich die Nichtlinearitäten der Reibungsbindung zwischen Reifen und Fahrbahn (4.42) auch auf die Dynamik des Seitenkraftaufbaus aus. Unter Berücksichtigung dieser Effekte liefert die exakte Kinematik eine implizite Differentialgleichung für die Seitenkraft F_y (vgl. Abb. 4.17):

$$F_y(\alpha) = c_\alpha \, \frac{\mu_{max,y}\,\alpha_{max,B}}{g\prime(0)} \; g\left(\frac{\alpha - \dot{F}_y/c_y|v|}{\alpha_{max,B}\,\mu_{max,y}}\right). \tag{4.46}$$

Eine Linearisierung um den momentanen Betriebspunkt $\alpha = \alpha_0$ mit dem Ansatz $F_y = F_{y,0} + \Delta F_y$,

$$\frac{c_\alpha}{c_y|v|}\,\Delta\dot{F}_y + \frac{g\,'(0)}{g\,'\left(\dfrac{\alpha_0}{\alpha_{max,B}\,\mu_{max,y}}\right)}\,\Delta F_y = c_\alpha\,(\alpha - \alpha_0), \tag{4.47}$$

bringt zum Ausdruck, daß sich die Dynamik des Seitenkraftaufbaus in der Umgebung der Kraftschlußgrenzen grundsätzlich ändert. Das zeigt sich vor allem in dem lokalen Wert für den Frequenzparameter ω_y des Systems:

$$\omega_y = \frac{c_y|v|}{c_\alpha\, g\prime(0)}\; g\,'\left(\frac{\alpha_0}{\alpha_{max,B}\,\mu_{max,y}}\right). \tag{4.48}$$

Die charakteristische Frequenz ω_y kann offensichtlich beliebig klein werden (vgl. Abb. 4.16). Sofern die stationäre Seitenkraftkennlinie über ein ausgeprägtes Maximum verfügt, können sogar (lokal) instabile Betriebszustände auftreten.

In diesem Zusammenhang wird deutlich, daß die nichtlinearen Elemente der Seitenkraftdynamik im Grenzbereich wesentlich zum Ergebnis beitragen. Lineare

Ansätze der Form (4.44) oder die häufig verwendeten synthetischen Seitenkraft-modelle (z.B. [140]),

$$\frac{c_\alpha}{c_y|v|} \dot{F}_y + F_y = c_\alpha \frac{\mu_{max,y}\,\alpha_{max,B}}{g'(0)}\ g\left(\frac{\alpha}{\alpha_{max,B}\,\mu_{max,y}}\right),\qquad(4.49)$$

sind daher einer genauen Überprüfung zu unterziehen, wenn das Reifenverhalten bei größeren Schräglaufwinkeln zur Diskussion steht.

Ferner zeigt sich hier die Unzulänglichkeit des Linearisierungskonzepts in Bezug auf Reifenkennlinien. – Durch lokale Betrachtungen entsteht beispielsweise der Eindruck, die Seitenkraftdynamik könne instabil werden (vgl. (4.47)), was auf-grund der realen Beschränkungen $|F_y| \le \mu_{max,y}\,F_{z,eff}$ faktisch unmöglich ist. In diesem Fall legt die konventionelle Taylorentwicklung ein Systemverhalten nahe, welches sich noch weiter von der realen Physik entfernt, als das unter Vernachlässi-gung von Dämpfungswirkungen formulierte ursprüngliche Modell (4.46). Zudem ist die linearisierte Form (4.47) für numerische Analysen ungeeignet, da die Mo-dellgleichung im Seitenkraftmaximum $\alpha_0 = \alpha_{max,B}\,\mu_{max,y}$ nicht definiert ist.

4.3.2   Längs- und Querkräfte am Reifen

Fahrzeugreifen erfüllen im normalen Fahrbetrieb zwei funktional verschiedene Aufgaben: Die in Längsrichtung x übertragenen Kräfte F_x gestatten es, die Fahr-zeuggeschwindigkeit unter dem Einfluß von Fahrwiderständen und Trägheitskräf-ten zu beeinflussen. Die (Seiten-) Führungskräfte F_y in Querrichtung y stellen hingegen sicher, daß die gewünschte Fahrspur eingehalten werden kann. Ein all-gemeiner Fahrzustand läßt sich daher nur vollständig beschreiben, wenn man die gleichzeitige Wirkung von Längs- und Querkräften berücksichtigt. Insofern sind Reifen-Betriebszustände mit reiner Längs- oder Querbewegung, wie sie in den vorangehenden Abschnitten diskutiert wurden, als Sonderfälle zu betrachten. – Die zugrunde liegenden kinematischen und physikalischen Modellvorstellungen lassen sich jedoch problemlos auf den allgemeineren Fall simultaner Längs- und Querkraftwirkung übertragen.

4.3.2.1   Kinematik in der Fahrbahnebene

Unter dem Einfluß der Gleitgeschwindigkeit $v_B = s|v^*| = v - r_{dyn}\omega$ in Längs-richtung erfährt die äußere Reifenstruktur beim Passieren der Kontaktzone die mittlere Scherung γ_x, wie in Abschn. 4.1.2 gezeigt wurde. Dabei ist v^* die durch die Längsgeschwindigkeit v oder die Abrollgeschwindigkeit $r_{dyn}\omega$ definierte Be-zugsgröße zur Schlupfberechnung. Für $s \ne 0$ muß diese Konvention auch auf die Kinematik der Querrichtung (4.40) übertragen werden: Ist der Reifen gleichzeitig einer Querbewegung mit $v_y = \alpha|v^*|$ ausgesetzt, so stellt sich eine entsprechende Strukturscherung γ_y in y-Richtung ein.

Die Betrachtung gilt zunächst nur für stationäre Betriebszustände. Im Falle kleiner Schlupfwerte bzw. Schräglaufwinkel sind die entstehenden Scherdeformationen proportional zu den anstehenden Gleitgeschwindigkeiten v_B bzw. v_y:

$$\gamma_x \sim s = \frac{v_B}{|v^*|}; \qquad \gamma_y \sim \alpha = \frac{v_y}{|v^*|}. \tag{4.50}$$

Bei größeren Reifenbeanspruchungen wirken sich jedoch die reibungsbedingten Beschränkungen der Kraftübertragung aus. Dies führt zu komplexen Scherungsprofilen der Form (4.24) und hebt den einfachen linearen Zusammenhang zwischen Scherungs- und Schlupfgrößen auf.

Die mit den Scherdeformationen verbundenen Längs- und Querkräfte sind jedoch – von diesem Effekt unabhängig – durch die stationären Kraftgesetze (4.21) bzw. (4.42) festgelegt. Der Ansatz erlangt Gültigkeit unter der naheliegenden Annahme, daß sich die *Verformungen* der äußeren Reifenstruktur in Längs- und Querrichtung gegenseitig nicht beeinflussen. Es wird somit vorausgesetzt, daß die zugehörige Steifigkeitsmatrix orthogonal ist.

Wenn auch die äußere Reifenstruktur unabhängige Verformungen in x- und y-Richtung zuläßt, so sind die tatsächlichen Scherdeformationen γ_x und γ_y doch miteinander verknüpft – und zwar über die Reibungsbindung zur Fahrbahn. Man kann diesen Effekt z.B. dadurch beschreiben, daß man die verfügbare Radlast $F_{z,eff}$ vektoriell in entsprechende Anteile $F_{z,x}$ und $F_{z,y}$ für die Längs- bzw. die Querkraft aufteilt:

$$F_{z,x} = \frac{|s|}{\sqrt{s^2 + \alpha^2}} F_{z,eff}; \qquad F_{z,y} = \frac{|\alpha|}{\sqrt{s^2 + \alpha^2}} F_{z,eff}. \tag{4.51}$$

Erst durch diese „Korrektur" ist sichergestellt, daß das tatsächliche Kraftschlußpotential des Reifens in Verbindung mit den stationären Kraftgesetzen (4.21,4.42) korrekt berücksichtigt wird. Der gewählte Ansatz bewirkt lediglich eine Amplifikation der Kennlinien. – Die Kurven-*Formen* für den Längskraft-Schlupf-Verlauf und die Seitenkraft-Schräglauf-Beziehung ändern sich jedoch nicht, wenn beispielsweise s bzw. α variiert werden.

Modelltechnisch eleganter und physikalisch plausibler erscheint es, zunächst eine absolute Gleit- bzw. Schlupfgröße s_t und ihre Wirkungsrichtung ψ_t in der x-y-Ebene einzuführen:

$$s_t = \sqrt{s^2 + \alpha^2} = \frac{\sqrt{v_B^2 + v_y^2}}{|v^*|}; \qquad \arctan \psi_t = \frac{\alpha}{s} = \frac{v_y}{v_B}. \tag{4.52}$$

Die Reifencharakteristik längs ψ_t sollte sich durch eine stetige und gegebenenfalls stetig differenzierbare Übergangsfunktion zwischen den verwendeten Längs- und Querkraftgesetzen (4.21,4.42) nachbilden lassen, beispielsweise mit:

$$F_\psi(s_t) = \sqrt{\left(\frac{s}{s_t} F_x(s_t)\right)^2 + \left(\frac{\alpha}{s_t} F_y(s_t)\right)^2}. \tag{4.53}$$

Eine vektorielle Zerlegung von F_ψ längs der Koordinatenachsen führt schließlich auf die wirksamen Reifenkräfte in Längs- und Querrichtung F_x^*, F_y^*:

$$F_x^* = F_\psi(s_t) \cos \psi_t; \qquad F_y^* = F_\psi(s_t) \sin \psi_t. \tag{4.54}$$

Die beiden Modellkonzepte (4.51) und (4.52 - 4.54) können ineinander überführt werden, wenn man die Radlastaufteilung (4.51) derart erweitert, daß der absolute Gleitschlupf s_t zur Kraftberechnung verwendet wird:

$$\begin{aligned}
F_x^* &= \frac{s}{\sqrt{s^2 + \alpha^2}} F_x(\sqrt{s^2 + \alpha^2}); \\
F_y^* &= \frac{\alpha}{\sqrt{s^2 + \alpha^2}} F_y(\sqrt{s^2 + \alpha^2}).
\end{aligned} \tag{4.55}$$

Dadurch liefern beide Synthese-Modelle hinsichtlich der Amplitude der Kontaktkraft identische Ergebnisse, kleinere Unterschiede bezüglich der Kraftwirkungsrichtung bleiben jedoch bestehen.

In diesem Zusammenhang wird klar, daß das ursprüngliche Verteilungskonzept (4.51) allein nicht ausreicht, um ein physikalisch konsistentes Kontaktkraftgesetz zu formulieren. Beispielsweise liefert der Ansatz (4.51) für Diagonalbewegungen ($\alpha \equiv s$) eine Verschiebung des Kraftschlußmaximums in Gleitrichtung um bis zu 40%. Dieser Effekt wird durch die Berücksichtigung der absoluten Gleitbewegung in der modifizierten Formulierung (4.55) bzw. im Ansatz (4.52 - 4.54) vermieden.

4.3.2.2 Wechselwirkungen zwischen den Kontaktkräften

Mit den Ergebnissen des vorangehenden Abschnitts ist das Kraftübertragungsvermögen eines Reifens für beliebige stationäre Bewegungszustände s, α eindeutig festgelegt. Für den Betrag der Kontaktkraft erhält man beispielsweise:

$$F_\psi = \sqrt{\frac{s^2 F_x^2(\sqrt{s^2 + \alpha^2}) + \alpha^2 F_y^2(\sqrt{s^2 + \alpha^2})}{\sqrt{s^2 + \alpha^2}}}. \tag{4.56}$$

Die räumliche Darstellung des stationären Kraftschlußvermögens $F_\psi(s, \alpha)$ wird in der Literatur eingehend diskutiert. Aufgrund der geometrischen Ähnlichkeit hat sich die Bezeichnung „Reibungskuchen" etabliert.

Wie z.B. Weber in [162] feststellt, sind mit der Kenntnis von $F_\psi(s, \alpha)$ im Prinzip die stationären Kraftübertragungseigenschaften eines Reifens vollständig verfügbar. Praktisch interessierende Fragestellungen, etwa wie sich die Längskraftübertragung bei Kurvenfahrt verändert, erfordern jedoch eine genauere Analyse, die über die Berechnung einfacher Schnittkurven $F_{\psi,*} = F_\psi(s, \alpha = \alpha^*)$ hinausgeht. – Untersuchungen der sog. „gegenseitigen Abminderung" von Längs- und Seitenkräften haben zur Voraussetzung, daß eine vollständige Modellvorstellung für die Wechselwirkungsmechanismen zur Verfügung steht.

Dann ist es beispielsweise möglich, den Längskraft-Schlupf-Verlauf unter der Wirkung einer gegebenen Seitenkraft F_y^* zu diskutieren. Dies entspricht den Verhältnissen bei Kurvenfahrt mit konstanter Geschwindigkeit und gleichbleibender Krümmung. Die Seitenkraft $F_y^* = F_y(a_y)$ kann in diesem Fall direkt auf die wirksame Querbeschleunigung a_y zurückgeführt werden. Im Rahmen dieser physikalisch konsistenten Problemformulierung wird jedoch der Schräglaufwinkel, der sich am Reifen einstellt, zu einer last- bzw. schlupfabhängigen Größe!

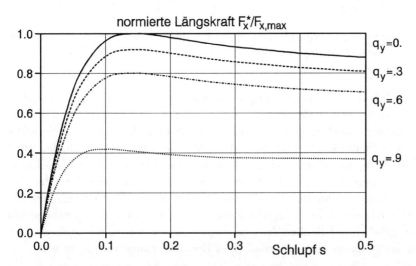

Abb. 4.18: Zum Einfluß der Seitenkraft $F_y^* = q_y\, F_{y,max}$ auf die stationäre Längskraft-Schlupf-Beziehung $F_x^*(s)$ (Modellbetrachtung! Im Versuch zeigt sich hingegen, daß die Umfangskraftmaxima bei hohen Querkraftbeanspruchungen i.a. verschwinden.)

Bei Vorgabe der Seitenkraft F_y^* liefert das ebene Kontaktmodell (4.55) zwei implizite Gleichungen für die Variablen Längskraft F_x^*, Schlupf s und Schräglauf α. Die Beziehungen $F_x^*(s)$ und $\alpha(s)$ sind damit für den stabilen Ast der Seitenkraft-Schräglauf-Kennlinie eindeutig festgelegt. Aufgrund der nichtlinearen Ausdrücke

(4.21,4.42) können die Abhängigkeiten zum Längsschlupf s nicht explizit bestimmt werden.

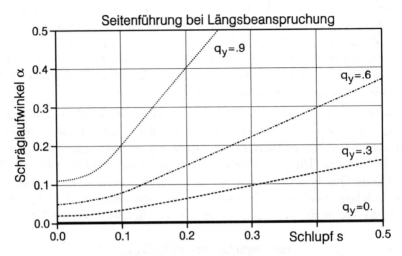

Abb. 4.19: Schräglaufwinkelbedarf eines Durchschnittsreifens zur Übertragung verschiedener Seitenkräfte $F_y^* = q_y\, F_{y,max}$ unter Längsschlupf s.

Der Einfluß von Seitenkräften F_y^* wird daher exemplarisch anhand der Abbn. 4.18 und 4.19 für einen Reifen mit durchschnittlichen Parametern diskutiert. Wesentlich erscheint hierbei, daß sich nicht nur die Längskraft-Schlupf-Beziehung mit steigender Seitenkraft stark verändert. Vielmehr wachsen auch die zur Seitenkraftübertragung erforderlichen Schräglaufwinkel progressiv an. Das hat u.a. zur Folge, daß eine effektive Kurvenbremsung stets mit einer Zunahme der Fahrzeugquerbewegung verbunden ist, die vom Fahrer (oder mittels geeigneter Achskonstruktionen) durch Lenkeingriffe korrigiert werden muß. Entsprechend wird sich im umgekehrten Fall das Verzögerungsverhalten des Fahrzeugs verschlechtern, wenn der Kurvenradius während eines Bremsvorgangs verringert wird.

4.3.2.3 Instationäre Kontaktkraftübertragung

Der stationäre Kontaktkraft-Ansatz (4.55) kann in einfacher Weise auf transiente Betriebszustände erweitert werden, wenn man die in den Abschn. 4.2.3 und 4.3.1 entwickelten Modellvorstellungen für Längs- und Querrichtung kombiniert. Demnach läßt sich die instationäre Kraftübertragung auf das Zusammenwirken nichtlinearer Dämpfungsglieder und linearer Federelemente zurückführen, wobei erstere die Reibungs- und Gleitvorgänge in der Kontaktzone repräsentieren und letztere den Beitrag der globalen Verformungseigenschaften der Reifenstruktur beschreiben. Beide Komponenten tragen im Sinne einer mechanischen Reihen-schaltung zum dynamischen Kraftauf- und -abbau in Längs- und Querrichtung bei, wie in Abb. 4.20 dargestellt.

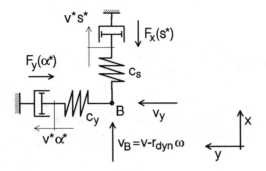

Abb. 4.20: Mechanisches Ersatzmodell für instationäre Längs- und Querkräfte am Reifen.

Unter dieser Voraussetzung können die instationären Reifenkräfte auf der Basis von (4.55) ermittelt werden, indem man die zeitinvarianten Kraftgesetze (4.21, 4.42) durch entsprechende dynamische Formulierungen (4.37,4.46) ersetzt:

$$F_x = \frac{s}{\sqrt{s^2 + \alpha^2}} \, \mu_{max,x} \, F_{z,eff} \, f\left(\frac{\sqrt{s^2 + \alpha^2} - \dot{F}_x/c_s|v^*|}{s_{max,B} \, \mu_{max,x}}\right), \qquad (4.57)$$

$$F_y = \frac{\alpha}{\sqrt{s^2 + \alpha^2}} \, \mu_{max,y} \, F_{z,eff} \, g\left(\frac{\sqrt{s^2 + \alpha^2} - \dot{F}_y/c_y|v^*|}{\alpha_{max,B} \, \mu_{max,y}}\right). \qquad (4.58)$$

Die in Abschn. 4.2.3 eingeführte Reifendämpfung d_s wurde bei der Herleitung der Längskraftdynamik in (4.57) nicht berücksichtigt.

4.3.3   Einsetzbarkeit und Grenzen einfacher Reifenmodelle

4.3.3.1 Modellstruktur

Auf der Grundlage der vorangehenden Diskussion der (elementaren) Reifenme-chanik läßt sich ein globales dynamisches Modell für die Kraftübertragung in Längs- und Querrichtung formulieren. Die Struktur des Modells leitet sich aus den Kausalbeziehungen zwischen den verschiedenen Modellkomponenten ab. Abb. 4.21 zeigt die Interaktionsgrößen und den inneren Aufbau des entstehenden Ge-samtmodells. Aus Gründen der Übersicht werden auch hier Schlupfvariable s, α, s_t

verwendet. Diese Größen sind für numerische Untersuchungen bzw. für Analysen im Betriebsbereich nahe $v^* \approx 0$ in die entsprechenden Gleit-Geschwindigkeiten $v_B = v - r_{dyn}\omega$, v_y, $\sqrt{v_B^2 + v_y^2}$ zu überführen.

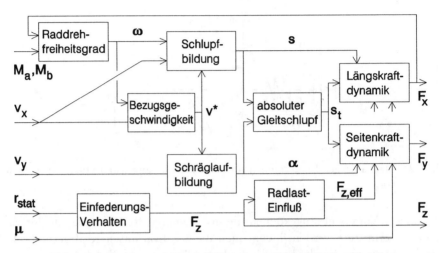

Abb. 4.21: Struktur eines einfachen dynamischen Reifenmodells.

Im Rahmen der entwickelten Modellvorstellungen erweist sich der Reifen in Längs- und Querrichtung als dynamisches Kraftelement, dessen Reaktionen formal durch die Geschwindigkeitsgrößen ω, v und v_y bestimmt werden. – Tatsächlich nehmen jedoch auch die entsprechenden Lagegrößen Einfluß auf die Reifenkräfte, was sich vor allem im Stillstand bzw. bei instationären Vorgängen zeigt (vgl. Abschn. 4.1.3). Diese Effekte werden im Gesamtmodell implizit durch die Differentialgleichungen für den Kraftaufbau (4.35ff) und (4.46) berücksichtigt.

Die Radlast F_z und der Kraftschluß zwischen Reifen und Fahrbahn μ erweisen sich – aus der Sicht des Kontaktkraftmodells – als äußere, ggf. schnell veränderliche Parameter. Die Radlast wird wiederum aus einer Lagegröße r_{stat}, dem Abstand zwischen Radmitte und Fahrbahn („statische Einfederung") generiert. Die Kraftschlußverhältnisse können hingegen vollständig dem Fahrbahnbelag zugeordnet werden, ohne die Konsistenz des Modells zu beeinträchtigen.

Die konstruktive Anbindung des Reifens an das Fahrzeug wird in Querrichtung gewöhnlich sehr steif ausgeführt. Ohne Kenntnis der Fahrzeug-Trägheiten kann die Wirkungskette in Querrichtung folglich nicht geschlossen werden. Dies gilt in gleicher Weise für die Fahrzeuglängsrichtung, nicht jedoch für die Raddrehung: Im Vergleich zu den entsprechenden Reifenkenngrößen sind die rotatorischen Bindungen zum Fahrzeug im allgemeinen „weich" bzw. a priori als Kraftgrößen wirksam. Daher erscheint es naheliegend, den Drehfreiheitsgrad aufrechtzuerhalten und in das Reifenmodell zu integrieren. Die Raddrehzahl ω wird somit zur Zustandsgröße, die durch das äußere Antriebsmoment M_a und das Bremsmoment M_b beeinflußt werden kann.

4.3.3.2 Bewertung der Modellgüte

Das in Abb. 4.21 dargestellte Reifenmodell erschließt einen großen Teil der fahrdynamisch relevanten Reifeneigenschaften. Sofern die Grenzübergänge zum Stillstand ($v \to 0$) bzw. zum Blockieren ($\omega \to 0$) korrekt ausgeführt werden, sind im gesamten Betriebsbereich qualitativ und – bei hinreichend genauer Anpassung der Parameter – quantitativ richtige Aussagen zu erwarten. Dies gilt sowohl für stationäre wie auch für transiente Vorgänge. Das Gesamtmodell ermöglicht zudem, vom Reifenverhalten herrührende Fahrzeugeigenschaften direkt auf die elementaren mechanischen oder phänomenologischen Modellkomponenten bzw. -parameter zurückzuführen, wie in den vorangehenden Abschnitten dargestellt.

Die für das Verständnis und die Systementwicklung wichtige Modelltransparenz hat jedoch zur Konsequenz, daß wesentliche Elemente der Reifenphysik, wie etwa das Schwingungsvermögen des Gürtels gegenüber der Felge [63], die Abhängigkeit der Gummireibung von der Gleitgeschwindigkeit [174], Sturz- und Vorspureinfluß oder die Entstehung und Wirkung von Momenten um die Reifenhochachse unberücksichtigt bleiben. Letztere sind z.B. eine wesentliche Voraussetzung für die korrekte Beschreibung der Dynamik einer Fahrzeuglenkung [15]. Diese und weitere Vernachlässigungen nehmen Einfluß auf das Reifenverhalten. Sie ändern jedoch nicht die grundlegenden Fahrzeugeigenschaften, wirken in weniger relevanten Frequenzintervallen oder sind für weniger wichtige Zustandsgrößen verantwortlich.

Aufgrund der Einschränkungen wird klar, daß die diskutierten Modellvorstellungen nicht als Substitut für die von Böhm [23], Gipser [64] oder Pacejka [117] entwickelten, weitgehend physikalischen Reifenmodelle zu betrachten sind. Durch die Beschränkung auf die hauptsächlichen Reifeneigenschaften und den konsistenten Aufbau wird vielmehr eine eigenständige, ausgewogene Modellierungsform bzw. -tiefe festgelegt. Sie ermöglicht genauere Analysen des Reifenverhaltens unter realen Betriebsbedingungen, die weit über die klassische Phänomenologie hinausgehen, insgesamt aber erklärbar und überschaubar bleiben. Derartige Modelle sind somit als Bindeglied zwischen der elementaren „Kennfelddiskussion" und komplexen Simulationen des realen Reifenverhaltens anzusehen. Sie liefern damit die Grundlage für ein tieferes analytisches Verständnis fahrdynamischer Problemstellungen und schaffen die Voraussetzung zur Entwicklung effizienter und sicherer Fahrzeug-Regelungssysteme.

5 Analyse und Modellbildung für elektrohydraulische Bremsregelungen

Beim Abbremsen eines Kraftfahrzeugs führen die vom Fahrer eingeleiteten Bremspedalkräfte praktisch spontan zu entsprechenden Änderungen der Fahrzeuglängsbeschleunigung - d.h. des Fahrzustandes. In diesem Punkt besteht ein grundsätzlicher Unterschied zwischen Brems- und Lenkeingriff. Da beim Lenken kinematische Größen (Spurwinkel) manipuliert werden, stellt sich der zugehörige stationäre Fahrzustand erst mit einer gewissen Verzögerung ein, die von den Fahrzeugeigenschaften in Querrichtung abhängt (vgl. Abschn. 3.3). Aufgrund der unmittelbaren Umsetzung kann der Bremseingriff somit als wirksamste Steuergröße zur Beeinflussung des Bewegungszustandes eines Fahrzeugs betrachtet werden.

Diese Eigenschaft hat zur frühzeitigen Entwicklung von Bremsregelungssystemen, sog. Antiblockiersystemen geführt (vgl. Abschn. 3.2, [20, 93, 114]), denn das Leistungsvermögen von „Normalfahrern" ist in kritischen Situationen nicht ausreichend, um einen derartig sensiblen und hochdynamischen Stelleingriff sicher bedienen zu können.

Darüber hinaus entwickelt sich der individuelle synthetische Bremseingriff zu einem zentralen Funktionselement aktueller und künftiger Regelungssysteme zur Stabilisierung des Fahrzustands (Antriebsschlupfregelung, Fahrzustandsregelung, etc.) [44, 59, 72, 112, 157], was wiederum auf die hohe Wirksamkeit von Bremskräften zurückzuführen ist.

5.1 Eine Kaskade von Reibungsbindungen

Das zentrale Regelungsproblem beim Bremsen bzw. beim Bremseingriff läßt sich anhand einer Kaskade von Reibungsbindungen erläutern, wie in Abb. 5.1 dargestellt: um die Fahrstabilität aufrechtzuerhalten, darf die Bindung zwischen Rad und Straße keinesfalls so stark beansprucht werden, daß die „Haftgrenze" $\mu_{Rad/Straße} * F_z$ erreicht wird. Beide Parameter, die Radlast F_z und die Reifen-Fahrbahn-Reibung $\mu_{Rad/Straße}$ sind i.a. nicht bekannt und unterliegen großen, zum Teil hochfrequenten Schwankungen. Der Fahrer kontrolliert die zweite Reibungsbindung, die Radbremseinheit, indem er eine der gewünschten Fahrzeugverzögerung $-\dot{v}$ entsprechende Klemmkraft F_k aufprägt.

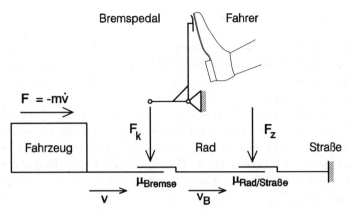

Abb. 5.1: Schema der mechanischen Wirkungskette beim Abbremsen eines Kraftfahrzeugs.

5.1.1 Reguläre Bremsvorgänge

Sofern die Bremskraft F_k kleiner ist als das Kraftübertragungspotential des Reifens, verhält sich das System linear und nimmt seinen regulären Betriebszustand
an:

$$F_x = m\left(-\dot{v}\right) = \mu_{Bremse}^{(Gleiten)} F_k < \mu_{Rad/Straße}^{(Haften)} F_z. \tag{5.1}$$

Die Radbremse befindet sich im Gleiten, die Bindung zwischen Rad und Straße
ist im Haftzustand.

5.1.2 Blockierzustand

Wird die Grenzbedingung jedoch aufgrund zu hoher Klemmkräfte F_k verletzt,
so wechselt die Reibungskaskade spontan ihren Betriebszustand zu *Haften* in
der Radbremseinheit und *Gleiten* zwischen Rad und Straße. Aufgrund der Unterschiede zwischen den jeweiligen Haft- und Gleitreibungskoeffizienten muß die
Bremspedalkraft erheblich reduziert werden, um den regulären Bremsen-Betriebs-
zustand wieder erreichen zu können:

$$F_k < F_k^{stabil} = \frac{\mu_{Rad/Straße}^{Gleiten} F_z}{\mu_{Bremse}^{Haften}} < F_k^{max} = \frac{\mu_{Rad/Straße}^{Haften} F_z}{\mu_{Bremse}^{Gleiten}}. \tag{5.2}$$

In diesem Zusammenhang wird klar, daß die für die Fahrsicherheit wichtigen
Bremsmanöver im Bereich der Kraftübertragungsgrenzen auch hinsichtlich der
Bremskaskade stabilitätskritisch sind, denn die höchsten Bremskräfte sind sowohl
mit dem regulären Betriebszustand (5.1) als auch mit dem nicht erwünschten
Blockierzustand verträglich.

5.1.3   Regelungsproblematik

Eine optimale Bremskraftregelung, die zum Erreichen kürzester Bremswege führt, ist wegen der Unsicherheiten und Schwankungen der entscheidenden Parameter (5.1) von Normalfahrern nicht zu leisten. Die wesentlichen Ursachen sind, daß die Sensierung eines Blockierzustands indirekt über die Fahrstabilität oder über Geräusche erfolgt, die Aktuatorik allenfalls Grenzfrequenzen bis 2 Hz zuläßt und an den vier Rädern mitunter sehr verschiedene, vom Fahrzustand abhängige Kraftschlußbedingungen vorliegen können, zur Bremskraftdosierung aber nur *eine* globale Stellgröße zur Verfügung steht. Daher orientiert sich die Fahrzeugverzögerung bei konventionellen Bremsanlagen an den Rädern mit dem jeweils geringsten Kraftschlußvermögen.

Auch wenn man dem Fahrer ideale Regelungseigenschaften zusprechen würde, könnte er unter diesen Umständen häufig nur Teile des physikalischen Verzögerungspotentials nutzbar machen. Je nach Fahrsituation führt dies zu erheblichen Bremswegverlängerungen, vor allem auf Fahrbahnen mit niedrigem Reibwert oder ausgeprägten Unebenheiten. Zudem wird ein großer Teil der Aufmerksamkeit des Fahrers für die Bewältigung der Regelungsaufgabe gebunden.

5.1.4   Regelungskonzept

Sowohl die prinzipbedingte Bremswegverlängerung als auch die erhöhte Fahrerbeanspruchung können durch eine unterlagerte Regelung des Bremsvorgangs vermieden werden. Dabei werden die Kräfte F_k^{eff} an den Radbremseinheiten derart beschränkt, daß der gewünschte Gleitzustand stets aufrechterhalten bleibt:

$$F_k^{eff} := \max_{v_B \ll v} \{0\,,\, F_k\}. \tag{5.3}$$

Der Fahrer kann nun die gewünschte Bremskraft am Bremspedal einstellen, ohne die Umgebungsbedingungen und den Fahrzustand berücksichtigen und beobachten zu müssen. Das gilt insbesondere auch für Bremsvorgänge in Kurven oder auf Fahrbahnen mit lokal unterschiedlichen Reibwerten. Sind die Kraftschlußgrenzen einzelner Räder erreicht, so wird die wirksame Klemmkraft $F_k^{eff} < F_k$ entsprechend (5.3) reduziert. Anderenfalls wird die Bremskraftvorgabe wie bei konventionellen Bremsanlagen direkt an die Radbremseinheiten weitergegeben ($F_k^{eff} = F_k$).

Die einfache Formulierung der Regelungsaufgabe (5.3) zieht eine Reihe technischer und analytischer Problemstellungen nach sich, die bei der praktischen Realisierung von Bremsregelungen gelöst werden müssen. Dabei wirken sich die realen Eigenschaften der Reibungsbindung zwischen Rad und Straße ebenso aus (vgl. Abschn. 4) wie die technischen Beschränkungen beim Aufbau elektrohydraulischer Stellventile und die Dynamik der Meßdatenaufbereitung. Die maßgeblichen

Komponenten eines Antiblockiersystems und deren Zusammenwirken im Regel-kreis wird im folgenden diskutiert.

5.2   Hydraulische Bremsregelungen

5.2.1   Konventionelle Bremshydraulik

Bei Personenkraftwagen und kleineren Nutzfahrzeugen werden heute vorwiegend hydraulische Bremsanlagen verwendet. Die Systeme bestehen im wesentlichen aus drei Basiskomponenten: dem sog. Hauptbremszylinder, Hydraulikleitungen und den Radbremseinheiten.

5.2.1.1   Hauptbremszylinder und hydraulische Bremskreise

Im Hauptbremszylinder und der vorgeschalteten Mechanik wird die vom Fah-rer eingestellte Bremskraft in einen hydrostatischen Druck p_F umgesetzt. Der obere Teil von Abb. 5.2 zeigt ein Schema der Anordnung. Bei komfortableren Fahrzeugen wird die Bremsdruckgenerierung meist durch hydraulische oder pneu-matische Bremskraftverstärker unterstützt. Im Gegensatz zur passiven mechani-schen Verstärkung kann man auf diesem Wege die Effizienz des Systems, d.h. das Verhältnis Bremsdruck zu Fußkraft steigern, ohne die für das Sicherheitsemp-finden des Fahrers wichtige Steifigkeit der Bremsanlage zu beeinträchtigen. Der Hauptbremszylinder ist in der Regel als Reihenschaltung zweier unabhängiger Druckkammern ausgeführt, die zwei getrennte Bremskreise versorgen.

Die Zuordnung der Räder zu den Bremskreisen ist von der Fahrzeugabstimmung und von der Sicherheitsphilosophie des Herstellers abhängig. Bei Fahrzeugen mit ausgeglichener Achslastverteilung werden meist die Räder einer Achse zu einem Bremskreis verbunden, bei unterschiedlichen Achslasten faßt man eher die Räder einer Fahrzeugdiagonalen zusammen. Beiden Gestaltungsvarianten liegt das Ziel zugrunde, ein möglichst hohes Verzögerungspotential bereitzustellen, auch wenn ein Bremskreis ausgefallen ist, ohne jedoch die Richtungsstabilität des Fahrzeugs allzu sehr zu beeinträchtigen.

5.2.1.2   Erzeugung von Bremsmomenten

Die Verteilung der Bremskraft bzw. des -drucks p_F an die Räder erfolgt durch Hydraulikleitungen bzw. - im Bereich der Radführungen - durch flexible, aber druckfeste Hydraulikschläuche. In den sog. Radbremszylindern wird der Brems-druck $p_b = p_F$ wieder in definierte mechanische Klemmkräfte umgesetzt, die die Bremsklötze an geeignete Reibflächen auf Bremsscheiben oder in Bremstrommeln pressen. Dadurch entstehen, wie in Abb. 5.2 dargestellt, Bremsmomente M_b, die der Raddrehung entgegenwirken:

$$M_b = k_b\, p_b; \qquad k_b = 2\,\mu_{Bre}\, r_{Bre}\, A_{RBZ}; \qquad p_b = p_F. \tag{5.4}$$

Der Proportionalitätsfaktor $k_b[Nm/bar]$ ergibt sich aus der Anzahl der Klemmkontakte und der Gleitreibung μ_{Bre} zwischen Bremsbelag und Reibfläche. A_{RBZ} gibt die Größe der druckbeaufschlagten Fläche im Radbremszylinder an, der „effektive Reibradius" r_{Bre} bezeichnet den Abstand zwischen dem Angriffspunkt der Klemmkraft und dem Drehzentrum des Rades. Bei Personenkraftwagen werden Radbremsverstärkungen im Bereich von $k_b = 5 - 20\,Nm/bar$ realisiert.

Die Bremsbelagreibung nimmt normalerweise Werte von $\mu_{Bre} \approx 0.3$ an. Der Parameter ist stark temperaturabhängig. Bei hoher Bremsenbeanspruchung kann μ_{Bre} aufgrund der damit verbundenen Erhitzung um mehr als 50% absinken. Von diesem indirekten Effekt abgesehen sollte die Beziehung zwischen Bremsmoment und Bremsdruck theoretisch nahezu linear ausfallen. Neuere Messungen deuten jedoch darauf hin, daß k_b näherungsweise hyperbolisch vom Bremsdruck p_b abhängen könnte. Die betreffenden Bremssysteme zeigen ein außerordentlich gutes Ansprechverhalten. Das legt nahe, daß der Effekt möglicherweise auf die konstruktive Optimierung, z.B. auf nichtlineare Selbstverstärkungsmechanismen, zurückgeführt werden kann.

5.2.1.3 Bremskraftverteilung

Die Bremskraftverteilung zwischen den verschiedenen Rädern eines Fahrzeugs wird durch die Gestaltung der Radbremszylinder (k_b) und ggf. des Hauptbremszylinders eindeutig festgelegt. Um die Richtungsstabilität beim Bremsen aufrechtzuerhalten, müssen offensichtlich beide Fahrzeugseiten mit identischen Bremsen ausgestattet werden.

Aufgrund der durch das Bremsen selbst hervorgerufenen Vorwärtsverlagerung der Radlasten ist die Bremsenauslegung hinsichtlich Vorder- und Hinterachse schwieriger. Im Sinne einer optimalen Fahrzeugverzögerung im Grenzbereich sollte das Verhältnis f der Bremsmomente $M_{b,v}$ und $M_{b,h}$ auf den Kraftschluß zwischen Reifen und Fahrbahn $\mu_{Rad/Straße}$ abgestimmt werden:

$$f^{opt} = \left(\frac{M_{b,v}}{M_{b,h}}\right)_{ideal} = \frac{l_h + \mu_{Rad/Straße}\, h_s}{l_v - \mu_{Rad/Straße}\, h_s}. \tag{5.5}$$

Dabei sind l_v und l_h die Abstände des Fahrzeugschwerpunkts zur Vorder- und Hinterachse, h_s die Schwerpunkthöhe über der Fahrbahn. Die Größen sind vom Beladungszustand des Fahrzeugs abhängig, was folglich auch für f^{opt} gilt.

Konstruktiv können jedoch nur feste Bremskraftaufteilungen f^{konstr} realisiert werden:

$$f^{konstr} = \left(\frac{M_{b,v}}{M_{b,h}}\right)_{real} = \frac{k_{b,v}}{k_{b,h}}. \tag{5.6}$$

Bei Fahrzeugen mit relativ großer Zuladung werden die betreffenden Achsen zum Teil mit sog. „Bremsdruckminderern" ausgestattet, um ein Überbremsen im entlasteten Zustand zu verhindern. Durch diese passiven Schaltelemente werden kritische Betriebszustände zwar vermieden, an der Qualität einer starren Bremskraftaufteilung ändern sie aber nichts.

Für $f^{konstr} < f^{opt}$ wird die Hinterachse überbremst, im umgekehrten Fall neigen die Räder der Vorderachse eher zum Blockieren. Letzteres ist für Normalfahrer leichter beherrschbar und wird daher bei der Fahrzeugabstimmung in der Regel realisiert. In diesem Fall muß die konstruktive Bremskraftverteilung f^{konstr} stets oberhalb der Optimalkurve (5.5) liegen:

$$f^{konstr} > \max_{\mu_{Rad/Straße}} \left\{f^{opt}\right\} \approx \frac{l_h + h_s}{l_v - h_s}. \tag{5.7}$$

Damit ist sichergestellt, daß die Hinterachse in allen Betriebspunkten über höhere Stabilitätsreserven verfügt als die Vorderachse. Dieser Gewinn an Fahrstabilität auf griffigen Fahrbahnbelägen ist allerdings mit beträchtlichen Einbußen von bis zu 30% hinsichtlich der Bremsverzögerungen auf niedrigem Reibwert verbunden.

Die in den nächsten Abschnitten diskutierten Bremsregelungen führen im Prinzip zu flexiblen, an das momentane Kraftübertragungsvermögen der Räder angepaßten Bremsmomentenverteilungen. Dadurch wird auch der Abstimmungskonflikt zwischen Fahrstabilität auf hohem Reibwert und Verzögerungspotential bei niedrigem Reibwert grundsätzlich eliminiert!

5.2.2   Steuereingriff zur Bremsregelung

In Abb. 5.2 sind die wesentlichen Komponenten einer Pkw-Bremsanlage mit hydraulischem Antiblockiersystem dargestellt.

5.2.2.1 Aufbau und Wirkungsweise

Die ursprünglich direkte Verbindung zwischen Haupt- und Radbremszylinder wird bei diesen Systemen aufgetrennt und durch ein elektrisch ansteuerbares Magnetventil ersetzt. Je nach Schaltzustand kann der Druck p_b im Radbremszylinder entweder an das Druckniveau p_F des Fahrers herangeführt werden, im momentanen Betriebspunkt fixiert oder aber reduziert werden, bis der Systemgrunddruck

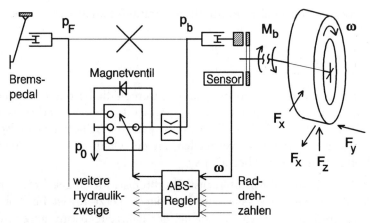

Abb. 5.2: Hydraulische, mechanische und elektrische Komponenten einer Pkw-Bremsanlage mit ABS-Eingriff (Schema).

p_0 im Auffangreservoir erreicht ist. Ein parallel geschaltetes Rückschlagventil stellt sicher, daß der wirksame Bremsdruck p_b den Druck im Hauptbremszylinder nicht überschreiten kann, auch wenn p_F vermindert wird. Die beim Druckabbau anfallende Bremsflüssigkeit muß durch eine Hochdruckpumpe (in Abb. 5.2 nicht dargestellt) in den betreffenden Bremskreis zurückgefördert werden, damit die Bremspedalposition während der Regelung nicht allzu sehr schwankt.

Die Ansteuerung der Magnetventile erfolgt direkt durch die ABS-Regellogik. Darin wird die Zeitgeschichte der sensorisch erfaßten Raddrehzahlen in komplizierter Weise aufbereitet, um verläßliche Informationen über den Fahrzustand des Fahrzeugs und den Rotationszustand der einzelnen Räder zu erhalten, so daß eine der Fahrsituation angemessene Steuerstrategie ausgewählt werden kann (vgl. Abschn. 5.2.3). Weitere Sensorsignale – wie etwa die momentanen Bremsdrücke – werden aus Gründen der Betriebssicherheit sowie aus Kostengründen bisher nicht verwendet.

5.2.2.2 Technische Realisierung

Die heute verfügbaren Bremsregelungen sind vorwiegend nach dem Prinzip der Druckmodulation durch Magnetventile aufgebaut. Neben dieser hauptsächlich durch Bosch und Mercedes-Benz geprägten Entwicklungslinie [94, 157] wurden weitere ABS-Konzepte entworfen, die sich bisher allerdings nicht durchsetzen konnten. Erwähnenswert erscheint in diesem Zusammenhang eine mechanisch-hydraulische Bremsregelung der Firma Ford sowie das von Fatec (Teves und VDO) entwickelte Plunger-ABS [53, 147]. Letzteres basiert auf elektromotorisch steuerbaren Druckmodulatoren, die eine Manipulation des Bremsdrucks im Radbremszylinder zulassen, ohne den betreffenden Bremskreis faktisch öffnen zu müssen. Derartige Systeme kommen ohne Rückförderpumpe aus und vermeiden das bisweilen kritisch diskutierte „Pulsieren" des Bremspedals während der ABS-Regelung. Plungergestützte Antiblockiersysteme führen i.a. zu erheblichen Kostennachteilen, während mechanische Bremsregelungen in erster Linie Probleme hinsichtlich der erreichbaren Regelgüte aufweisen. Aufgrund der relativ geringen Bedeutung beider Alternativ-Konzepte werden im folgenden ausschließlich konventionelle Bremsregelungen mit Magnetventilsteuerung behandelt.

5.2.2.3 Volumetrische Bremsdruckmodulation

Der Stelleingriff zur Druckanpassung basiert bei dem in Abb. 5.2 dargestellten Hydrauliksystem auf der geringen, aber keinesfalls vernachlässigbaren Kompressibilität β des Hydraulikfluids:

$$\beta = -\frac{\partial V}{V \partial p}. \qquad (5.8)$$

Dadurch werden die Volumenströme s, die über das Magnetventil mit dem Hauptbremszylinder oder mit dem Auffangvolumen ausgetauscht werden, in endliche Druckgradienten $\dot{p}_b$ am Rad umgesetzt.

Bremsflüssigkeiten sind nur schwach kompressibel, bei Raumtemperatur gilt $\beta \approx 5*10^{-5}/bar$. Schlägt man der hydraulischen Elastizität die in praxi parallel wirkenden mechanischen Nachgiebigkeiten der Bremsschläuche und der Bremszangen zu, so ergeben sich etwas größere effektive Kompressibilitäten von ca. $\beta = 8 - 15*10^{-5}/bar$. Derart hohe mechanische Steifigkeiten des Bremssystems sind konstruktiv durchaus erwünscht, denn sie reduzieren die Bremspedalwege, die zum Erreichen bestimmter Bremskräfte erforderlich sind.

Im Zusammenhang mit der Bremsregelung liefert die geringe Kompressibilität den Vorteil, daß bereits kleine Volumenänderungen im Radbremszylinder genügen, um die notwendige Bremsdruckanpassung herbeizuführen. Dadurch ist es möglich, Magnetventile mit sehr kleinen Strömungsquerschnitten $< 1\,mm$ zu verwenden, die mit relativ leichten elektro-mechanischen Komponenten bewegt werden können und daher in der Lage sind, auch hochdynamische Steuersignale umzusetzen. Dies ist, wie die folgende Überlegung zeigen wird, eine der wesentlichen Voraussetzungen für den Aufbau einer funktionsfähigen Bremsregelung.

5.2.2.4 Dynamische Anforderungen an eine Bremsregelung

Um abzuschätzen, wie schnell ein ABS-Eingriff in Grenzsituationen erfolgen muß, wird ein Bremsmanöver mit plötzlicher Reibwertänderung zwischen Reifen und

Fahrbahn, ein sog. „μ-Sprung-Manöver", betrachtet. Anfangs mögen sich das Fahrzeug und die Räder in einem stabilen Verzögerungszustand befinden. Der Kraftschluß $\mu_{max} = \mu_{Rad/Straße}$ zwischen Reifen und Fahrbahn sei zunächst hoch und werde fast vollständig ausgeschöpft. Für ein nicht angetriebenes Rad und unter Vernachlässigung des Rollwiderstands genügt die Raddrehung ω folgender Differentialgleichung (vgl. Abschn. 4.2):

$$J\,\dot{\omega} = r_{dyn}\,F_x(s(\omega), \mu_{max}) - M_b; \qquad M_b = k_b\,p_b. \tag{5.9}$$

Nimmt man die Rotationsträgheit des Rades mit $J = 1\,kgm^2$ an und unterstellt eine hohe Fahrzeugverzögerung von $\dot{v} = -10\,m/s^2$, so liefert der Trägheitsterm einen Beitrag von gerade $30\,Nm$ ($r_{dyn} = 0.3\,m$). Das Bremsmoment M_b, das bei typischen Bremsdrücken von $p_b = 100\,bar$ bis zu $2000\,Nm$ betragen kann, wird folglich in erster Linie von der Radbremskraft F_x getragen.

Entfällt nun plötzlich die Reibungsbindung zwischen Reifen und Fahrbahn, beispielsweise beim Befahren eines vereisten Fahrbahnabschnitts, so verschwindet auch die Radbremskraft F_x. (Der reale Kraftschluß auf Eis und die damit verbundenen Radkräfte können hier vernachlässigt werden.) In diesem Fall wirkt das Bremsmoment M_b ausschließlich auf die Raddrehung ω. Bei einer Ausgangsgeschwindigkeit von z.B. $100\,km/h$ führt dies innerhalb von weniger als $50\,ms$ zum Stillstand des Rades. Eine wirkungsvolle Bremsregelung muß somit innerhalb dieser Zeitspanne erkennen, daß ein kritischer Rotationszustand vorliegt und eine massive Bremsdruckreduktion einleiten, damit sich die Raddrehung wieder stabilisieren kann.

Mit den derzeit verwendeten ABS-Ventilen können Druckgradienten von etwa $1350\,bar/s$ beim Druckabbau aus $p_b = 100\,bar$ realisiert werden. Würde es gelingen, einen derartigen Druckabbau gleichzeitig mit der Reibwertänderung einzuleiten und über eine gewisse Zeitspanne aufrechtzuerhalten, so könnte die Raddrehung im obigen Beispiel nach etwa $70\,ms$ stabilisiert werden. Unter diesen Voraussetzungen könnte der Zeitraum instabiler Radrotation mit hohem Schlupf, wo praktisch keine Seitenführung möglich ist, auf etwa $0.1\,s$ begrenzt werden.

Instabile Raddrehzustände größerer Dauer sind aus der Sicht der Fahrstabilität bzw. der Fahrsicherheit nicht akzeptabel. Daher müssen die an einer Bremsregelung beteiligten Komponenten hohen Anforderungen hinsichtlich Dynamik und Übertragungsverhalten genügen. Das gilt sowohl für die Aufbereitung der Raddrehzahl-Meßsignale, die zur Überwachung der Raddrehung verwendet werden, als auch für die eigentliche Regelstrategie, die zur Aussteuerung der Magnetventile führt. Da die Grenzfrequenz der Ventile im Bereich von einigen $100\,Hz$ liegt und das Zeitverhalten der Hydraulikkomponenten ebenfalls zu merklichen Verzögerungen führt (s.o.), muß auch die Dynamik der ABS-Hardware analysiert und berücksichtigt werden, um die angestrebte Regelgüte erreichen zu können.

5.2.3 Eine ABS-Regelstrategie

Aufgrund der starken Nichtlinearitäten des Reifens und der Bremshydraulik konnten sich klassische lineare Entwurfsverfahren zur Entwicklung von Bremsregelungen bisher nicht durchsetzen (vgl. Abschn. 5.4). Stattdessen haben sich weitgehend heuristische Ansätze zur Stabilisierung der Raddrehung etabliert. Ein solches Regelungskonzept ist in der von Bosch entwickelten „Bayreuth-Logik" realisiert, deren Grundzüge im folgenden diskutiert werden.

5.2.3.1 Funktionaler Aufbau

Die ABS-Funktion kann im wesentlichen in sechs Teilaufgaben gegliedert werden:

1. Filterung und Aufbereitung der Raddrehzahl-Meßsignale,
2. Referenzgeschwindigkeitsbildung: Bestimmung einer für die Bewegung des Fahrzeugs charakteristischen Geschwindigkeit,
3. Stabilisierung der Raddrehung durch geeignete Ansteuerung der Magnetventile,
4. Anpassung des Regeleingriffs an die Umgebungsbedingungen und an die Fahrsituation,
5. Überwachung und gegebenenfalls Stabilisierung des Fahrzustands bei sicherheitskritischen Manövern, beispielsweise beim Bremsen auf Fahrbahnen mit unterschiedlichen Kraftschlußbedingungen,
6. Überwachung der Betriebssicherheit.

Die Punkte 1. und 6. betreffen hardwarespezifische Teilfunktionen, die hier nicht von Bedeutung sind. Die in 5. angesprochenen Modifikationen des Regeleingriffs auf der übergeordneten Ebene der Fahrzustandsüberwachung werden nicht näher erläutert, da sie eine weitergehende Betrachtung der spezifischen Fähigkeiten und Grenzen des Fahrers voraussetzen würden. In diesem Zusammenhang ist z.B. die sogenannte „Select-Low-Regelung" zu nennen, die die Ansteuerung der beiden Räder der Hinterachse am stabilitätskritischen Rad orientiert und gleichschaltet. Dadurch wird erreicht, daß insgesamt geringere Giermomente auf das Fahrzeug übertragen werden. Zudem wird die Hinterachse im Mittel leicht unterbremst, was deren Seitenkraftpotential relativ zur Vorderachse erhöht und damit zur Fahrstabilität beiträgt. Diskussionsbeiträge hierzu finden sich beispielsweise in [36, 157].

5.2.3.2 Referenzgeschwindigkeits-Bildung

Die Bestimmung der Referenzgeschwindigkeit v_{Ref} wird beim Bayreuth-ABS nach einem komplizierten, teilweise heuristischen Verfahren durchgeführt. In die Auswertung gehen die beiden Raddrehzahlen einer Fahrzeugdiagonalen sowie der momentane Zustand der Bremsregelung ein. Im Grundzustand tragen beide Räder zu

v_{Ref} bei; sobald jedoch eines der Räder als instabil erkannt wurde, orientiert sich die Referenzbildung allein an dem verbleibenden stabilen Rad. Die Fahrbahneigenschaften und der Fahrzustand beeinflussen die Geschwindigkeitsbestimmung indirekt, indem bestimmte, physikalisch plausible Annahmen über die momentane Fahrzeugverzögerung zur Beschränkung der v_{Ref}-Gradienten herangezogen werden. Trotz der starken Interaktion mit der Bremsregelung erhält man aus diesem Schema schließlich eine weitgehend stabile Bezugsgröße, die etwas unterhalb der Fahrzeuggeschwindigkeit liegt und als „Sollwertvorgabe" für die Regelung der Raddrehzahlen dienen kann.

5.2.3.3 Regelungsstrategie

Die zentrale Aufgabe einer Bremsregelung besteht in der Stabilisierung der Raddrehung beim Bremsen, wobei gleichzeitig möglichst hohe Bremskräfte erreicht werden sollen. In Ermangelung der tatsächlichen Reifencharakteristik und der Umgebungsbedingungen (vgl. Abschn. 4.2) wird diese Aufgabe bei kommerziellen Antiblockiersystemen dadurch gelöst, daß man mit Hilfe der Steuerungseingriffe eine definierte Grenzschwingung zwischen den Betriebsbereichen stabiler und instabiler Raddrehung herbeiführt. Die Stabilitätsgrenze wird somit selbst zum „Zielgebiet" der Regelung erklärt.

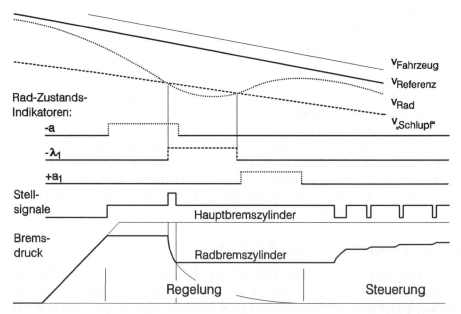

Abb. 5.3: Grundkonzept der Regelstrategie kommerzieller Antiblockiersysteme.

In Abb. 5.3 sind die Grundzüge einer typischen ABS-Regelung bei Bremsbeginn dargestellt. Zur Stabilisierung der Raddrehung werden zunächst drei Geschwindigkeitsgrößen betrachtet: die Referenzgeschwindigkeit v_{Ref}, die der Raddrehzahl entsprechende Translation v_{Rad} und eine mit v_{Ref} gebildete Grenzgeschwindigkeit $v_{Schlupf}$, die – im Vergleich mit v_{Rad} – die Stabilität der Raddrehung anzeigt. Aus diesen Größen werden binäre Indikatoren $-a$, $-\lambda_1$, $+a_1$ für den Rotationszustand des betreffenden Rades abgeleitet. Einzelne Indikatoren oder logische Verknüpfungen dieser lösen schließlich die Ansteuerung der Magnetventile aus.

So bewirkt z.B. die Indikatorgröße $-a$, die das Überschreiten einer bestimmten Grenzverzögerung detektiert und damit eine drohende Instabilität anzeigt, daß der Radbremsdruck nicht weiter erhöht werden kann. Das Magnetventil schaltet in den Zustand „Druckhalten". Wird zusätzlich die Schlupfschwelle $-\lambda_1$ aktiviert, was in Verbindung mit $-a$ hohe Blockierneigung signalisiert, so schaltet die Regelung sofort auf „Druckabbau". Wenn sich die Raddrehung wieder zu stabilisieren beginnt – als Kriterium dient das Unterschreiten der Verzögerungsschwelle $-a$ – wird das erreichte niedrigere Bremsdruckniveau fixiert. Nun sollten die Kräfteverhältnisse am Rad einen zunächst langsamen, bald aber schnellen Anstieg der Radgeschwindigkeit bewirken, der zur Aktivierung der Rad-Beschleunigungsschwelle $+a_1$ führt. Am Ende dieser Phase ist davon auszugehen, daß sich das Rad in einem stabilen Rotationszustand befindet, der Bremsdruck aber zu gering ist, um die maximale Verzögerung zu erreichen. Daher wird nun eine vorher festgelegte Reihe von Druckaufbauphasen durchlaufen, deren Ziel es ist, den Bremsdruck wieder bis zur Stabilitätsgrenze zu erhöhen und damit den nächsten Regelzyklus auszulösen.

Die erste Druckaufbauphase ist i. a. länger als die folgenden und soll sicherstellen, daß das angestrebte Bremsdruckniveau nahe der Stabilitätsgrenze möglichst schnell wiedererlangt wird. Dadurch werden die mit der Destabilisierung der Raddrehung verbundenen Einbußen im Verzögerungspotential minimiert. Die Dauer der ersten Druckaufbauphase – und damit die Höhe des ersten Druckanstiegs – orientiert sich am Verlauf der vorangehenden Regelzyklen. Sie wird so gewählt, daß die Anzahl der zum Erreichen der nächsten Instabilität notwendigen Aufbauphasen einen bestimmten Sollwert annimmt. Durch diesen „Lernmechanismus" paßt sich die ABS-Regelung an die momentanen Brems- und Kraftschlußbedingungen an, wie in Punkt 4. der obigen Zusammenstellung der Teilfunktionen angesprochen.

Die Struktur einer vollständigen ABS-Regelung ist aufgrund der Vielzahl der darin verwirklichten Sonderstrategien für spezielle Fahrsituationen erheblich komplizierter als die dargestellten Grundprinzipien vermuten lassen. Eine weitere Vertiefung der Diskussion erscheint im diesem Rahmen jedoch wenig sinnvoll, da die Details der Ausgestaltung eher die Hürden des Entwicklungsweges als dessen formuliertes Ziel, eine effiziente und robuste Bremsregelung zu schaffen, beschreiben. Letzteres wurde auf der Basis der obengenannten Prinzipien durch langjährige Entwicklungsarbeit erreicht. Die untersuchte und für Simulationszwecke algorithmisierte Bayreuth-Logik führt zu einer Bremsregelung, die das Kraftschlußvermögen der Reifen unter sehr verschiedenen Betriebsbedingungen in hohem Maße ausschöpft.

5.2.3.4 Regelgüte und Robustheit

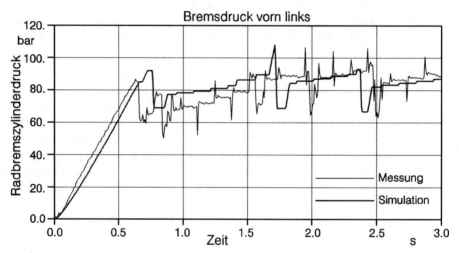

Abb. 5.4: Bremsdruckverlauf am linken Vorderrad bei einer geregelten Bremsung aus ca. 100 km/h auf griffiger, schwach unebener Fahrbahn; Vergleich zwischen Messung und Simulation.

Der in Abb. 5.4 dargestellte Bremsdruckverlauf zeigt die ABS-typischen Regelzyklen, deren Entstehung oben erläutert wurde. Die Unterschiede zwischen Messung und Rechnung sind auf Unsicherheiten in den Versuchsparametern zurückzuführen. Da ABS-Algorithmen dieser Form zwar global deterministisch, lokal aber verzweigungsfähig sind, kann es prinzipiell nicht gelingen, eine bessere Übereinstimmung zwischen Versuch und Simulation zu erreichen.

Gemessen an der erreichten Robustheit und der Regelgüte könnte das Problem der Bremsregelung als gelöst betrachtet werden. Die theoretischen Defizite hinsichtlich der Ausgestaltung und Optimierung der verwendeten „Regelstrategie" führen jedoch zu erheblichen Schwierigkeiten im Zusammenhang mit künftigen Entwicklungen. So ist z.B. die Anpassung einer Bremsregelung an einen neuen Fahrzeugtyp mit erheblichem Aufwand verbunden, da eine Vielzahl ABS-interner

Parameter erneut durch Versuche optimiert werden muß. Ähnliches gilt beispielsweise für die Verbesserung der ABS-Regelgüte bei größeren Radlastschwankungen oder bei schnellen Reibwertänderungen (vgl. [11],[135]).

In diesen Problemfeldern läßt sich zwar ein gewisses Entwicklungspotential ausmachen, es ist aber nicht zu klären, ob das Regelungskonzept oder die Physik des Gesamtsystems dafür verantwortlich sind, daß die bisherige Regelgüte nicht weiter verbessert werden konnte (vgl. Abschn. 5.2.2). Ferner entsteht mit der zunehmenden Entwicklung und Verbreitung anderer aktiver Fahrzeugkomponenten das Problem, die Interaktionsfähigkeiten von ABS beurteilen und erweitern zu müssen.

Beispielsweise ist zu klären, wie eine aktive Federung mit der Bremsregelung zusammenspielt bzw. wie beide Systeme aufeinander abgestimmt werden können. Die Beantwortung dieser und ähnlicher Fragen hat zur Voraussetzung, daß die Komponenten eines ABS-Systems und ihr Zusammenwirken in komplexen Situationen verstanden wird und transparent gemacht werden kann. Zu diesem Zweck werden die Komponenten der ABS-Hardware im folgenden einer genaueren Analyse unterzogen.

5.3   Komponenten der ABS-Hydraulik

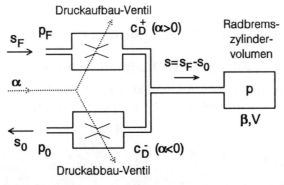

Abb. 5.5: Ein physikalisches Modell zur Untersuchung der Dynamik des Druckauf- und -abbaus im Radbremszylinder bei ABS-Regeleingriffen.

Während der ABS-Regelung werden Bremsdruckänderungen im Radbremszylinder durch den Zu- oder Abstrom von Bremsflüssigkeit über die Magnetventile hervorgerufen. Abb. 5.5 zeigt ein Schema der wesentlichen Komponenten eines Regelungszweiges. Der Druck im Radbremszylinder $p = p_b$ wird durch den zugeführten Volumenstrom s und die Kompressibilität β des Hydraulikfluids bestimmt. Die Volumenströme s_F und s_0, die durch die Magnetventile zu- oder abgeführt werden, hängen sowohl von p als auch vom Druck p_F im Hauptbremszylinder bzw. vom Druck p_0 im Auffangvolumen ab.

Da die verwendeten Steuerventile konstruktiv so gestaltet sind, daß die Ventilöffnung α praktisch nicht durch den im Ventil anstehenden hydraulischen Druck beeinflußt wird, kann die Beschreibung der Strömungsvorgänge an dieser Stelle von der Ventildynamik getrennt werden.

Die Strömungswiderstände c_D der Ventile werden daher als zeitveränderliche Parameter der Hydraulik behandelt. Deren Werte ergeben sich aus einem vorgeschalteten elektromechanischen Ventilmodell, welches die dynamischen Vorgänge beim Öffnen und Schließen in Abhängigkeit von der elektrischen Ansteuerung beschreibt.

Seitens der Hydraulik ist ferner zu berücksichtigen, daß die Bremsleitungen zwischen den Ventilen und den Radbremszylindern mitunter mehrere Meter lang sind. Die Leitungsdurchmesser sind üblicherweise kleiner $3\,mm$. Dadurch können die für Bremsregelungen charakteristischen hochfrequenten Ventilansteuerungen zu Druckschwingungen im Leitungssystem führen, die sich vor allem aufgrund ihrer Rückwirkung auf die Ventilströmung störend bemerkbar machen. Die im folgenden dargestellten physikalischen Modellsysteme sollen als Grundlage zur Analyse dieses und ähnlicher dynamischer Phänomene der Bremshydraulik dienen.

5.3.1   Strömungs- und Volumenelemente

5.3.1.1   Dämpfervolumina und Radbremszylinder

Aus der Definition der Kompressibilität der Hydraulikflüssigkeit (5.8) läßt sich eine einfache Differentialgleichung für den Druck p in einem starren Volumen V herleiten:

$$\dot{p} = \frac{s}{\beta V}; \quad p \geq 0. \tag{5.10}$$

Gemäß Abb. 5.5 bezeichnet s den einströmenden Volumenstrom. Die Gleichung ist nur im Bereich positiver Drücke p physikalisch sinnvoll. Diese Bedingung ist normalerweise für sämtliche Komponenten der Bremshydraulik erfüllt. Die Form (5.10) kann zur Beschreibung der Druckentwicklung beschränkter Volumina im Hydrauliksystem verwendet werden, z.B. für die sog. Dämpferkammern in der ABS-Steuereinheit oder für die Radbremszylindervolumina. Dabei können die parallel zur Fluidkompression wirksamen mechanischen Nachgiebigkeiten der Bremsschläuche und der Bremszangen durch entsprechende Korrekturen der Kompressibilität berücksichtigt werden (vgl. Abschn. 5.2.2).

5.3.1.2 Drosselelemente und Rückschlagventile

Der durch eine Querschnittsverengung oder Reibung hervorgerufene Strömungswiderstand c_D stellt allgemein eine Beziehung zwischen dem Volumenstrom s und
der anstehenden Druckdifferenz Δp des betreffenden Strömungssegments her:

$$s = \left(\frac{|\Delta p|}{c_D}\right)^{\kappa} \text{sign}(\Delta p). \qquad (5.11)$$

Für laminare Rohrströmungen wird der Koeffizient $\kappa = 1$, für turbulente Strömun-
gen gilt näherungsweise $\kappa = 4/7$ [173]. Im Falle scharfkantiger Querschnittsüber-
gänge, d.h. für Strömungsgeometrien mit maximalem Energieverlust, nimmt der
Koeffizient den Wert $\kappa = 0.5$ an.

5.3.1.3 Steuerventile

Aufgrund der relativ kleinen Strömungsquerschnitte der ABS-Ventile ist anzunehmen, daß die Druckverluste durch das Modell der Blendenströmung hinreichend
genau beschrieben werden. Unter dieser Voraussetzung kann der Strömungswiderstand $c_D(\alpha)$ eines teilweise geöffneten Ventils durch die normierte Ventilöffnung
α und den Strömungswiderstand $c_{D,0}$ bei maximaler Ventilöffnung angenähert
werden:

$$c_D(\alpha) \approx c_{D,0} / \alpha^{1/\kappa}; \qquad 0 \leq \alpha \leq 1. \qquad (5.12)$$

Der Öffnungszustand α des Ventils geht somit linear in den Volumenstrom s bzw.
in die Druckdifferentialgleichung (5.10) ein. Die Volumenströme s_F und s_0 können
demnach wie folgt aus den normierten Öffnungsparametern α^+ und α^- ermittelt
werden:

$$s_F = \alpha^+ \left(\frac{p_F - p}{c_D^+}\right)^{\kappa^+}; \qquad s_0 = -\alpha^- \left(\frac{p - p_0}{c_D^-}\right)^{\kappa^-}; \qquad s = s_F - s_0. \qquad (5.13)$$

Der Öffnung α^- des Druckabbauventils werden hier formal negative Werte $-1 \leq$
$\alpha^- \leq 0$ zugeordnet. Dadurch kann der Öffnungszustand beider Ventile durch einen
einzigen, anschaulichen Parameter α repräsentiert werden:

$$\alpha^+ = \left\{ \begin{array}{ll} \alpha, & \alpha > 0; \\ 0, & \text{sonst}; \end{array} \right. \qquad \alpha^- = \left\{ \begin{array}{ll} \alpha, & \alpha < 0; \\ 0, & \text{sonst}. \end{array} \right. \qquad (5.14)$$

Für $\alpha > 0$ wird der Druck p im Radbremszylinder i.a. steigen, für $\alpha < 0$ stellt
sich „Druckabbau" ein. Diese summarische Betrachtung vereinfacht grundlegende
ABS-Untersuchungen, sofern die eigentliche Öffnungsdynamik der Magnetventile
nicht von Bedeutung ist.

Laborversuche mit neueren ABS-Ventilen haben ergeben, daß die Strömungsko-
effizienten z.B. mit $\kappa^+ \approx 0.65$ für die Druckaufbauventile und mit $\kappa^- \approx 0.8$ für

den Druckabbau approximiert werden können. Die Abweichungen zur Blenden-strömung sind auf zusätzliche, reibungsähnliche Strömungswiderstände zurück-zuführen. Die globalen Strömungswiderstände wurden im Rahmen dieser Meß-reihe zu $c_D^+ = 8\,bar/E_{\dot{V}}$ und $c_D^- = 6\,bar/E_{\dot{V}}$ bestimmt, wobei $(E_{\dot{V}})^{\kappa^\pm} \equiv mm^3/s$ die physikalische Einheit des Volumenstroms angibt.

5.3.2 Trägheitsbehaftete Rohrströmungen

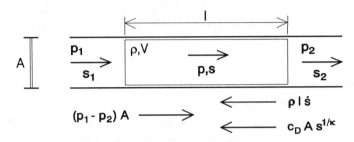

Abb. 5.6: Kräfte und kinematische Größen an einem instationär durchströmten Rohr-segment.

5.3.2.1 Dynamik eines durchströmten Rohrabschnitts

Um den Einfluß von Trägheitskräften auf die Strömung in einem Rohr zu diskutie-ren, betrachten wir zunächst einen Leitungsabschnitt der Länge l. Wie in Abb. 5.6 dargestellt ist das Rohr mit den Drücken p_1 und p_2 an beiden Enden beaufschlagt, die Volumenströme s_1 und s_2 strömen ein bzw. aus. Der Flüssigkeitszustand im Inneren wird mit dem Volumenstrom s und dem Druck p beschrieben.

Die Druckänderung $\dot{p}$ wird analog zu (5.10) durch die Differenz zwischen Zu- und Abstrom bestimmt. Die in Abb. 5.6 dargestellte Trägheitskraft $\rho * l * \dot{s}$ wirkt sich hingegen auf die Durchströmung des Rohres aus, was zu einer weiteren Differen-tialgleichung 1. Ordnung für den Volumenstrom s führt:

$$\dot{p} = \frac{1}{\beta V}\,(s_1 - s_2), \tag{5.15}$$

$$\frac{\rho\,l}{A}\,\dot{s} + c_D\,s^{1/\kappa} = (p_1 - p_2). \tag{5.16}$$

Der Parameter ρ bezeichnet die Dichte des Fluids.

5.3.2.2 Modellsynthese

In der Darstellung (5.15,5.16) sind die Strömungsverhältnisse in einem Rohr-segment prinzipiell berechenbar. Die Verknüpfung mehrerer Segmente erfordert jedoch zusätzliche Annahmen, etwa $p = (p_1 + p_2)/2$ und $s = (s_1 + s_2)/2$, wodurch die Formulierung konsistenter Randbedingungen für die Rohrenden sehr erschwert wird. Derartige Schwierigkeiten lassen sich vermeiden, wenn man eine Anordnung wählt, bei der sich Strömungs- und Volumenelemente abwechseln:

$$\dot{p}_i = \frac{n}{\beta V}(s_{i-1} - s_i); \qquad i = 1, 2, \ldots, n, \tag{5.17}$$

$$\frac{\rho\, l}{A}\dot{s}_i + c_D\, s_i^{1/\kappa} = (n-1)[p_i - p_{i+1}]; \qquad i = 1, 2, \ldots, n-1. \tag{5.18}$$

In diesem Fall wird die Rohrströmung durch n diskrete Volumina und $n-1$ Drosselbausteine beschrieben. Die Rohrenden sind mit den einwärts bzw. auswärts gerichteten Volumenströmen s_0 und s_n beaufschlagt. Insofern verhält sich das Gesamtmodell der Rohrströmung *nach außen* wie Volumenelemente der Form (5.10). Es kann folglich unter Verwendung der bekannten Verknüpfungsregeln in komplexere Hydraulikschaltungen integriert werden.

Durch Differentiation von (5.18) und Substitution der Druckterme entsteht eine kompakte Systemrepräsentation in s:

$$\rho\,\ddot{s}_i + \frac{A\,c_D}{l}\frac{s_i^{1/\kappa-1}}{\kappa}\dot{s}_i = \frac{1}{\beta}\frac{s_{i-1} - 2s_i + s_{i+1}}{\Delta l^2};$$

$$\Delta l^2 = l^2/[n(n-1)]; \qquad i = 1, 2, \ldots, n-1, \tag{5.19}$$

die für die spätere numerische Behandlung besser geeignet erscheint.

5.3.2.3 Kontinuumsmechanische Betrachtung

Führt man die obigen Bilanzbetrachtungen an einem infinitesimalen Volumenelement der Länge $l \equiv dx$ durch, so erhält man zunächst zwei partielle Differentialgleichungen für den Druck $p(x, t)$ und den Volumenstrom $s(x, t)$ im Rohr:

$$-p' = \frac{\rho}{A}\dot{s} + \frac{c_D}{l}s^{1/\kappa}; \qquad \dot{p} = -\frac{s'}{\beta A}; \qquad \xi' := \frac{\partial \xi}{\partial x}. \tag{5.20}$$

x bezeichnet die Ortskoordinate längs der Rohrachse. Die Elimination des Systemdrucks liefert schließlich eine partielle Differentialgleichung 2. Ordnung für den Volumenstrom $s(x, t)$ im Rohr:

$$\rho\,\ddot{s} + \frac{A\,c_D}{l}\frac{s^{1/\kappa-1}}{\kappa}\dot{s} = \frac{1}{\beta}s''. \tag{5.21}$$

Ein Vergleich mit der vorgeschlagenen Systembeschreibung zeigt, daß (5.19) als ortsdiskrete Variante der kontinuierlichen Form (5.21) verstanden werden kann, was die (gewählte) sequentielle Anordnung der Elemente (5.17, 5.18) auch aus der Sicht der Kontinuumsmechanik rechtfertigt.

5.3.2.4 System- und Simulationsparameter

Im Falle einer laminaren Strömung ($\kappa = 1$) kann die Eigenfrequenz f_0 eines Rohrsegments und die zugehörige Lehr'sche Dämpfung D direkt bestimmt werden:

$$f_0 = \frac{1}{2\pi\,l}\sqrt{\frac{2n(n-1)}{\beta\rho}};\qquad D = \frac{A\,c_D}{2}\sqrt{\frac{\beta\rho}{2n(n-1)}}.\qquad(5.22)$$

Die Eigenfrequenzgleichung stellt eine Beziehung zwischen dem Frequenzinhalt des Modellsystems und dessen örtlicher Diskretisierung her. Damit kann die Anzahl der Rohrsegmente n^{krit} bestimmt werden, die zur Repräsentation von Fluidschwingungen in einem gegebenen Frequenzintervall $[0, f_g]$ erforderlich sind:

$$n \gg n^{krit} \approx 2\pi\,l\,f_g\,\sqrt{\frac{\beta\rho}{2}}.\qquad(5.23)$$

Für Bremsflüssigkeiten führt dies beispielsweise zu Segmentlängen kleiner $0.2\,m$, wenn der für Magnetventilanregungen charakteristische Frequenzbereich bis $1\,kHz$ untersucht werden soll. Gleichung (5.23) zeigt ferner, daß die Fluidschwingungen in den Bremsleitungen – aufgrund des geringen spezifischen Strömungswiderstands c_D/l – sehr schwach gedämpft sind. Um verfahrensbedingte Instabilitäten und Integrationsfehler zu vermeiden, sollten numerische Untersuchungen der Systeme (5.17,5.18) daher stets auf der Basis impliziter oder teilimpliziter Integrationsverfahren erfolgen.

5.3.3   Ventildynamik

Aufgrund der technischen Rahmenbedingungen nimmt die Öffnungs- und Schließdynamik der ABS-Steuerventile großen Einfluß auf die Druckänderungen im Radbremszylinder, die mit einer gegebenen elektrischen Ventilansteuerung erreicht werden können. Dafür verantwortlich sind die mit dem Ventilaufbau verbundenen elektrischen und mechanischen Trägheiten. Sie führen – vor allem bei hochfrequenten Steuersignalen $u(t)$ – zu Verzerrungen und Verzögerungen der transienten Ventilöffnung $x(t)$, wodurch der angestrebte Strömungswiderstand $c_D(x/x_{max})$ entscheidend verändert werden kann (vgl. Abschn. 5.3.1).

5.3.3.1   Übertragungsverhalten

Zur Veranschaulichung der transienten Ventil-Eigenschaften ist in Abb. 5.7 die Sprungantwort eines ABS-Magnetventils dargestellt. Die Steuerspannung $u(t) = u_{max}$ führt zu einem Anstieg der magnetischen Kraft $F_M(t)$, die die Öffnung $x(t)$ des Ventils bewirken soll. Der Öffnungsquerschnitt kann jedoch erst freigegeben werden, wenn F_M die Ventilvorspannung und andere Haltekräfte überwunden

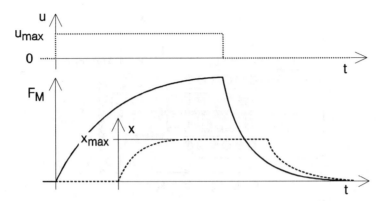

Abb. 5.7: Zur Öffnungs- und Schließdynamik $x(t)$ der Magnetventile bei ABS-typischen Steuersignalverläufen $u(t)$.

hat. Daher setzt die Ventilöffnung $x(t) > 0$ später ein, erreicht aber – meist sehr schnell – ihren Maximalwert x_{max}, während die magnetische Öffnungskraft F_M noch anwächst. Die anschließende negative Sprungantwort infolge des Steuersignalabfalls $u(t) \rightsquigarrow 0$ ist in ähnlicher Weise verzögert und verzerrt.

5.3.3.2 Elektrische und mechanische Komponenten

Die Beziehung zwischen der Ventilsteuerspannung $u(t)$ und der resultierenden Ventilöffnung $x(t)$ läßt sich auf der Basis der elektromechanischen Ventilkomponenten vollständig erklären. Abb. 5.8 zeigt den Aufbau und die relevanten Parameter eines ABS-Magnetventils. Durch die Induktivität L_V erfährt die magnetische Kraft $F_M(t)$ eine gewisse Verzögerung gegenüber der anstehenden Steuerspannung $u(t)$. Der Ohm'sche Widerstand R_V der Spule begrenzt den Ventilstrom auf einen von der Versorgungsspannung u abhängigen Maximalwert i_{max}. Der Magnetkraft F_M wirken die Vorspannung der Ventilfeder c_V, die Coulomb-Reibung F_R im Ventil sowie Dämpfungs- und Trägheitskräfte infolge der Stößelbewegung entgegen. Das Öffnungsverhalten des Magnetventils kann somit durch ein nichtlineares elektromechanisches System mit 3/2 Freiheitsgraden beschrieben werden.

5.3.3.3 Ein physikalisches Ventilmodell

Aufgrund der technischen Beschränkungen der Ein- und Ausgangsgrößen bietet sich an, die Ventildynamik vollständig auf bezogene Größen abzubilden:

$$\frac{\dot{f}}{\omega_M} + f = f_u\, u^*(t); \qquad u^*(t) = \frac{u(t)}{u_{max}}, \tag{5.24}$$

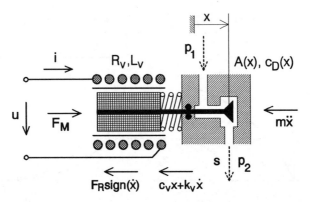

Abb. 5.8: Aufbau und dynamische Kenngrößen eines Magnetventils.

$$f_m\,\ddot\alpha + f_d\,\dot\alpha + f_c\,\alpha + f_R\,\mathrm{sign}(\dot\alpha) + f_0 = f; \qquad \alpha(t) = \frac{x(t)}{x_{max}}. \qquad (5.25)$$

Dabei ist $u^*(t)$ die auf das Intervall $0 \leq u^* \leq 1$ normierte Steuerspannung des Ventils. Der Parameter f_u kann zur Untersuchung verschiedener Steuerspannungsamplituden verwendet werden; normalerweise gilt $f_u - 1$. Die Frequenzkonstante $\omega_M = R_V/L_V$ beschreibt die Verzögerungen im elektrischen Kreis. Auf die Berücksichtigung elektromechanischer Kopplungsterme kann i.a. verzichtet werden. Wie genauere versuchstechnische Analysen zeigen, besteht ein gewisser Zusammenhang zwischen der normierten Magnetkraft $f(t) = F_M(t)/F_M^{max}$ und dem Öffnungszustand α des Ventils. Der Effekt ist auf Induktivitätsänderungen beim Öffnen zurückzuführen und kann gegebenenfalls durch Modifikationen des Frequenzparameters $\omega_M = \omega_M(\alpha)$ berücksichtigt werden.

Die Parameter der mechanischen Differentialgleichung (5.25) sind wie die Ventilöffnung $0 \leq \alpha \leq 1$ normiert: f_m beschreibt die Massenträgheit, f_d die meist vernachlässigbare viskose Dämpfung. f_c gibt die Kennung der Ventilfeder an, f_R die Reibung im Ventil und f_0 die Federvorspannung. Zur Vereinfachung der physikalischen Interpretation bietet sich an, die Parameter f_m und f_d durch die mechanische Grenzfrequenz f_V und das Lehr'sche Dämpfungsmaß D_V des Ventils zu substituieren:

$$f_m = \frac{f_c}{(2\pi f_V)^2}; \qquad f_d = 2\,D_V\,2\pi\,f_V\,f_m. \qquad (5.26)$$

5.3.3.4 Ansteuerungskonzept zur Verifikation

Die Verifikation eines Ventilmodells der Form (5.24,5.25) und die Beurteilung seiner Güte ist versuchstechnisch schwierig, da insbesondere die Ventilöffnung $x(t)$ nur mit großem experimentellen Aufwand rückwirkungsfrei sensiert werden kann. Man ist daher in der Regel auf indirekte Verifikationsverfahren angewiesen, die entsprechende Aussagen auf der Basis der üblichen Meßgrößen, d.h. der Druckverläufe und der Ventilsteuersignale zulassen. Zu diesem Zweck sind vor allem Versuche mit periodischer Ventilansteuerung geeignet, denn dadurch werden gleichfalls periodische, stationäre Ventilbewegungen erzwungen, die das nichtlineare Zusammenspiel der Ventilparameter klarer zum Ausdruck bringen als entsprechende transiente Anregungen.

Aus diesem Grund wurden insbesondere pulsbreitenmodulierte Ventilansteuerungen $u^*(t)$ mit fester Zykluszeit Δt näher untersucht:

$$u^*(t) \;=\; \begin{cases} 1, & k\,\Delta t \le t < (k+\alpha^*)\,\Delta t; \\ 0, & \text{sonst}; \end{cases} \qquad k = 0, 1, 2, \ldots \qquad (5.27)$$

Dabei ist α^* die relative „Breite" der Steuerpulse ($0 \le \alpha^* \le 1$). Die daraus resultierenden Zeitverläufe der Ventilöffnung $\alpha(t)$ sind nach einer kurzen Einschwingphase gleichfalls periodisch. Sofern die Druckänderungen innerhalb eines Steuerzyklus klein sind gegenüber der am Ventil anstehenden Druckdifferenz $p(t) - p_0$, kann der Ventilzustand durch die äquivalente mittlere Ventilöffnung $\bar{\alpha}(\alpha^*)$ angenähert werden:

$$
\begin{aligned}
\bar{\alpha}(\alpha^*) &= \int_t^{t+\Delta t} \alpha(t; \alpha^*)\,\frac{dt}{\Delta t} \\
&\approx \left[\int_t^{t+\Delta t} [p(t)-p_0]^\kappa \frac{dt}{\Delta t} \right]^{-1} * \int_t^{t+\Delta t} \alpha(t)\,[p(t)-p_0]^\kappa \frac{dt}{\Delta t}.
\end{aligned}
\qquad (5.28)
$$

5.3.3.5 Ventileigenschaften

Da die Ventilöffnung $\alpha(t)$ – und damit die wirksame Öffnungsbreite $\bar{\alpha}$ – direkt durch die Ansteuerung α^* hervorgerufen wird, liefert die mit verschiedenen Pulsbreiten α^* ermittelte Übertragungskennlinie $\bar{\alpha}(\alpha^*)$ eine umfassende Beschreibung der elektromechanischen Ventileigenschaften. Abb. 5.9 zeigt entsprechende Versuchsergebnisse für ein ABS-Druckabbauventil. Die Beschränkung des Steuerbereichs auf ca. $0.15 \le \alpha^* \le 0.80$ ist für ABS-Ventile charakteristisch. Außerhalb dieses Intervalls verhindert vor allem die Reibung, in Verbindung mit den elektromechanischen Verzögerungen, daß sich die effektive Ventilöffnung ändert.

Die Meßergebnisse legen nahe, die Ventile stets dynamisch anzusteuern, um den „Abstand" zum Dynamikbereich zu verringern und dadurch das Ansprechverhalten zu verbessern. Ferner wird klar, daß insbesondere kleine Ventilöffnungen $\bar{\alpha}$ nur sehr ungenau eingestellt werden können, da die Kennlinie in diesem Bereich eine besondere Sensibilität gegenüber Parameterschwankungen offenbart.

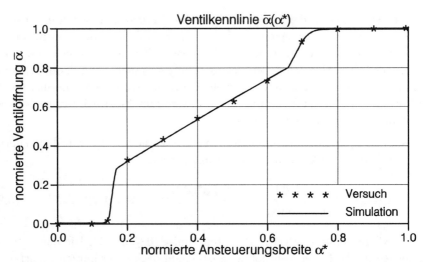

Abb. 5.9: Übertragungsverhalten eines ABS-Druckabbauventils bei pulsbreitenmodulierter Ansteuerung (Zykluszeit 10 ms).

Die in Abb. 5.9 dargestellte Modellkennlinie belegt die Güte des obigen Ansatzes (5.24,5.25). Die Modellparameter wurden mit Hilfe parametrischer Identifikationsverfahren aus den Meßwerten abgeleitet. Für das betrachtete Druckabbauventil ergaben sich dabei folgende Daten: $\omega_M = 750/s$; $f_0 = 0.35$; $f_c = 0.1$; $f_V = 600/s$; $D_V < 0.01$; $f_R = 0.3$. Dieses Ergebnis belegt den großen Einfluß der Reibung im Ventil sowie die Bedeutung der Verzögerungen im elektromagnetischen Kreis; beispielsweise muß die Magnetkraft ca. 2/3 ihres Maximalwerts erreicht haben, bevor das Ventil gegen die Reibungskraft und die Vorspannung geöffnet werden kann. Bei genauerer Kenntnis der realen Ventildynamik sollte es jedoch möglich sein, die Ansteuerungssignale so zu gestalten – gegebenenfalls unter Einbeziehung des Steuerspannungsparameters f_u –, daß sich ein im Sinne der Regelungsaufgabe optimales Durchströmungsverhalten einstellt.

5.3.4   Numerische Analyse von Hydrauliksystemen

Die numerische Behandlung von hydraulischen Schaltungen kann bereits bei einfachen Anordnungen zu Stabilitäts- bzw. zu Rechenzeitproblemen führen. Das ist in erster Linie auf die degressiven nichtlinearen Terme in den dynamischen Gleichungen zurückzuführen, die sich durch konventionelle, vorwärtsgerichtete Taylorentwicklungen nur bedingt approximieren lassen.

5.3.4.1 Integration hydraulischer Komponenten

Zur Analyse dieses Effekts wird der Druckaufbau im Radbremszylinder bei vollständig geöffnetem Magnetventil ($\alpha = 1$) betrachtet. Aus den Modellgleichungen (5.10) und (5.11) erhält man eine nichtlineare Differentialgleichung 1. Ordnung für den Druck p im Volumen V:

$$\dot{p}(p) \; = \; \frac{s(p)}{\beta V} \; = \; \frac{1}{\beta V} \left(\frac{|p_F - p|}{c_D} \right)^{\kappa} \mathrm{sign}(p_F - p) \, . \tag{5.29}$$

Linearisiert man den Ausdruck um den aktuellen Druckzustand $p(t) = p_0$, so entsteht eine Differentialgleichung:

$$\dot{p} \; + \; \frac{\kappa \, \dot{p}(p_0)}{p_F - p_0} \, p \; = \; \dot{p}(p_0) \left(1 + \frac{\kappa \, p_0}{p_F - p_0} \right) , \tag{5.30}$$

deren Frequenzparameter ω_g für realistische Exponenten κ beliebig groß werden kann, wenn sich der Druck p dem stationären Endzustand p_F annähert:

$$\omega_g \; = \; \frac{\kappa}{\beta \, V \, c_D^{\kappa}} \, |p_F - p_0|^{\kappa-1}; \qquad 0.5 \leq \kappa < 1 . \tag{5.31}$$

Dieses Phänomen ist für degressive Kennlinien charakteristisch.

Da auch unter Berücksichtigung höherer Taylorterme keine prinzipielle Verbesserung zu erzielen ist, muß jedes explizite Integrationsschema schließlich in einen Grenzzyklus um den stationären Endwert p_F münden. Für das explizite Eulerverfahren ergibt sich die Amplitude $\widehat{\Delta p}$ der Grenzschwingung beispielsweise zu:

$$\widehat{\Delta p} \; = \; \left(\frac{\Delta t}{2 \, \beta \, V \, c_D^{\kappa}} \right)^{\frac{1}{1 - \kappa}} . \tag{5.32}$$

Die Integrationsschrittweite Δt bestimmt somit die maximale Annäherung an den stationären Endwert p_F des kontinuierlichen Systems.

Neben dem hohen Rechenaufwand, der zum Erreichen akzeptabler Fehlerschranken $\widehat{\Delta p}$ erforderlich ist, können Grenzzyklen in komplexen Hydrauliknetzwerken zu volumetrischen Driftprozessen führen, die keinerlei physikalische Entsprechung haben. Die Bremshydraulikschaltung zum Druckaufbau liefert ein Beispiel für diesen Effekt (vgl. Abb. 5.2). Über die parallel zum Steuerventil angeordnete Rückstromleitung, die real nur anspricht, wenn der fahrerseitige Bremsdruck p_F reduziert wird, kann in jedem zweiten Zyklus der „Grenzschwingung" Hydraulikfluid aus dem Radbremszylinder ausströmen.

5.3.4.2 Implizite und teilimplizite Verfahren

Derartige Probleme lassen sich grundsätzlich vermeiden, wenn man die Stabilitätseigenschaften des Systems (5.29) durch implizite Integrationsschemata auf die numerische Darstellung überträgt, etwa in Form des impliziten Eulerverfahrens:

$$p^{k+1} = p^k + \Delta t\,\dot{p}(p^{k+1}); \qquad k = 0, 1, 2, \ldots \tag{5.33}$$

Da implizite Verfahren die Stabilität eines physikalischen Systems formal erhöhen, sollten Näherungslösungen auf der Basis von (5.33) bereits ausreichen, um die gewünschten Stabilitätseigenschaften zu erreichen. Eine elegante Variante dieses Konzepts ergibt sich aus der Taylorentwicklung der rechten Seite bezüglich p^k:

$$\dot{p}(p^{k+1}) \approx \dot{p}(p^k) + \frac{\partial \dot{p}(p^k)}{\partial p}\,(p^{k+1} - p^k);$$

$$\rightsquigarrow \quad p^{k+1} = p^k + \frac{\Delta t\,\dot{p}(p^k) * (p_F - p^k)}{\kappa\,\Delta t\,\dot{p}(p^k) + (p_F - p^k)}; \qquad k = 0, 1, 2, \ldots \tag{5.34}$$

In dieser Form ist die Integration – unabhängig von der Schrittweite Δt – stabil und explizit auflösbar. Dadurch werden aufwendige Iterationen und starke Kopplungen der Systemkomponenten grundsätzlich vermieden, was sich vor allem bei größeren Schaltungen als vorteilhaft erweist.

Zur Bremsregelung von Personenkraftwagen werden meist ABS-Systeme verwendet, die eine getrennte Regelung der Vorderräder vorsehen, an der Hinterachse aber mit einem gemeinsamen Steuerventil auskommen, welches beide Radbremsen bedient. Ein entsprechendes vollständiges Hydraulikmodell kann in diesem Fall aus 11 Volumenkomponenten der Form (5.10) und 10 Strömungselementen (5.11) aufgebaut werden, wobei die Subsystemmodelle teilweise ihrer Funktion entsprechend modifiziert werden müssen. Beispielsweise ist vorzusehen, daß die Volumina in der Rückförderpumpe vom Drehwinkel des Antriebsmotors und damit von der momentanen Last abhängig sind.

Das Gesamtsystem(-modell) kann je nach Ansteuerungszustand und Druckkonstellation insgesamt $4^3 * 3^2 = 576$ grundsätzlich verschiedene Strömungszustände einnehmen, die durch entsprechende Differentialgleichungssysteme darzustellen sind. Die beiden Segmente der Rückförderpumpe tragen dazu mit jeweils drei Konfigurationen – Einströmen, kein Volumendurchsatz, Ausströmen – bei, die drei Magnetventile gehen mit drei Ansteuerungszuständen und der Rückstrommöglichkeit in die Variantenkalkulation ein. Diese Überlegung macht deutlich, daß eine ganzheitliche Betrachtung bzw. Integration eines ABS-Hydrauliknetzwerks mit vertretbarem Aufwand nicht durchführbar ist. Stattdessen muß versucht werden, die dynamischen Zustandsänderungen der einzelnen Komponenten lokal zu bestimmen. Das ist für die quasi-stationären Strömungselemente (5.11) problemlos möglich, eine lokale Integration der Volumenbausteine (5.10) würde jedoch einem Verzicht auf implizite Verfahren der Form (5.33,5.34) gleichkommen.

Um die damit verbundenen Grenzschwingungen zu vermeiden, erscheint es zweckmäßig, den obigen teilimpliziten Integrationsansatz (5.34) aufrechtzuerhalten, obwohl die betreffenden Volumina jeweils nur lokal betrachtet werden können.

5.3.4.3 Behandlung von Hydrauliksystemen

Das stabilisierende Element impliziter Verfahren sind offensichtlich die partiellen Ableitungen des Druckgradienten $\dot{p}$ bezüglich des momentanen Systemdrucks p_k. Im Gegensatz zur obigen Betrachtung einzelner Systemteile ist $\dot{p}$ in einer allgemeinen Hydraulikschaltung durch die Menge der ein- und und ausströmenden Volumenströme s_i erklärt (5.10):

$$\dot{p} := \dot{p}(s_1, s_2, \ldots, s_n) = \frac{1}{\beta V} \sum_{i=1}^{n} s_i(\ldots, p, \ldots). \tag{5.35}$$

Die Volumenströme s_i der angrenzenden Strömungsbausteine sind wiederum u.a. vom lokalen Systemdruck p abhängig, wodurch sich die Möglichkeit eröffnet, die Auswirkungen potentieller Druckänderungen zu bestimmen:

$$\frac{\partial \dot{p}(p^k)}{\partial p} \approx \sum_{i=1}^{n} \frac{\partial \dot{p}(s_i^k)}{\partial s_i} \frac{\partial s_i(p^k)}{\partial p}. \tag{5.36}$$

Dabei sind die lokalen Einflußgrößen $\partial \dot{p}/\partial s_i$ durch die analytische Definition des betrachteten Volumenelements gegeben. Die partiellen Ableitungen der Volumenströme $\partial s_i/\partial p$ müssen vorab numerisch ermittelt werden, beispielsweise indem man den Druck des betreffenden Volumenelements synthetisch variiert und anschließend den Differenzenquotienten bildet:

$$\varepsilon_p \ll \overline{p^k}: \qquad \frac{\partial s_i(p^k)}{\partial p} \approx \frac{s_i(p^k + \varepsilon_p) - s_i(p^k)}{\varepsilon_p}; \qquad i = 1, 2, \ldots, n. \tag{5.37}$$

Dieses Integrationsschema ist in seinen Stabilitätseigenschaften mit der Form (5.34) vergleichbar, der numerische Aufwand bleibt jedoch aufgrund der quasilokalen Betrachtung begrenzt. Modellergänzungen oder -reduktionen sind in einfacher Weise möglich, da die numerische Repräsentation lediglich lokal um die betreffenden Elemente erweitert oder verkleinert werden muß. Im Rahmen realistischer Parametervorgaben hat es ferner den Vorteil, daß die Integrationsschrittweite nur über die Genauigkeit der Simulation entscheidet, nicht jedoch über deren Stabilität.

5.4   Modellreduktion zur Analyse von Bremsregelungen

Die Eigenschaften von Bremsregelungssystemen können sowohl auf der *höheren* Ebene der Fahrzeugdynamik als auch auf der Basis der *unterlagerten* Regelkreise einzelner Räder diskutiert werden. Während sich übergeordnete fahrzeugspezifische Betrachtungen vorwiegend mit dem Funktionsziel des Systems – den Fahrzustand in sicherheitskritischen Situationen zu stabilisieren – auseinandersetzen, sind Untersuchungen einzelner Bremsregelkreise auf die dazu erforderlichen Voraussetzungen ausgerichtet, die Stabilität der Raddrehung beim Bremsen trotz äußerer Störungen sicherzustellen.

Im ersten Fall ist der Schwerpunkt der Analyse folglich auf das Zusammenwirken des Systems Fahrer-Fahrzeug-Umgebung zu legen. Das erfordert eine angemessene Repräsentation der Fahrzeugeigenschaften, gewisse Vorstellungen über das Handlungsvermögen und die Grenzen des Fahrers, eine adäquate Beschreibung der Umgebungsbedingungen sowie detaillierte Modelle für die Komponenten der Bremsregelung. Auf dieser Grundlage, die beispielsweise mit komplexen Fahrdynamiksimulationssystemen (vgl. [41, 121, 122, 141]) und den vorher beschriebenen ABS-Komponenten (vgl. Abschn. 5.2, 5.3) gegeben ist, können die fahrdynamischen Konsequenzen des Regelungseingriffs unter vielfältigen Randbedingungen untersucht werden. Abb. 5.4 zeigt ein Beispiel für die erreichbare Simulationsgüte. Derartige Untersuchungen leisten einen wesentlichen Beitrag zur Beurteilung und Verbesserung bestehender ABS-Systeme.

Aufgrund der großen Anzahl ergebnisrelevanter Parameter und deren vielfältiger Wechselwirkungen ist es auf diesem Wege jedoch kaum möglich, das Kernproblem der Bremsregelung – die Stabilisierung der Raddrehung – systematisch und effizient zu untersuchen. Beispielsweise führen Modifikationen der radspezifischen Regelstrategie über die Freiheitsgrade des Fahrzeugaufbaus zu anderen Radlastverläufen, wodurch die „Störgrößenbeanspruchung" der Regelung erheblich verändert wird (vgl. [11, 135]). Um derartige wechselseitige Abhängigkeiten auf der Ebene der Reglanalyse zu vermeiden, erscheint es zweckmäßig, die Systemrepräsentation in diesen Fällen auf ein Mindestmaß an relevanten Komponenten zu beschränken. Der Aufbau und die Güte entsprechender Modelle des unterlagerten, „eigentlichen" Bremsregelkreises wird im folgenden beschrieben.

5.4.1   Eine lokale radspezifische Bremsregelung

5.4.1.1   Elemente des inneren Regelkreises

In Abb. 5.10 ist der zentrale Regelkreis eines ABS-Systems aus der Perspektive

eines Rades dargestellt. Statt des Radlängsschlupfs s_{soll} könnte auch die Raddrehzahl ω_{soll} oder eine andere, für den Rotationszustand maßgebliche Kenngröße als
Steuerungsparameter verwendet werden. s_{soll} wird im Rahmen dieser Modellformulierung von einer übergeordneten ABS-Regelungsstrategie generiert, deren Ziel
es ist, den Fahrzustand zu stabilisieren.

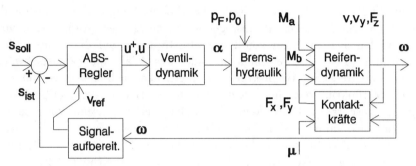

Abb. 5.10: Komponenten, Zustandsgrößen und Parameter einer lokalen schlupforien-
tierten Bremsregelung.

5.4.1.2 Funktionaler Aufbau

Der lokale radspezifische Regelkreis besteht aus einem geeigneten hochdynamischen ABS-Regler, der elektrische Steuersignale $u^+(t), u^-(t)$ für Magnetventile
zum Druckauf- und -abbau generiert. Durch die elektromechanische Ventildynamik (5.24,5.25) werden die Steuersignale in entsprechende Ventilöffnungen umgesetzt. In Verbindung mit der lokalen Bremshydraulik (5.10,5.13,5.14) und der
Radbremse ergibt sich daraus das momentane Bremsmoment M_b. Die Drücke p_F
im Hauptbremszylinder und p_0 im Volumenspeicher können in diesem Fall als
äußere, quasistatische Parameter betrachtet werden.

Die wesentlichen dynamischen Einflüsse und die dominierenden Störgrößen der
Regelung werden über den Reifen (3.29,3.57,3.58) eingeleitet. An dieser Stelle gehen die Wirkungen des Fahrzeugantriebs M_a, die Längs- und Quergeschwindigkeit
des Reifens v, v_y, die momentane Radlast F_z sowie die Reifen-Fahrbahn-Reibung
μ ein. Die resultierende Raddrehzahl ω und die Geschwindigkeit v werden durch
Meßelemente erfaßt und über die Signalaufbereitung zur Regelung zurückgeführt.

5.4.1.3 Repräsentation der dominanten Störgrößen

Die Parameter F_z und μ können von starken hochfrequenten Schwankungen
geprägt sein, da sie unmittelbar dem Einfluß der Fahrzeugumgebung unterliegen. Antriebsseitig sind in erster Linie die dynamischen Reaktionsmomente M_a

des Triebstrangs beim Bremseingriff zu berücksichtigen, d.h. die entsprechenden Trägheitswirkungen. Die Geschwindigkeitsgrößen v und v_y resultieren aus der Bewegung des Fahrzeugaufbaus und sind daher hauptsächlich durch niederfrequente Änderungen geprägt.

Aufgrund der großen Schwankungsamplituden und der hochfrequenten Signalanteile sind die Radlast F_z und die Reifen-Fahrbahnreibung $\mu = \mu_{max}$ als die dominierenden Störgrößen einer Bremsregelung zu betrachten. Änderungen von F_z und μ wirken sich in Form von Parameterstörungen auf die rotatorische Bilanzgleichung (4.30) des betreffenden Rades aus. Während Radlastschwankungen stets entsprechende Bremskraftänderungen nach sich ziehen, ist der Einfluß von Reibwertfluktuationen im wesentlichen auf den Bereich größerer Schlupfwerte $s \gtrsim \mu\, s_{max}$ beschränkt. Daher kann die Analyse und Bewertung von Bremsregelungen zunächst auf die Diskussion von Radlastschwankungen beschränkt werden, deren Eigenschaften hinlänglich bekannt und beschreibbar sind (vgl. Abschn. 3.5). Der Einfluß der gleichfalls wichtigen, in praxi aber unzureichend dokumentierten Reibwertfluktuationen erfordert keine besondere Untersuchung, da die Wirkungen beider Parameterstörungen im wesentlichen äquivalent sind. Es ist in diesem Falle als ausreichend anzusehen, wenn die Funktion der Regelung bei Extrembeanspruchungen nachgewiesen wird, d.h. auf hohem und niedrigem Reibwert sowie auf Fahrbahnen mit wechselndem Kraftschlußvermögen.

5.4.2 Ventilansteuerung und Bremshydraulik

Wie in Abschn. 5.3 gezeigt wurde, sind die dynamischen Eigenschaften der ABS-Magnetventile und des Hydrauliksystems äußerst komplex und von starken Nichtlinearitäten geprägt.

5.4.2.1 Pulsbreitenmodulierte Steuersignale

Ein Teil der Schwierigkeiten wird bei der technischen Realisierung von Bremsregelungen eliminiert bzw. vermieden, wenn zur Ventilansteuerung pulsbreitenmodulierte Stellsignale (5.27) mit konstanter Taktrate Δt verwendet werden. Diese Art der Stellsignalgenerierung ist i.a. erforderlich, um die Regelung im Fahrzeugrechner in Echtzeit betreiben zu können.

Sofern die Magnetventile nicht über ein „Gedächtnis" verfügen, welches die Zustandsinformation zwischen zwei Ansteuerungszyklen transferiert, sollten die in Abschn. 5.3.3 diskutierten stationären Ventilkennlinien $\bar{\alpha} = \bar{\alpha}(\alpha^*)$ auch für transiente Regelsignale $\alpha^*(t)$ gelten (vgl. Abb. 5.9):

$$\bar{\alpha}(t) := \bar{\alpha}(\alpha^*(t)); \qquad -1 \leq \alpha^*(t) \leq 1. \tag{5.38}$$

In dieser Darstellung werden die Kennlinien beider Magnetventile zu einer Funktion $\bar{\alpha}(\alpha^*)$ zusammengefaßt; $\bar{\alpha} \geq 0$ gibt die mittlere Öffnung des Druckaufbauventils bei geschlossenem Abbauventil an, $\bar{\alpha} \leq 0$ beschreibt Ventilzustände, die zur Bremsdruckreduktion führen. Die Bedingung, daß die Ventile taktweise unabhängig reagieren, läßt sich durch entsprechende Ansteuerungskonzepte sicherstellen (vgl. Abschn. 5.3.3).

Die obige Kennlinie $\bar{\alpha}(\alpha^*)$ kann somit als Minimalmodell für die Systemkomponenten der Ventilansteuerung und Ventildynamik betrachtet werden. Dabei ist jedoch zu berücksichtigen, daß die Umsetzung der Regelsignale α^* mit einer zeitlichen Verzögerung von etwa einer Taktdauer Δt verbunden ist.

5.4.2.2 Übertragungsverhalten des Stellsystems

Unter der Wirkung quasistatischer oder stationärer Störgrößen sollte eine effiziente Bremsregelung rasch in einen stationären Betriebszustand übergehen. Wenn die Schwankungen Δp des Bremsdrucks p um den Mittelwert $\bar{p}$ klein sind, d.h. wenn die Regelung ihren Zweck erfüllt, können die Druckänderungen $\dot{p}$ im Radbremszylinder direkt auf die mittlere Ventilöffnung $\bar{\alpha}$ zurückgeführt werden:

$$\dot{p} = k_1 \bar{\alpha} + k_2|\bar{\alpha}|; \qquad \Delta p = p - \bar{p} \ll \bar{p} = \frac{1}{T} \int_t^{t+T} p(\tau)\, d\tau. \qquad (5.39)$$

An dieser Stelle kommt zum Ausdruck, daß sich das Stellsystem im wesentlichen wie ein Integrations-Glied verhält.

Die „Konstanten" k_1 und k_2 ergeben sich aus dem Druckgefälle zum Hauptbremszylinder (p_F) bzw. zum Auffangvolumen (p_0):

$$k_1 + k_2 = \frac{1}{\beta V}\left(\frac{p_F - \bar{p}}{c_D^+}\right)^{\kappa^+}; \qquad k_1 - k_2 = \frac{1}{\beta V}\left(\frac{\bar{p} - p_0}{c_D^-}\right)^{\kappa^-}. \qquad (5.40)$$

Für ein Pkw-ABS-System wurden bei einer Vollbremsung auf hohem Reibwert beispielsweise folgende Parameter ermittelt: $k_1 = 950\, bar/s$, $k_2 = -400\, bar/s$. Die relativ hohe Druckabbauverstärkung von $1350\, bar/s$ ist erforderlich, um plötzliche Reibwertänderungen wirksam ausregeln zu können.

5.4.2.3 Diskussion der Modelleigenschaften

Abb. 5.11 zeigt die Güte des Minimalmodells (5.38,5.40) in einem stationären Regelungszustand. Der Darstellung liegt eine Gesamtfahrzeugsimulation mit realistischen Fahrzeug-, Reifen- und Bremshydraulikmodellen zugrunde. Um die Dynamik des Stellsystems vollständig analysieren zu können, wird ein Bremsvorgang auf unebener Fahrbahn betrachtet. Aufgrund dieser Störgrößenanregung liefert

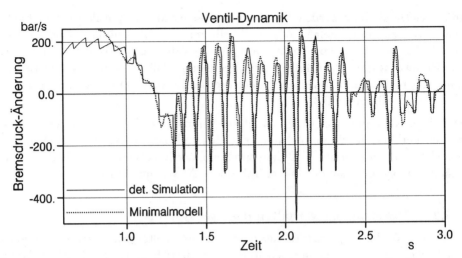

Abb. 5.11: Zur Modellierung der Ventildynamik und der ABS-Bremshydraulik im stationären Betrieb: realitätsnahe, detaillierte Simulation und stationäres Minimalmodell.

der verwendete ABS-Experimentalregler stark schwankende Ventilsteuersignale α^*, die entsprechende hochfrequente Druckschwankungen $\dot{p}$ im Radbremszylinder hervorrufen.

Die Übereinstimmung zwischen den vereinfachten Modellen und der detaillierten Systembeschreibung ist – zum Zwecke der Reglerentwicklung – als ausreichend anzusehen, sobald der angestrebte stationäre Betriebszustand erreicht wird. Abb. 5.11 zeigt ferner das Totzeitverhalten des realen Bremssystems, wodurch die Druckänderungen um etwa einen Steuerzyklus gegenüber der Ansteuerung verzögert werden.

5.4.3   Raddrehung und Bremskraftübertragung

5.4.3.1 Rotation eines gebremsten Rades

Die dominante Wirkung des Bremsdrucks p auf den Rotationszustand ω eines gebremsten Rades wurde bereits in Abschn. 5.2.2 diskutiert:

$$J\dot{\omega} \;=\; r_{dyn}\,F_x(s(\omega),\ldots) - k_b\,p; \qquad s \;=\; \frac{v - r_{dyn}\,\omega}{|v|}. \qquad (5.41)$$

Um die Qualität dieser Bilanzgleichung zu überprüfen, wird wiederum ein geregelter Bremsvorgang unter der Wirkung äußerer Störungen betrachtet.

In Abb. 5.12 sind der Trägheitsterm $J\dot{\omega}$ und die aufgeprägten Momente beim

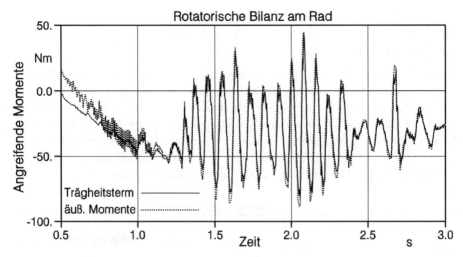

Abb. 5.12: Dynamische Momente am Rad: Trägheitsterm der Raddrehung $J\dot\omega$ und auf-geprägte Momente $F_x\,r_{dyn} - M_b$ während eines geregelten Bremsvorgangs.

Abbremsen eines Fahrzeugs auf unebener Fahrbahn dargestellt. Die zeitveränder-lichen Größen $\dot\omega, p$ und die Bremskraft F_x wurden einer realistischen Gesamtfahr-zeugsimulation entnommen. Folglich ist Abb. 5.12 als Beleg für die Gültigkeit des Modellansatzes (5.41) anzusehen. Die gute Übereinstimmung beider Verläufe ist insofern bemerkenswert, als die verhältnismäßig starken individuellen Schwan-kungen der äußeren Momente durch die Differenzbildung praktisch störungsfrei in den theoretischen Trägheitsterm $J\dot\omega$ überführt werden können. Hier kommt zum Ausdruck, daß die Raddrehung selbst – auch im Falle hochdynamischer Bean-spruchungen – als einfacher mechanischer Freiheitsgrad betrachtet werden kann.

5.4.3.2 Bindungskräfte zwischen Reifen und Fahrbahn

Zur Beschreibung des dynamischen Auf- und Abbaus der Bremskraft F_x wird zunächst ein vereinfachter linearer Ansatz diskutiert (vgl. Abschn. 4.2):

$$\frac{\dot{F}_x}{\omega_x} + F_x = \mu\,F_z(t, F_y, \ldots)\,f\left(\frac{s}{s_{max}\,\mu}\right); \qquad \omega_x(s \ll 1) = \frac{c_s}{c_l}\,|v|. \qquad (5.42)$$

Demnach sollte die Bremskraftübertragung zur Fahrbahn im wesentlichen durch eine geeignete Kraftschlußkennlinie $f(\xi)$ beschrieben werden können. Die ge-schwindigkeitsabhängige Frequenzkonstante ω_x bringt den Einfluß dynamischer Kraftanteile $\dot{F}_x$ zum Ausdruck (vgl. Abschn. 4.1). In (5.42) wird die „verfügbare" Radlast F_z als zeitveränderlicher äußerer Parameter betrachtet. Dadurch kann sowohl die Wirkung von Fahrbahnunebenheiten als auch – in vereinfachter Form – die „Abminderung" des Längskraftpotentials durch Reifenquerkräfte F_y in das Modell eingearbeitet werden.

In Abb. 5.13 ist der Zusammenhang zwischen den wesentlichen Kraftgrößen und dem Schlupf s während eines geregelten Bremsvorgangs dargestellt. Die durchgezogene Kurve zeigt die normierte Bremskraft $f_x = F_x/F_z$, die unterbrochene Linie steht für die linke Seite der obigen Modellgleichung $\dot{f}_x/\omega_x + f_x$. In beiden Fällen erhält man einen mehr oder minder scharf umrissenen Kurvenverlauf. Dieses Ergebnis bestätigt die Gültigkeit des gewählten Modellansatzes (5.42) und verdeutlicht dessen Güte unter realistischen Randbedingungen.

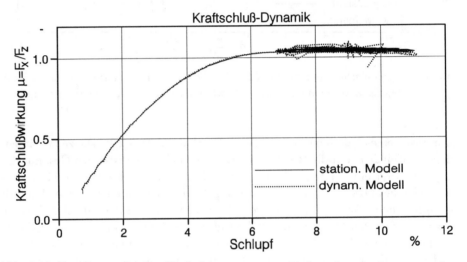

Abb. 5.13: Zur Dynamik der Kraftübertragung am Rad während eines geregelten Bremsvorgangs: stationäres und dynamisches Modell der normierten Bremskraft $f_x = F_x/F_z$.

5.4.3.3 Modellsynthese zur Reglerentwicklung

Die Ähnlichkeit beider Kurvenzüge in Abb. 5.13 legt nahe, daß der dynamische Term $\dot{F}_x/\omega_x$ in (5.42) keinen wesentlichen Beitrag liefert, wenn der Bremsvorgang aktiv geregelt wird. Das ist auf die formale Abnahme der Reifenlängssteife c_l bei höheren Kraftschlußbeanspruchungen (vgl. (4.39) in Abschn. 4.2) und die damit verbundene Versteifung des Systems zurückzuführen ($\omega_x \to \infty$).

Wenn Betriebszustände mit hoher Kraftschlußausschöpfung betrachtet werden, sind die Verzögerungen beim Bremskraftaufbau somit vernachlässigbar. Unter dieser Voraussetzung können beide Ansätze (5.41) und (5.42) zu einem geschlossenen dynamischen Modell der Raddrehung zusammengefaßt werden, welches den Einfluß des Bremsdrucks p auf den Schlupfzustand s eines gebremsten Rades beschreibt:

$$\frac{J}{r_{dyn}} \left(v\dot{s} + \dot{v}s \right) + \mu F_z r_{dyn} f\left(\frac{s}{s_{max}\,\mu} \right) = \frac{J}{r_{dyn}} \dot{v} + k_b\,p. \qquad (5.43)$$

5.4.3.4 Adaption der Modellparameter

Zum Zwecke der Reglerentwicklung sind die Kennlinienfunktion $f(\xi)$ und der Schlupfparameter s_{max} auf die Charakteristik des betrachteten Reifens abzustimmen oder aber in angemessenen Grenzen zu variieren, wenn die Robustheit einer Regelung überprüft werden soll.

Die Rotationsträgheit J, der dynamische Rollradius r_{dyn} und die Bremsenverstärkung k_b können in diesem Zusammenhang als konstant angesehen werden. Für die Radlast F_z und die Reifen-Fahrbahn-Reibung μ müssen hingegen geeignete Störgrößenmodelle bzw. -vorgaben entwickelt werden (vgl. Abschn. 3.5), die es gestatten, die Funktion und die Güte verschiedener Regelstrategien zu untersuchen und zu beurteilen.

6 Modellgestützte Systemanalyse und Konzeptentwicklung

Die diskutierten Ansätze zur Beschreibung der Dynamik des Fahrzeugs und seiner wesentlichen Subsysteme gestatten es, dynamische Problemstellungen der Fahrzeugtechnik in einheitlicher und konsistenter Weise aufzubereiten und systematisch zu analysieren. Dies soll im folgenden anhand ausgewählter praktischer Beispiele aus der Längs-, Quer- und Vertikaldynamik gezeigt werden. Die Ausarbeitung konzentiert sich dabei vor allem auf die Gesamtsystemeigenschaften selbst, das Auffinden einer in diesem Sinne angemessenen Modelltiefe sowie auf Analysekonzepte, die die konkreten Wirkungsbeiträge einzelner Systemkomponenten transparent und nachvollziehbar machen.

6.1 Komfortbewertung – Interpretation von Beschleunigungsspektren

Untersuchungen des Schwingungskomforts in Fahrzeugen werden üblicherweise bei konstanter Fahrgeschwindigkeit ($v = 60 \cdots 100 km/h$) durchgeführt. Sofern die Fahrbahnqualität auf den betreffenden Teststrecken nicht allzu sehr schwankt, stellt sich im Fahrzeug nach kurzer Zeit ein stationärer Schwingungszustand ein, der sowohl durch die subjektive Beurteilung von Versuchsfahrern als auch durch objektive, rechnerische Bewertungsverfahren analysiert werden kann (vgl. Abschn. 3.5.3). Derartige Untersuchungen verfolgen meist das Ziel, unterschiedliche Fahrzeug- und Fahrwerksabstimmungen hinsichtlich Komfort und Konditionssicherheit zu charakterisieren. In beiden Fällen – subjektiv wie objektiv – ergeben sich jedoch grundsätzliche Unsicherheiten, wenn die Versuchsfahrten lediglich mit einer bestimmten, für die Teststrecke bevorzugten Geschwindigkeit durchgeführt werden. Die Problematik ist auf einen Interferenzeffekt zurückzuführen, der durch die zweifache, zeitversetzte Einleitung der Unebenheitsanregung $\bar{\xi}(t)$ entsteht. Die Zusammenhänge werden im folgenden diskutiert.

6.1.1 Zur Einkopplung von Unebenheitsanregungen

Aufbauend auf dem in Abschn. 3.5 entwickelten ebenen Vertikaldynamikmodell werden zunächst die Unebenheitsanregungen an Vorder- und Hinterachse erklärt.

Für konstante Fahrgeschwindigkeiten v gilt:

$$\xi_v(t) = \bar{\xi}(t); \qquad \xi_h(t) = \bar{\xi}(t - t_l); \qquad t_l = \frac{l_l}{v}. \tag{6.1}$$

Die Hinterachsanregung ξ_h erfährt somit einen Zeitversatz t_l, der von v und dem Radstand l_l bestimmt wird.

Die Zeitsignale $\xi_*(t)$ werden mittels Fouriertransformation in den Frequenzbereich überführt. Man erhält die zugehörigen komplexen Amplitudenfunktionen $Z_*(\omega)$:

$$\bar{Z}(\omega) = \int_{-\infty}^{\infty} \bar{\xi}(t)\, e^{-j\omega t}\, dt; \qquad Z_{v/h}(\omega) = \int_{-\infty}^{\infty} \xi_{v/h}(t)\, e^{-j\omega t}\, dt. \tag{6.2}$$

Aufgrund der Totzeit t_l stellt sich an der Hinterachse eine Verdrehung des komplexen Anregungsvektors ein, die mit dem Kreisfrequenzparameter ω anwächst:

$$Z_v(\omega) = \bar{Z}(\omega); \qquad Z_h(\omega) = \bar{Z}(\omega)\, e^{-j\omega t_l}. \tag{6.3}$$

Um die Auswirkungen dieser Anregungskonfiguration untersuchen zu können, muß das Schwingungsverhalten des Fahrzeugs genauer betrachtet werden. Zur Vereinfachung wird angenommen, daß die Unebenheitsanregungen nicht allzu stark sind bzw. eine entsprechend niedrige Fahrgeschwindigkeit gewählt wurde. In diesem Fall ist es ausreichend, ein lineares Kraftgesetz für die Reifeneinfederung in der Umgebung des Betriebspunkts zu verwenden. Die komplexen Vertikal- und Nickschwingungen

$$Z(\omega) = \int_{-\infty}^{\infty} z(t)\, e^{-j\omega t}\, dt; \qquad \Phi(\omega) = \int_{-\infty}^{\infty} \phi(t)\, e^{-j\omega t}\, dt, \tag{6.4}$$

des Fahrzeugs infolge der Unebenheiten $Z_v(\omega)$, $Z_h(\omega)$ können damit durch die Frequenzgänge $F_{.,.}(\omega)$ für gleich- und gegensinnige Anregungen $Z_a(\omega)$, $Z_d(\omega)$ dargestellt werden:

$$\begin{aligned}
Z(\omega) &= F_{z,a}(\omega)\, Z_a(\omega) + F_{z,d}(\omega)\, Z_d(\omega); \\
\Phi(\omega) &= F_{\phi,a}(\omega)\, Z_a(\omega) + F_{\phi,d}(\omega)\, Z_d(\omega),
\end{aligned} \tag{6.5}$$

wobei gilt:

$$Z_a(\omega) = \frac{Z_h(\omega) + Z_v(\omega)}{2}; \qquad Z_d(\omega) = \frac{Z_h(\omega) - Z_v(\omega)}{2}. \tag{6.6}$$

6.1.2 Vertikal- und Nickschwingungen

Reduziert man die allgemeine Systembeschreibung (vgl. Abschn. 3.5.4) auf ein lineares, symmetrisches Fahrzeugmodell, so ergeben sich folgende Frequenzgänge für die Vertikalschwingungen:

$$F_{z,a}(\omega) = \frac{2c_z(kj\omega + c)}{(-M\omega^2 + 2kj\omega + 2c)(-m\omega^2 + kj\omega + c + c_z) - 2(kj\omega + c)^2}; \tag{6.7}$$

$$F_{z,d}(\omega) = 0$$

und für die Nickschwingungen des Fahrzeugs:

$$F_{\phi,a}(\omega) = 0;$$

$$F_{\phi,d}(\omega) = \frac{2c_z(kj\omega+c)l_l}{(-2J_\phi\omega^2+l_l^2(kj\omega+c))(-m\omega^2+kj\omega+c+c_z)-l_l^2(kj\omega+c)^2}. \tag{6.8}$$

Die im obigen Beispiel auftretende Entkopplung von Vertikal- und Nickschwingungen wird aufgehoben, wenn parametrische oder geometrische Unsymmetrien vorliegen. In gleicher Weise wirken nichtlineare Feder- und Dämpfergesetze für die Radaufhängungskräfte (vgl. Abschn. 3.5). Zur Berücksichtigung dieser Effekte müßten die Frequenzgänge (6.7,6.8) durch eine geeignet formulierte Amplitudenabhängigkeit im Sinne der „harmonischen Balance" bzw. der „statistischen Linearisierung" erweitert werden. Beide Asymmetriefaktoren haben jedoch keinen Einfluß auf die Art der Anregungseinleitung (6.5,6.6), wenn die Reifeneinfederung – wie angenommen – als weitgehend linear betrachtet werden kann. Die lineare Modellierung des Fahrzeugs ist in diesem Fall somit nicht mit einer Beschränkung der Allgemeinheit der Ergebnisse verbunden.

6.1.3   Interferenzeffekte

Der Frequenzinhalt der ursprünglichen Unebenheitsanregung $\bar{Z}(\omega)$ wird für den Vertikal- und Nickfreiheitsgrad entscheidend verändert. Durch additive bzw. subtraktive Überlagerung der Vorder- und Hinterachsanregungen entstehen modifizierte Störgrößen $Z_a(\omega)$, $Z_d(\omega)$ der Form:

$$Z_a(\omega) = G_a(\omega)\,\bar{Z}(\omega); \qquad Z_d(\omega) = G_d(\omega)\,\bar{Z}(\omega);$$

$$G_a(\omega) = \frac{1+e^{-j\omega t_l}}{2}; \qquad G_d(\omega) = \frac{1-e^{-j\omega t_l}}{2}. \tag{6.9}$$

Die Frequenzgänge $G_a(\omega)$ bzw. $G_d(\omega)$ können als Interferenzfilter interpretiert werden. Sie bewirken eine frequenzabhängige Verstärkung bzw. Abschwächung der Anregungsintensität, wie in Abb. 6.1 dargestellt:

$$|G_a(\omega)| = \sqrt{\frac{1+\cos(\omega\,l_l/v)}{2}}; \qquad |G_d(\omega)| = \sqrt{\frac{1-\cos(\omega\,l_l/v)}{2}}. \tag{6.10}$$

Für das diskutierte Fahrzeugmodell (6.7,6.8) führt die Anregungsinterferenz zur vollständigen Auslöschung der Vertikalanregung bei ca. $5Hz$ ($v = 100km/h$, $l_l = 2.8m$). Nickschwingungen werden bei sehr kleinen Frequenzen und bei etwa $10Hz$ kaum angeregt, wenn man den für Komfortuntersuchungen üblichen Geschwindigkeitsbereich zwischen 80 und $120km/h$ betrachtet. Beides gilt in abgeschwächter Form auch für das vollständige nichtlineare Schwingungsverhalten realer Fahrzeuge.

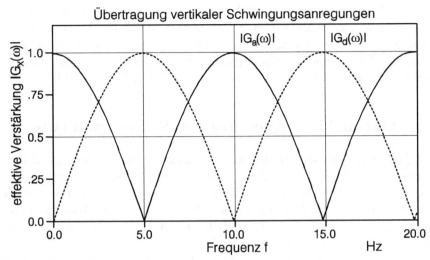

Abb. 6.1: Interferenzfilterwirkung bei der Einleitung von Unebenheitsanregungen ($v = 100km/h$, $l_l = 2.8m$).

Die im Fahrzeug aufgezeichneten Schwingungsmuster sind – unabhängig von den diskutierten Interferenzeffekten – als Maß für den realisierten Schwingungskomfort bzw. die Wirksamkeit der betrachteten Fahrwerksabstimmung anzusehen. Im Gegensatz zu den durch eindimensionale Vertikaldynamikmodelle unterstellten Übertragungseigenschaften (vgl. Abschn. 3.3) bewirken Geschwindigkeitsänderungen – neben Amplifikationen – zusätzlich starke Modifikationen des Frequenzinhalts der effektiven Schwingungsanregung. Beispielsweise können Abstimmungseffekte der Vertikaldynamik, die im Bereich von $5Hz$ ansprechen, normalerweise kaum erkannt werden, da dieses Frequenzband nur schwach angeregt wird.

Ferner wird in diesem Zusammenhang klar, daß die Maxima in den Vertikalkomfortspektren bei ca. $1Hz$ und bei $10Hz$ (vgl. Abb. 6.1) in erster Linie der Filterwirkung (6.10) zuzuschreiben sind. Die Eigenfrequenzen der Aufbau- und Radbewegung befinden sich zwar in den gleichen Frequenzintervallen, das ebenfalls charakteristische Minimum bei etwa $5Hz$ ist jedoch mit den üblichen konstruktiven Dämpfungen kaum in Einklang zu bringen, wohl aber mit der Amplitudeninterferenz im komforttypischen Geschwindigkeitsbereich.

Insgesamt ist somit festzustellen, daß die Art der Einkopplung von Fahrbahnunebenheiten bei Komfortuntersuchungen berücksichtigt werden muß, wenn man die Übertragungseigenschaften des Fahrzeugs vollständig erfassen und beurteilen möchte. Das kann einerseits durch die Wahl hinreichend verschiedener Fahrgeschwindigkeiten erfolgen, andererseits durch nachträgliche numerische Korrekturen der Meßdaten mittels inverser Filtermodelle. Letzteres ist jedoch auf das Feld der objektiven, meßdatengestützten Komfortbewertung beschränkt. Die Anregungsinterferenz bietet gleichzeitig die Möglichkeit, interessierende Frequenzintervalle quasi selektiv zu untersuchen, indem man einfach die zur Aufgabenstellung passende Fahrzeuggeschwindigkeit bestimmt und beim Test einstellt.

6.2   Optimale Verspannung des Fahrzeugaufbaus

Die Höhe der Radaufstandskräfte, der sog. Radlasten, eines Fahrzeugs ist im stationären Zustand ($a_x, a_y = $ konst.) u.a. davon abhängig, wie das angreifende Wankmoment $h_s m a_y$ auf die Vorder- und Hinterachse verteilt wird. Daraus leitet sich – in Verbindung mit der Abstimmung der Stabilisatoren – die Möglichkeit ab, die Steuertendenz des Fahrzeugs konstruktiv festzulegen, wie in Abschn. 3.4.3 gezeigt wurde. Dabei führt die Summe der Stabilisatorsteifigkeiten zu einer Abnahme der Kurvenneigung, während Steifigkeitsunterschiede zwischen Vorder- und Hinterachse eine „innere Verspannung" des Fahrzeugaufbaus bei Kurvenfahrt bewirken. Letzteres führt zu veränderten Radlastverteilungen für die einzelnen Achsen und beeinflußt – aufgrund der Degression der Seitenkraft-Radlast-Beziehung – die Steuertendenz des Fahrzeugs bei höheren Kraftschlußbeanspruchungen.

In diesem Abschnitt wird die Frage nach einer optimalen Fahrwerksabstimmung durch Stabilisatoren umgekehrt: Wie müßten die Stabilisatorkräfte gestaltet werden, damit sich in jeder Fahrsituation ein vorgegebenes Wankverhalten (z.B. keine Kurvenneigung) und eine gewünschte Eigenlenkcharakteristik (z.B. Neutralverhalten) einstellt? Die daraus resultierenden Gesetzmäßigkeiten könnten in eine Steuerstrategie für ein aktives Fahrwerkskonzept auf der Basis von Stabilisatoreingriffen umgesetzt werden (vgl. z.B. [110]), welches bei deutlich reduziertem Bauaufwand gegenüber „konventionellen" aktiven Fahrwerken [1, 62, 77, 85] die sicherheitsspezifischen Teilziele – kein Wanken, Invarianz der Steuertendenz gegenüber Fahrzustandsänderungen – gleichwohl erfüllt. Komfortverbesserungen sind auf der Basis aktiver Stabilisatoren allerdings nur bedingt zu erzielen, etwa durch die Elimination der Wankbewegung oder durch die Abschaltung der Stabilisatorkopplung der Räder bei Geradeausfahrt.

6.2.1   Kurvenneigung und Eigenlenkverhalten

Die Steuertendenz eines Fahrzeugs und die Querneigung bei Kurvenfahrt sind als wesentliche Faktoren für die Stabilität des Gesamtsystems Fahrer-Fahrzeug-Umgebung anzusehen. Da das Handlungsvermögen von Normalfahrern in kritischen Situationen sehr begrenzt ist, kommen aus Sicherheitsgründen nur (neutrale und) untersteuernde Abstimmungen in Frage, die der Hinterachse höhere Stabilitätsreserven zugestehen. Anderenfalls – bei übersteuerndem Fahrzeugverhalten – müßte der Fahrer Steuereingriffe generieren, die nicht mit seinem gewohnten Erfahrungshorizont vereinbar sind. Bei untersteuernden Fahrzeugen können die geübten Handlungsmuster hingegen auch im Grenzbereich angewandt werden. Aufgrund des nichtlinearen Reifenverhaltens (vgl. Abschn. 4.3) stellen sich allerdings andere, ungewohnte Fahrzeugreaktionen ein. Insofern ist jede zusätzliche Beeinträchtigung des Fahrers, wie z.B. heftige Wankbewegungen des Fahrzeugaufbaus, als sicherheitsmindernd anzusehen.

Durch die Auswahl geeigneter Stabilisatoren kann die Kurvenneigung und die Steuertendenz des Fahrzeugs konstruktiv festgelegt werden (vgl. Abschn. 3.4). Die daraus resultierenden starren Fahrwerksabstimmungen sind i.a. suboptimal, da sie weder dem aktuellen Fahrzustand (Antreiben, Bremsen) Rechnung tragen, noch die Kurvenneigung in ausreichendem Maße unterbinden. Letzteres ergibt sich aus Komfortanforderungen, die nur Stabilisatoren begrenzter Stärke zulassen. Der große Einfluß von Antriebs- und Bremskräften auf die Steuertendenz zwingt ferner dazu, die Stabilisatorauslegung auf extreme, besonders kritische Betriebszustände auszurichten (konservative Fahrzeugabstimmung). – Dies hat zur Folge, daß Teile des Seitenführungspotentials der Reifen in anderen Fahrsituationen nicht ausgeschöpft werden.

Beide Problemfelder lassen sich auflösen – ohne Beeinträchtigung der Fahrzeuggrundabstimmung –, wenn man aktive Stabilisatoreingriffe an der Vorder- und Hinterachse vorsieht.

6.2.2   Aktive Stabilisator-Steuerung

Stabilisatoren sind gewöhnlich als aufbaufeste Drehfederstäbe ausgeführt, die über stabförmige Lenker mit den Radaufhängungen verbunden sind. Gegensinnige Einfederbewegungen führen zur Verwindung der Torsionsfeder und damit zu entsprechenden Reaktionskräften in Richtung Radführung. Gleichsinniges Einfedern erzeugt hingegen keine Gegenkräfte, da die Stabilisatoren aufbauseitig in Drehlagern geführt werden. Durch die konstruktive Gestaltung ist somit a priori sichergestellt, daß Stabilisatoren nur auf Unterschiede in den Radfederwegen ansprechen.

Ein aktiver Stabilisatoreingriff, der mit diesem Wirkungsprinzip kompatibel sein soll, muß folglich innerhalb des Bauteils Stabilisator – oder einer äquivalenten Anordnung – realisiert werden. Dabei dürfte ein Lagegrößeneingriff, d.h. die Aufprägung eines Differenzdrehwinkels $\Delta\phi$ zwischen den Hälften des in diesem Falle geteilten Drehstabes, im Hinblick auf die Fahrsicherheit die günstigere

Lösung sein. Bei Systemausfall würde der Stabilisator seine ursprüngliche Funktion als passives Element weiterhin erfüllen. Im Falle eines Krafteingriffs sind derartige fail-safe-Funktionen wesentlich schwieriger zu realisieren. Ferner ist abzusehen, daß ein Stellelement für Differenzwinkel auf der Basis konventioneller Konstruktionselemente einfach und kostengünstig dargestellt werden kann, etwa mittels Elektroantrieb und mechanischer Untersetzung.

Die Aufprägung eines Differenzdrehwinkels $\Delta\phi$ im Stabilisator führt zu einer $\Delta\phi$-proportionalen Verdrehung $\Delta\kappa = k_s\Delta\phi$ der Stabilisatorenden bezüglich der Fahrzeuglängsachse. Diese Wirkgröße faßt die geometrischen Parameter der Radaufhängung und des Stabilisators zusammen und erscheint für die folgenden, grundlegenderen Betrachtungen eher geeignet.

In Anlehnung an die Überlegungen aus Abschn. 3.4 erhält man – unter Berücksichtigung der Radeinfederungen – für die stationäre Kurvenneigung κ^{stat} eines Fahrzeugs:

$$\kappa^{stat} = \left(\frac{h_s - h_w}{c_w + c_s} + \frac{h_s}{c_z\, l_s^2/2}\right) m\, a_y. \tag{6.11}$$

Dabei sind c_w, c_s und c_z die summarischen Steifigkeiten der Radaufhängung, der Stabilisatoren und der Reifen für Vorder- und Hinterachse:

$$c_w = c_{w,v} + c_{w,h}; \qquad c_s = c_{s,v} + c_{s,h}; \qquad c_z = c_{z,v} + c_{z,h}. \tag{6.12}$$

Soll die Kurvenneigung vollständig unterdrückt werden, müssen die Stabilisatoren um einen entsprechenden Winkelbetrag $\Delta\kappa$ verwunden werden:

$$\Delta\kappa(a_y) = \frac{c_s + c_w}{c_s}\, \kappa^{stat} = \left(\frac{h_s - h_w}{c_s} + \frac{(c_s + c_w)\, h_s}{c_s\, c_z\, l_s^2/2}\right) m\, a_y. \tag{6.13}$$

Die Stabilisatoren tragen damit das innere Wankmoment $(h_s - h_w)m a_y$ vollständig. Zudem gleichen sie die von der Reifeneinfederung herrührenden Neigungsbeiträge aus, indem sie den Aufbau gegenüber der Achsquerlinie anstellen. Um die Kurvenneigung zu unterdrücken, ist lediglich die Kenntnis der Fahrzeugquerbeschleunigung a_y erforderlich. Da der Wankfreiheitsgrad mit relativ niedrigen Eigenfrequenzen von $1-2 Hz$ und hoher Dämpfung auf Queranregungen reagiert, sollte der Leistungsbedarf für die Stabilisator-Stellelemente in vertretbaren Grenzen bleiben.

Neben der Wankunterdrückung bieten aktive Stabilisatoren die Möglichkeit, das Eigenlenkverhalten eines Fahrzeugs permanent an die Fahrsituation anzupassen. Um diesen Effekt beurteilen und nutzen zu können, ist es jedoch erforderlich, die Kraftübertragung an den Achsen bzw. Rädern im folgenden genauer zu betrachten.

6.2.3   Neutralabstimmung für Antrieb und Bremsen

Wie in Abschn. 3.4 dargelegt, setzt die Abstimmung des Eigenlenkverhaltens voraus, daß sowohl eine Reihe von Fahrzeugparametern (Geometrie, Massenverteilung) als auch die Reifeneigenschaften (Seitenkraftkennlinien, Radlastwirkung) bekannt sind. Um die folgende Diskussion dennoch übersichtlich zu gestalten, werden die wesentlichen Zusammenhänge exemplarisch anhand konkreter Fahrzeug- und Reifendaten erläutert.

Das betrachtete Modellfahrzeug möge eine zum Schwerpunkt symmetrische Achslastverteilung aufweisen ($l_v = l_h = l_l/2$). Die Spurweite l_s beträgt $l_s = l_l/2$, wobei l_l den Radstand bezeichnet. Für die Schwerpunkthöhe h_s und die Position des Wankpols h_w wird angenommen: $h_s = l_s/2$, $h_w = h_s/3$ (vgl. Abb. 3.18). Ferner wird vereinbart, daß die Stabilisatoren an der Vorder- und Hinterachse zusammen die *konstante* Wanksteifigkeit $c_s = \bar{\gamma} c_w$ aufweisen.

Betrachtet man zunächst rein passive Stabilisatoren, so läßt sich die Wankmomentenaufteilung zwischen Vorder- und Hinterachse durch einen Parameter ξ, sozusagen die bezogene Vorderachsstabilisierung, beschreiben:

$$\xi = \frac{c_{s,v}}{c_s} = 1 - \frac{c_{s,h}}{c_s}; \qquad c_s = \bar{\gamma}\, c_w. \tag{6.14}$$

Für $\xi = 0$ erhält man einen reinen Hinterachs-Stabilisator, für $\xi = 1$ greift die Stabilisierung nur an der Vorderachse ein. Der Wertebereich außerhalb von $0 \leq \xi \leq 1$ kann nur durch aktive Elemente erschlossen werden.

Unter den getroffenen Vorraussetzungen erhält man für die bezogene Spreizung der Radlasten an Vorder- und Hinterachse analog zu Abschn. 3.4.3:

$$\begin{aligned}
\Delta f_v(\xi) &= \frac{F_{v,r} - F_{v,l}}{m a_y} = \frac{3 + \bar{\gamma} + 4\xi\bar{\gamma}}{6(1 + \bar{\gamma})}; \\
\Delta f_h(\xi) &= \frac{F_{h,r} - F_{h,l}}{m a_y} = \frac{3 + 5\bar{\gamma} - 4\xi\bar{\gamma}}{6(1 + \bar{\gamma})}.
\end{aligned} \tag{6.15}$$

Verwendet man die statischen Radlasten $F_z^{stat} = mg/4$ als Bezugsgrößen F_z^B für die Seitenkraft-Radlast-Kennlinien, so ergibt sich für das bezogene Seitenführungspotential an den Achsen $p_v(\xi)$ bzw. $p_h(\xi)$:

$$p_{v/h}(\xi) = 2 q_{v/h}[1 - \varepsilon_{z,v/h}(q_{v/h}^2 + 6 a_y^2 \Delta f_{v/h}^2(\xi))]; \qquad q_{v/h} = 1 \mp \frac{a_x}{2\bar{g}}. \tag{6.16}$$

Dabei beschreibt ε_z die Degression des Seitenführungspotentials bei steigender Radlast (vgl. Abschn. 4.2.2), $\bar{g}$ ist die Gravitationskonstante. Die maximalen Gesamtseitenkräfte der Achsen $F_{y,v/h}$ sind somit gegeben durch:

$$F_{y,v/h} = \sqrt{-(F_{x,v/h})^2 + [\mu_{max} F_z^B p_{v/h}(\xi)]^2}\; g\!\left(\frac{\alpha_{v/h}}{\alpha_{max}\mu_{max}}\right). \tag{6.17}$$

Die Verteilung der Längskräfte soll durch den Parameter η beschrieben werden:

$$F_{x,v} = \eta\, m\, a_x; \qquad F_{x,h} = (1-\eta)\, m\, a_x. \tag{6.18}$$

Beispielsweise ist für ein Fahrzeug mit Heckantrieb im Falle des Antreibens bzw. Beschleunigens $\eta = 0$ einzusetzen; im Betriebszustand „Bremsen" gilt hingegen $\eta = 0.6 \cdots 0.8$. Letzteres leitet sich aus der Fahrzeuggeometrie ab, wenn man entsprechende Forderungen an die Fahrstabilität beim Verzögern stellt (vgl. Abschn. 3.2.4).

Aus der (geometrisch bedingten) Seitenkraftverteilung des Fahrzeugs können nun die Querbeschleunigungen $a_{y,v/h}$ an der Vorder- und Hinterachse bestimmt werden:

$$a_{y,v} = g_v\sqrt{\bar{g}^2\mu_{max}^2 q_v^2(a_x)[1-\varepsilon_{z,v}(q_v^2(a_x)+6a_{y,v}^2\Delta f_v^2(\xi))]^2 - 4\eta^2 a_x^2};$$

$$g_v = g\left(\frac{\alpha_v}{\alpha_{max}\mu_{max}}\right), \tag{6.19}$$

$$a_{y,h} = g_h\sqrt{\bar{g}^2\mu_{max}^2 q_h^2(a_x)[1-\varepsilon_{z,h}(q_h^2(a_x)+6a_{y,h}^2\Delta f_h^2(\xi))]^2 - 4\eta_h^2 a_x^2};$$

$$\eta_h = 1-\eta; \qquad g_h = g\left(\frac{\alpha_h}{\alpha_{max}\mu_{max}}\right). \tag{6.20}$$

Die Steuertendenz im Grenzbereich ergibt sich aus den maximalen Querbeschleunigungen, die die Achsen zu übertragen imstande sind. Sofern es – wie beabsichtigt – gelingt, das Eigenlenkverhalten des Fahrzeugs unabhängig vom Fahrzustand einzustellen, kann das Kraftschlußpotential beider Achsen vollständig genutzt bzw. ausgeschöpft werden. In diesem Falle sind die Grenzbeschleunigungen vorn und hinten identisch,

$$a_{y,v} \equiv a_{y,h} \equiv a_y^{max}, \tag{6.21}$$

der Eigenlenkgradient strebt bei Annäherung an die Kraftschlußgrenzen gegen Null, das Fahrzeug verhält sich gegenüber Lenkeingriffen neutral.

Da die Seitenführungskräfte der Reifen im Grenzbereich ihr Maximum bzw. einen Sättigungswert erreichen (vgl. Abschn. 4.3), ist die Kenntnis der Reifenkennlinie $g(\cdots)$ in diesem Zusammenhang nicht erforderlich. Es genügt vielmehr die Annahme einer vollständigen Kraftschlußausschöpfung, womit $g(\cdots) = 1$ wird. Dies führt unter Verwendung der Beziehungen (6.19,6.20) und (6.21) auf eine implizite Vorschrift für die Steuerung der „Stabilisatorposition" $\xi = \xi(a_x; \mu_{max})$.

In den Abbn. 6.2 und 6.3 sind die Ergebnisse für das oben diskutierte Modellfahrzeug dargestellt. Dabei wurde die Reifen-Fahrbahn-Reibung mit $\mu_{max} = 1$ und die Radlast-Seitenkraft-Degression mit $\varepsilon_z = 1/12$ angenommen. Das Auslegungsbeispiel zeigt, daß ein aktiver Stabilisatoreingriff zur dynamischen Abstimmung der

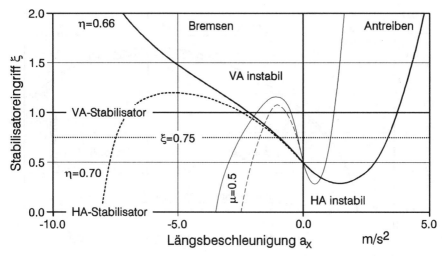

Abb. 6.2: „Optimale Stabilisatorposition" ξ für neutrales Lenkverhalten im Grenzbereich (Fahrzeug mit Heckantrieb).

Steuertendenz eines Fahrzeugs prinzipiell geeignet ist. Wenn die Wankmomentenaufteilung im Sinne von $\xi(a_x; \mu_{max})$ geregelt wird, verhält sich das Fahrzeug auch bei stärkeren Beschleunigungen oder Verzögerungen weitgegend neutral.

Nahe der Grenzen der Längskraftübertragung kommen allerdings die physikalischen Grenzen des Stabilisatoreingriffs zum tragen. – Durch die einseitige Bindung zwischen Rad und Straße in Vertikalrichtung sind Radlastverlagerungen nur möglich, solange die Aufstandskräfte nicht verschwinden. Diese Randbedingung beschränkt den aktiven Stabilisatoreingriff auf ein Intervall von $-1 < \xi < 2$. Daher wird das Modellfahrzeug bei extremen Beschleunigungs- und Bremsmanövern auf hohem Reibwert übersteuernd reagieren, sofern die Bremskraftverteilung auf $\eta < 0.66$ eingestellt wurde.

Ein konventionelles Fahrzeug mit konstruktiv starrer Wankmomentenaufteilung würde mit $\xi \approx 0.75$ abgestimmt, um ein vorwiegend untersteuerndes Verhalten im Umfeld normaler Fahrsituationen zu erreichen. Dadurch wird das Querkraftpotential der Hinterachse bzw. – im Falle großer Längskraftbeanspruchungen – das der Vorderachse nicht ausgeschöpft. Dies bedingt, verglichen mit der optimalen Abstimmung durch aktiven Stabilisatoreingriff, erhebliche Einbußen hinsichtlich der erreichbaren Fahrzeugquerbeschleunigungen, wie Abb. 6.3 zeigt. Die Stabilisatorsteuerung trägt somit zur Vergrößerung des fahrdynamischen Operationsraums bei, indem sie höhere Kurvengeschwindigkeiten zuläßt und folglich den Handlungsspielraum des Fahrers in kritischen Situationen erweitert.

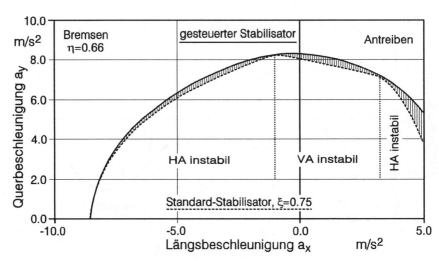

Abb. 6.3: Kurvengrenzbeschleunigung a_y^{max} bei permanenter Neutralabstimmung durch aktiven Stabilisatoreingriff (Fahrzeug mit Heckantrieb).

Im Sinne der Sicherheit des Gesamtsystems Fahrer-Fahrzeug-Umgebung erscheint die mit dem Stabilisatoreingriff verbundene Option, die Sensitivität des Fahrzeugverhaltens gegenüber Längsbeschleunigungs- und Reibwertänderungen reduzieren zu können, weit wichtiger. Wie am Beispiel der Neutralabstimmung gezeigt wurde, können die Fahrzeugreaktionen in einem relativ großen Betriebsbereich invariant und somit für den Fahrer vorhersehbar gestaltet werden.

In Verbindung mit der gleichfalls durch Stabilisatoreingriffe möglichen Reduktion der Wankbewegungen, wodurch ein Fahrzeugfreiheitsgrad im Prinzip vollständig eliminiert werden kann, eröffnet sich ein breites Spektrum zur Erhöhung der Fahrsicherheit. Dieses kann sowohl zur Vergrößerung des fahrdynamischen Operationsraums als auch zur handlungsunterstützenden Indikation von Gefahrensituationen im Grenzbereich umgesetzt werden.

Ergänzend ist festzustellen, daß eine stets optimale Anpassung der Steuertendenz des Fahrzeugs gewisse Informationen über die aktuellen Kraftschlußbedingungen voraussetzt, wie Abb. 6.2 zeigt. Die resultierende „Stabilisatorposition" $\xi(a_x; \mu_{max})$ korrespondiert direkt mit einer fahrzeug- und reifenspezifischen Wankmomentenaufteilung zwischen Vorder- und Hinterachse. Damit können schließlich, unter Berücksichtigung der Achsgeometrie und der konstruktiven Stabilisatorsteifigkeiten, die notwendigen additiven Verdrehwinkel $\Delta\kappa_{VA}^+$, $\Delta\kappa_{HA}^+$ für die Stabilisatoren an der Vorder- und Hinterachse eindeutig bestimmt werden (vgl. Abschn. 6.2.2).

6.3   Modellgestützte Schwimmwinkelschätzung

In Zuge der Verbesserung der aktiven Fahrsicherheit wurden in den letzten Jahren verschiedene neue Systeme zur Überwachung und Regelung des Fahrzustands entwickelt bzw. vorgeschlagen. Neben den bereits etablierten Brems- und Antriebskraftregelungen [21, 37, 78] sind in diesem Zusammenhang z.B. die am Markt befindlichen autonomen Hinterachslenkungen [157, 158] sowie allgemeinere Konzepte zur Regelung der Gesamtfahrzeugdynamik zu nennen [38, 43, 59, 72, 80, 103]. Derartige Fahrsicherheitssysteme sind darauf ausgerichtet, das Fahrzeugverhalten in kritischen Situationen besser auf die Handlungsmöglichkeiten und -grenzen des Fahrers abzustimmen (vgl. Abschn. 3.3.5). Dazu werden an geeigneter Stelle unterlagerte, für den Fahrer i.a. nicht direkt spürbare Stelleingriffe vorgenommen, etwa durch aktive Lenkeingriffe an den Hinterrädern, die die Fahrstabilität unmittelbar erhöhen und die Fahrzeugführung insgesamt erleichtern.

Um dieser Aufgabe gerecht zu werden, müssen Fahrdynamikregelungen über eine leistungsfähige und robuste Sensorik zur Erfassung des Fahrzustands verfügen. – Die beiden entscheidenden Zustandsgrößen des Systems, die Giergeschwindigkeit $\dot{\psi}$ und der Schwimmwinkel β bzw. die Fahrzeugquergeschwindigkeit v_q (vgl. Abschn. 3.3), sind in praxi jedoch nur unter größerem technischen Aufwand meßbar. Man ist i.d.R. gezwungen, auf direkte Zustandsindikatoren zu verzichten. Die Regelstrategien werden stattdessen vielfach mittels einfacher, kostengünstiger Sensoren und einer Reihe heuristischer Grundüberlegungen aufgebaut. Das führt in Verbindung mit der Forderung, einen sicheren Fahrbetrieb in praktisch jeder Fahrsituation zu gewährleisten, zu stark vernetzten und nur bedingt überschaubaren Entscheidungs- und Regelwerken, die nur mit großem Aufwand auf Fehler überprüft oder an neue Fahrzeugvarianten angepaßt werden können.

6.3.1   Zur Erfassung des Querdynamik-Zustandes

Durch eine direkte Sensierung der Gier- und der Quergeschwindigkeit eines Fahrzeugs können die sonst üblichen Komplexitäts- und Adaptionsprobleme konventioneller Fahrdynamikregelungen vermieden werden. In Bezug auf die Giergeschwindigkeit deutet sich bereits eine Lösung in Form eines eleganten mechatronischen Sensorprinzips an [113]. Dabei werden die durch Kreiseleffekte induzierten Koppelschwingungen eines oszillierenden Kontinuums ausgewertet. Dieses Sensorkonzept dürfte den derzeit gültigen Kostenkriterien mittelfristig genügen. Entsprechende Lösungen für die Quergeschwindigkeitsmessung befinden sich hingegen noch in der Forschungsphase. Daher erscheint es gerechtfertigt und erforderlich, alternative Konzepte zur Erfassung des Querdynamikzustands zu untersuchen.

Sofern die Funktionen Fahrzustandserfassung und Fahrzustandsregelung klar gegeneinander abzugrenzen sind und der Prozeß der Sensierung nicht wesentlich durch die nachgeschaltete Regelung beeinflußt wird, steht dem Einsatz eines indirekten, modellgestützten Meßverfahrens prinzipiell nichts entgegen. Wie im folgenden gezeigt wird, können derartige „intelligente" Sensorsysteme auf der Basis systematischer Modellbetrachtungen entwickelt und in einer Weise konfiguriert werden, die die Notwendigkeit aufwendiger, direkter Querdynamiksensoren zumindest in Frage stellt.

6.3.2 Indirekte Gier- und Quergeschwindigkeitsmessung

Auf der Basis eines in geeigneter Weise synthetisierten Fahrzeugmodells können die interessierenden Fahrzustandsgrößen $\dot{\psi}$ und v_q auf einfach und kostengünstig verfügbare Sensorsignale zurückgeführt werden. Die Modellierung orientiert sich dabei an den dominanten fahrdynamischen Effekten, die im betrachteten Frequenzbereich wirksam werden. Um die i.a. unvermeidlichen parametrischen Unsicherheiten verarbeiten zu können, die hauptsächlich aus dem Kraftschlußverhalten der Reifen bzw. der Reifen-Fahrbahn-Reibung hervorgehen, werden die Modelleigenschaften permanent und schnell auf das momentane Fahrzeugverhalten abgestimmt. Dadurch gelingt es, die Modellcharakteristik stets im Einklang mit dem Betriebszustand des Fahrzeugs zu halten. Die auf das Fahrzeugmodell und die aktuellen Meßsignale aufbauende Bestimmung von Quer- und Giergeschwindigkeit *muß* somit physikalisch konsistente und driftfreie Ergebnisse liefern! In Abb. 6.4 ist das Prinzip des Meßverfahrens graphisch dargestellt.

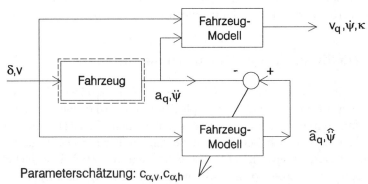

Abb. 6.4: Ein Konzept zur indirekten Messung des Querdynamikzustandes $(v_q, \dot{\psi}, \kappa)$ auf der Basis von Querbeschleunigungen sowie Lenkwinkel- und Längsgeschwindigkeitsdaten.

Das Konzept stützt sich auf vier sensierte Eingangssignale, den Lenkwinkel δ, die

Fahrzeuglängsgeschwindigkeit v sowie zwei unabhängige Querbeschleunigungen $a_{q,1}$, $a_{q,2}$, die in unterschiedlichen Abständen l_1, l_2 zum Fahrzeugschwerpunkt erfaßt werden sollten.

Nimmt man der Einfachheit halber an, daß die a_q-Sensoren auf Schwerpunktshöhe h_s montiert sind, so können die Gier- und die Querbeschleunigung des Fahrzeugs $\ddot{\psi}$, a_q direkt bestimmt werden:

$$\ddot{\psi} = \frac{a_{q,1} - a_{q,2}}{l_1 - l_2}; \qquad a_q = \frac{l_1\,a_{q,2} - l_2\,a_{q,2}}{l_1 - l_2}. \tag{6.22}$$

Anderenfalls ist der momentane Wankzustand in der Berechnung zu berücksichtigen (vgl. Abschn. 3.4).

Sofern hinreichend genaue Informationen über die Fahrzeuggeometrie und die-trägheiten vorliegen, führt der Querdynamikzustand (6.22) unmittelbar auf die Seitenführungskräfte an der Vorder- und Hinterachse (vgl. Abschn. 3.3):

$$F_{q,v} = \frac{l_h\,m\,a_q + J_\psi\,\ddot{\psi}}{l_l\,\cos\delta}; \qquad F_{q,h} = \frac{l_v\,m\,a_q - J_\psi\,\ddot{\psi}}{l_l}; \qquad l_l = l_v + l_h. \tag{6.23}$$

In diesem Zusammenhang können Längskrafteinflüsse an der Vorderachse unter der Annahme kleiner Lenkwinkel δ bzw. moderater Verzögerungen vernachlässigt werden. Die Fahrzeugmasse m und die Gierträgheit J_ψ sowie die Achsabstände l_v, l_h zum Fahrzeugschwerpunkt werden zunächst als konstant betrachtet.

Die Reifendynamik wird aus pragmatischen Gründen stark vereinfacht und durch lineare Modellansätze der Form (4.44) repräsentiert (vgl. Abschn. 4.3.1). In Verbindung mit der Kinematik wankfähiger Einspurmodelle (3.64,3.65) erhält man schließlich zwei zentrale Gleichungen für den Querdynamikzustand des Fahrzeugs (vgl. Abschn. 3.3):

$$l_v\,\dot{\psi} + v_q = -\frac{\dot{F}_{q,v}}{c_{y,v}} - \frac{v\,F_{q,v}}{c_{\alpha,v}} + v\tan\delta - (h_s - h_w)\,\dot{\kappa}, \tag{6.24}$$

$$-l_h\,\dot{\psi} + v_q = -\frac{\dot{F}_{q,h}}{c_{y,h}} - \frac{v\,F_{q,h}}{c_{\alpha,h}} - (h_s - h_w)\,\dot{\kappa}. \tag{6.25}$$

Die mechanischen Seitensteifigkeitsparamater $c_{y,v}$ und $c_{y,h}$ werden wiederum als konstant betrachtet, ebenso die Höhen des Fahrzeugschwerpunkts h_s und des Wankpols h_w. Die Cornering-Stiffness-Daten $c_{\alpha,v}$ und $c_{\alpha,h}$ sind hingegen – wie in Abb. 6.4 angedeutet – als flexible Parameter zur Anpassung des Fahrzustands bzw. zur Berücksichtigung der realen Nichtlinearitäten vorgesehen.

Um das dynamische Ansprechverhalten des Fahrzeugs gegenüber Lenkeingriffen und Queranregungen in angemessener Weise nachbilden zu können, wird ein zusätzliches, reibungsfreies Modell des Wankfreiheitsgrads mitgeführt (vgl. Abschn. 3.4):

$$\ddot{\kappa} = \frac{-k_\kappa \dot{\kappa} - c_\kappa \kappa + m(h_s - h_w)a_q}{J_\kappa}. \tag{6.26}$$

Die Wank-Rotationsträgheit J_κ, die Wankdämpfung k_κ und die zugehörige Drehsteifigkeit c_κ gelten als invariante, fahrzeugspezifische Größen.

Sofern sämtliche Modellparameter bekannt sind, kann (6.26) zur numerischen Integration der Wankbewegung κ verwendet werden. Daraus erhält man u.a. die Wankgeschwindigkeit $\dot{\kappa}$, den Wankwinkel κ und – unter Einbeziehung der Meßdaten sowie entsprechender Zeitableitungen – zwei unabhängige Ausdrücke für v_q und die Giergeschwindigkeit $\dot{\psi}$ (6.24, 6.25), womit sich $\dot{\psi}$ und der Schwimmwinkel β des Fahrzeugs bestimmen lassen:

$$\beta = -\arctan \frac{v_q}{|v|}. \tag{6.27}$$

Die entscheidenden Größen der Fahrzeugquerdynamik können somit prinzipiell aus den vorliegenden Sensorinformationen abgeleitet werden. Wenn es zudem gelingt, die Modelleigenschaften hinreichend genau auf das reale Fahrzeugverhalten abzustimmen, sollten die ermittelten Zustandsgrößen $\beta, \dot{\psi}, \kappa$ den Fahrzustand zuverlässig wiedergeben. Wie dies zu realisieren ist, wird im folgenden Abschnitt erläutert.

6.3.3 Anpassung der Modelldynamik

Um die angestrebte Unabhängigkeit zwischen Fahrzustandsschätzung und Modellanpassung zu erreichen, muß letztere anhand der direkt verfügbaren Sensordaten oder daraus unmittelbar ableitbarer Größen erfolgen. Diese Forderung kann erfüllt werden, wenn man die Adaption anhand differenzierter Formen von (6.24) und (6.25) vornimmt:

$$l_v \ddot{\psi} + a_q - v\dot{\psi} = -\frac{\ddot{F}_{q,v}}{c_{y,v}} - \frac{\dot{v}F_{q,v} + v\dot{F}_{q,v}}{c_{\alpha,v}} + \dot{v}\tan\delta + \frac{v\dot{\delta}}{\cos^2\delta} - (h_s - h_w)\ddot{\kappa}, \tag{6.28}$$

$$-l_h \ddot{\psi} + a_q - v\dot{\psi} = -\frac{\ddot{F}_{q,h}}{c_{y,h}} - \frac{\dot{v}F_{q,h} + v\dot{F}_{q,h}}{c_{\alpha,h}} - (h_s - h_w)\ddot{\kappa}. \tag{6.29}$$

Die Giergeschwindigkeit $\dot{\psi}$ läßt sich durch Elimination von v_q in den Beziehungen (6.23, 6.24) auf bekannte Größen sowie die zu ermittelnden Parameter zurückführen. Daraus erhält man zunächst ein vollständig bestimmtes 2×2-System und – nach dessen Auflösung – schließlich zwei explizite Ausdrücke $c_{\alpha,v}^t$, $c_{\alpha,h}^t$

für die gesuchten Cornering-Stiffness-Parameter $c_{\alpha,v}$, $c_{\alpha,h}$, die den momentanen Fahrzustand am besten wiedergeben.

Äußere Störgrößen, die im Rahmen der Modellbildung nicht betrachtet wurden, sowie die höherfrequenten Anteile der Fahrzeugquerdynamik führen zu permanenten zeitlichen Schwankungen der ermittelten Schätzwerte. In gleicher Weise wirken sich die Diskrepanzen zwischen dem realen, nichtlinearen Kraftschlußverhalten der Reifen und dem verwendeten linearen Seitenkraftmodell (4.44) aus: kleinere Fahrzustandsänderungen um den vorliegenden Betriebspunkt B werden stets auf die Adaptionsparameter $c_{\alpha,v}^t$, $c_{\alpha,h}^t$ projiziert. Abb. 6.5 verdeutlicht den Effekt anhand der stationären Seitenkraft-Schräglauf-Beziehungen von Modell und Fahrzeug.

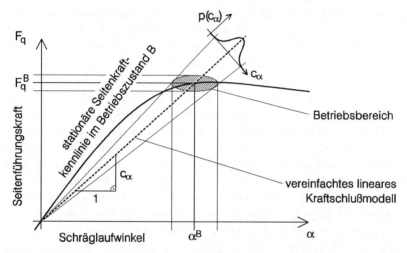

Abb. 6.5: Zur Bestimmung des Cornering-Stiffness-Parameters c_α auf der Basis eines linearen Seitenkraftmodells ($p(c_\alpha)$: Verteilungsdichtefunktion in der Umgebung des Betriebspunkts B).

Sofern sich der Fahrzustand nicht allzu schnell ändert, sollte es gelingen, eine geeignete quasistationäre Parameterkonstellation $\hat{c}_{\alpha,v}$, $\hat{c}_{\alpha,h}$ abzuleiten, welche die Modelleigenschaften in möglichst gute Übereinstimmung mit dem realen Fahrzeugverhalten bringt. Dies läßt sich z.B. durch eine gleitende L_2-Approximation bezüglich der Parameterfehler $\varepsilon^t \equiv c_\alpha^t - \hat{c}_\alpha$ realisieren und führt schließlich auf ein einfaches zeitdiskretes Schema zur sukzessiven Anpassung des Modells:

$$\hat{c}_{\alpha,v} := \frac{\hat{c}_{\alpha,v} + \Delta t\, c_{\alpha,v}^t / T_s}{1 + \Delta t / T_s}; \qquad \hat{c}_{\alpha,h} := \frac{\hat{c}_{\alpha,h} + \Delta t\, c_{\alpha,h}^t / T_s}{1 + \Delta t / T_s}. \qquad (6.30)$$

In jedem Zeitschritt Δt werden die gültigen Meßdaten $c_{\alpha,v}^t$, $c_{\alpha,h}^t$ – wie oben dargestellt – ermittelt und zur Aktualisierung der quasistationären Schätzwerte $\hat{c}_{\alpha,v}$,

$\hat{c}_{\alpha,h}$ verwendet. Die Mittelungsdauer T_s bestimmt das Gewicht der Einzelinformationen und die Dynamik des Adaptionsschemas.

Damit das Querdynamikmodell (6.23-6.26) auch schnelleren Fahrzustandsänderungen effektiv nachgeführt werden kann, sollte T_s möglichst klein gewählt werden. Die Eigenfrequenzen des Fahrzeugaufbaus von etwa $1\cdots2Hz$ legen hier einen konzeptbedingten unteren Grenzwert von $T_s \geq 1s$ nahe. Anderenfalls könnte der jeweils vorliegende Fahrzustand nicht vollständig erfaßt werden. Die Anpassungszeitschrittweite Δt sollte im Interesse der Meßgenauigkeit um zwei bis drei Größenordnungen unterhalb von T_s liegen. Dadurch können die zufälligen Meßfehler auf vertretbare $10\cdots3\%$ der lokalen Schwankungsbreite reduziert werden.

Das beschriebene Schätzverfahren ermöglicht eine permanente Anpassung des Querdynamikmodells (6.23-6.26) an die Fahrzeugeigenschaften im jeweils vorliegenden Betriebszustand. Sofern die Modellkomplexität und die vorgesehenen parametrischen Freiheitsgrade ausreichen, diesem Anspruch mit der erforderlichen Genauigkeit gerecht zu werden, müssen auch die daraus abgeleiteten Geschwindigkeitsgrößen $\dot{\psi}, v_q, \beta$ (vgl. Abschn. 6.3.2) mit dem Fahrverhalten verträglich sein und den Fahrzustand in angemessener Weise beschreiben. Dabei ist es unerheblich, daß die Modellanpassung auf der Basis der differenzierten Formen (6.28,6.29) nur erfolgen kann, wenn sich der Fahrzustand in irgendeiner Weise ändert. – In Phasen konstanter Betriebsbedingungen ist es i.a. ausreichend, die folglich invarianten Fahrzeugeigenschaften mit einem gleichfalls unveränderlichen Modellsystem nachzubilden. Das setzt jedoch voraus, daß das Anpassungsschema im aktivierten Zustand, d.h. bei Änderung des Fahrzustands, eine möglichst vollständige Übereinstimmung zwischen Fahrzeug- und Modellverhalten herbeiführen kann. Diese Problematik, sowie der Einfluß von Fahrzeugnichtlinearitäten auf das Fehlerverhalten des Verfahrens, wird im nächsten Abschnitt anhand systematischer Untersuchungen der Modellgüte, der Parameterschätzung und des Gesamtkonzepts diskutiert.

6.3.4   Analyse und Bewertung des Verfahrens

Die Genauigkeit modellgestützter Meßverfahren ist eng verknüpft mit der Güte und der Relevanz der verwendeten Modellansätze. Sind die Teilmodelle zu grob, so läßt sich keine ausreichende Übereinstimmung mit dem Verhalten des realen Systems herstellen. Werden hingegen Effekte berücksichtigt, die lediglich einen untergeordneten Beitrag zu den interessierenden Systemgrößen liefern, so besteht – neben Effizienzeinbußen – die Gefahr, daß die damit verbundenen, latenten Freiheitsgrade zu eigenständigen, meist schwer nachvollziehbaren Fehlermechanismen führen.

In diesem Zusammenhang erweisen sich leistungsfähige, detaillierte Simulationssysteme [122] als äußerst hilfreich, denn sie gestatten es, die getroffenen Modellannahmen systematisch zu überprüfen. – Da praktisch alle Zustands- und Kraftgrößen verfügbar sind, kann die Bedeutung und Güte der Teilmodelle für verschiedene Fahrzustände direkt erfaßt und bewertet werden. Zudem besteht die Möglichkeit, die praktischen Auswirkungen äußerer Störgrößen (z.B. Fahrbahnunebenheiten) sowie den Einfluß veränderter Fahrzeugparameter (z.B. Beladung, Reifenluftdruck, etc.) auf die Qualität der Teilmodelle, aber auch im Hinblick auf die Genauigkeit des gesamten Schätzverfahrens, explizit zu bestimmen.

Das formulierte Querdynamikmodell (6.23-6.26) wurde auf diese Weise untersucht und verifiziert. Dabei zeigt sich erwartungsgemäß, daß die mechanischen Bilanzgleichungen (6.23) stets in guter Übereinstimmung mit dem „realen" Fahrzeugverhalten stehen. Dies gilt auch für die Verwendung aufbaufester Querbeschleunigungssignale, die durch die Wankbewegungen leicht gestört werden. Anhand der zentralen Einspurmodellgleichungen (6.24,6.25) wird deutlich, daß sowohl die Dynamik des Seitenkraftaufbaus als auch der Wankfreiheitsgrad berücksichtigt werden müssen, wenn das Modell verschiedenen praxisrelevanten Betriebsbedingungen gerecht werden soll. Die Wankbewegungen des Fahrzeugs beeinflussen sowohl das Ansprechverhalten des Systems bei schnelleren Lenkeingriffen als auch die Übertragungseigenschaften bei niederfrequenten Anregungen. Sie werden durch das vorgeschlagene lineare Wankmodell (6.26) auf allen interessierenden Ableitungsstufen adäquat nachgebildet. Die Seitenkraftdynamik wirkt sich in erster Linie bei niedrigen Geschwindigkeiten aus, indem sie die Fahrzeugreaktionen verzögert.

Insgesamt kann das Modell in sehr unterschiedlichen Betriebsbereichen auf das Fahrzeugverhalten abgestimmt werden. Schließt man die unmittelbare Umgebung der Kraftschlußgrenzen aus, so können die notwendigen Modelladaptionen offensichtlich weitgehend auf die freigegebenen Cornering-Stiffness-Parameter $c_{\alpha,v}$, $c_{\alpha,h}$ abgebildet werden. Dies gilt sowohl für Änderungen des eigentlichen Fahrzustands (Kurvenfahrt, Bremsen, Beschleunigen) als auch für Modifikationen der ursprünglichen Fahrzeugparameter, beispielsweise der Beladung, sofern diese in realistischen Grenzen vorgenommen werden. Das Ergebnis unterstreicht somit die zentrale Bedeutung der gewählten Adaptionsparameter und läßt erwarten, daß die Modellanpassung nach Abschn. 6.3.3 mit Erfolg durchgeführt werden kann.

Abb. 6.6 verdeutlicht die Eigenschaften des Gesamtkonzepts am Beispiel der Schwimmwinkelmessung. Der Auswertung liegt eine Fahrt mit konstanter Geschwindigkeit zugrunde. Innerhalb der ersten zehn Sekunden wird ein Lenkwinkelsweep zwischen 1 und $2\,Hz$ aufgeprägt, anschließend das Lenkrad in Mittelstellung festgehalten. Darauf folgt bei $t = 11\,s$ eine Phase gleichmäßigen Einlenkens, die das Fahrzeug schließlich an die Kraftschlußgrenzen heranführt.

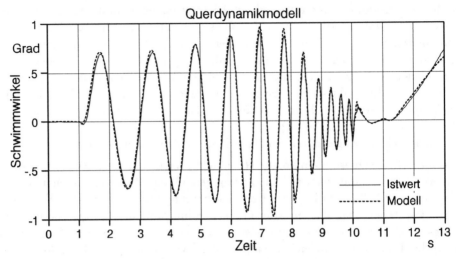

Abb. 6.6: Einschwingverhalten und Güte eines modellgestützten Meßverfahrens für den Schwimmwinkel auf der Basis von Querbeschleunigungs- und Lenkwinkelsignalen.

Die Abweichungen innerhalb der ersten Sekunden zeigen das Einschwingverhalten des Schätzverfahrens. – Zur Veranschaulichung dieses Effekts wurden die Cornering-Stiffness-Parameter mit bis zu 100% Fehler vorbelegt. Nach etwa 2 Sekunden ist das System jedoch in der Lage, die Modelleigenschaften auf das Fahrzeug abzustimmen und den korrekten Schwimmwinkel auszugeben. Aufgrund der strikten Trennung zwischen Modelladaption und Meßwertbestimmung kann der Fahrzustand ohne Phasenverzug ermittelt werden. Bemerkenswert ist dabei, daß die Modellparameter während des Sweepmanövers angepaßt werden mußten, wie die Aufweitung der Schwingungsamplituden andeutet. In Verbindung mit dem nachfolgenden Bereich konstanter bzw. langsam veränderlicher Lenkwinkel wird deutlich, daß das Adaptionsschema die Fahrzeugeigenschaften – wenn auch mit gewissen Verzögerungen – vollständig erfaßt. Größere systematische Fehler aufgrund nichtlinearer Effekte der Fahrzeugquerdynamik sind nicht festzustellen. Das Verfahren liefert sogar im Bereich der Kraftschlußgrenzen akzeptable Ergebnisse.

Die Abweichungen nach dem Einlenken ($t > 12s$) sind auf räumliche bzw. elastokinematische Kopplungen zwischen der Gier- und Wankbewegung zurückzuführen, die im Modell nicht berücksichtigt wurden. Von diesem Effekt abgesehen erscheint die Qualität der ermittelten Fahrzustandsgrößen insgesamt akzeptabel und ausreichend, um beim Aufbau von Fahrdynamikregelungen und Sicherheitssystemen wertvolle Beiträge liefern zu können.

6.4 Direkte Kompensation bremseninduzierter Giermomente

Moderne Bremsregelungen, sog. ABS-Systeme, passen die effektiven Radbremskräfte permanent an die lokalen Kraftschlußbedingungen zwischen Reifen und Fahrbahn an (vgl. Abschn. 5). Dadurch wird die latente Blockierneigung einzelner Räder infolge zu hoher Bremskraftbeanspruchungen wirksam unterdrückt und die Lenkbarkeit des Fahrzeugs in kritischen Fahrsituationen aufrechterhalten. ABS-Regelungen ermöglichen letztlich eine Entkopplung der Fahrereingriffe Lenken und Bremsen – und leisten damit, vor allem bei unklaren und wechselnden Kraftschlußkonditionen, einen entscheidenden Beitrag zur Erhöhung der Fahrsicherheit.

6.4.1 Entstehung und Wirkung von Giermomenten

Aufgrund der weitgehend individuellen Regelung der Radbremskräfte kann jedoch die gewohnte Symmetrie der Bremskrafteinleitung ins Fahrzeug massiv gestört werden, wenn die Reifen-Fahrbahn-Reibung für beide Fahrzeugseiten verschieden ist. Man spricht in diesen Fällen von sog. μ-split-Bedingungen bzw. μ-split-Bremsvorgängen. Im Bereich der Kraftschlußgrenzen resultieren daraus größere Bremskraftunterschiede zwischen der rechten und linken Fahrzeugseite, was zur Einleitung von starken Drehmomenten M_ψ um die Fahrzeughochachse führt:

$$M_\psi = \frac{l_s}{2}\left(F_{b,v,l} - F_{b,v,r} + F_{b,h,l} - F_{b,h,r}\right). \tag{6.31}$$

Diese sog. Giermomente M_ψ entstehen spontan mit dem Bremskraftaufbau.

Geht man davon aus, daß sich das Fahrzeug vor Bremsbeginn im statischen Kräftegleichgewicht befand, so werden die Bremskraftunterschiede zunächst vollständig in entsprechende Gierbeschleunigungen $\ddot{\psi} = M_\psi/J_\psi$ umgesetzt. Unter ungünstigen Umständen, etwa bei halbseitig vereister Fahrbahn, können auf diese Weise kurzfristig rotatorische Beschleunigungen von mehr als $100\,°/s^2$ entstehen. Das Fahrzeug erfährt infolgedessen heftige Querdynamikreaktionen, die selbst von aufmerksamen Fahrern nur schwer kontrolliert werden können.

Die transiente Entwicklung des Fahrzustands läßt sich auf der Basis der Kräfte- und Momentenbilanz für die Fahrzeugquerrichtung:

$$\begin{aligned}
ma_q &= F_{q,v} + F_{q,h}; & a_q &= \dot{v}_q + v\dot{\psi}; \\
J_\psi\ddot{\psi} &= M_\psi + l_v F_{q,v} - l_h F_{q,h}
\end{aligned} \tag{6.32}$$

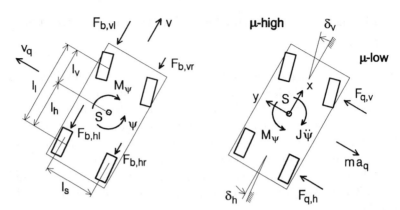

Abb. 6.7: Zur Entstehung von Giermomenten infolge unterschiedlicher Radbremskräfte an beiden Fahrzeugseiten.

und entsprechender einfacher Modelle für den Aufbau der Seitenführungskräfte:

$$F_{q,v} = c_{\alpha,v}\left(\delta_v - \frac{l_v\dot{\psi} + v_q}{|v|}\right); \qquad F_{q,h} = c_{\alpha,h}\left(\delta_h + \frac{l_h\dot{\psi} - v_q}{|v|}\right) \qquad (6.33)$$

ermitteln (vgl. Abschn. 3.3 u. Abb. 6.7). Sofern keine Lenkreaktionen an den Achsen aufgeprägt werden ($\delta_v, \delta_h \equiv 0$), bewirkt M_ψ zunächst eine gleichförmige Zunahme der Giergeschwindigkeit $\dot{\psi}_0 = \ddot{\psi}_0 t$. Im Falle positiver Eigenlenkgradienten ist dies mit einem gleichfalls linearen Anstieg der Fahrzeugquerbeschleunigung $a_{q,0} \sim \dot{\psi}_0$ verbunden (vgl. Abschn. 3.3.3).

Beide Effekte bewirken, daß sich das Fahrzeug in Richtung des griffigen Fahrbahnbelags anstellt und entsprechend ausweicht. Dadurch können bereits nach $1s$ Spurabweichungen von mehr als $1m$ und Gierwinkel von über $20°$ entstehen (vgl. Abbn. 6.10, 6.11). Um dermaßen heftige Fahrzeugreaktionen zu vermeiden, wird der Giermomentenaufbau bei konventionellen Bremsregelungen i.a. begrenzt und abgeschwächt. Ersteres erfolgt durch die sog. Select-Low-Regelung der Hinterachse: Der Hinterachsbremsdruck wird in diesem Fall grundsätzlich auf das stabilitätskritische Rad der Achse ausgerichtet und für beide Räder gleich eingestellt. Dadurch kann die Hinterachse prinzipiell keinen Beitrag zur Giermomentenentstehung liefern. Für die Vorderachse verfolgt man hingegen die Strategie, den Giermomentenaufbau regelungstechnisch zu verzögern und dadurch dem Fahrer die Möglichkeit einzuräumen, sich auf die neue, veränderte Fahrsituation einzustellen (vgl. [99]).

Beide Maßnahmen führen zu einer reduzierten Nutzung des physikalisch möglichen Verzögerungspotentials und damit zur Verlängerung des Bremswegs. Die Giermomentenabschwächung ist zudem mit einem der zentralen Abstimmungsprobleme der Fahrdynamik verbunden: Soll das Fahrzeugverhalten in erster Linie den Fähigkeiten eines – gegebenenfalls unaufmerksamen – Durchschnittsfahrers angepaßt werden, mit der Konsequenz, auch geübten Fahrern nur eingeschränkte Verzögerungsleistungen anbieten zu können? Oder sollte die Abstimmung hauptsächlich auf optimale Bremswirkung ausgerichtet werden? Dadurch würden die Bedingungen für aufmerksame und sichere Fahrer verbessert, andere Nutzergruppen könnten jedoch teilweise überfordert sein.

Derartige Design-Konflikte sind charakteristisch für den gesamten Bereich der Fahrdynamik bzw. der Fahrsicherheit. Sie resultieren aus dem hohen, stabilitätsentscheidenden Einfluß des Menschen im Regelkreis, einer grundsätzlich „unscharfen Komponente", deren Eigenschaften starken individuellen und situationsspezifischen Schwankungen unterliegen. Kompromißlösungen, wie die Gleichschaltung der Hinterachsregelung und die Giermomentenabschwächung beim Bremsen auf μ-split, sind daher stets anzweifelbar, wenn man Fahrer-Fahrzeug-Konfigurationen und entsprechende Unfallsituationen zur Diskussion stellt, die nicht in unmittelbarer Nähe des gewählten Abstimmungspunktes liegen. Diesem Dilemma ist einzig durch die Elimination des ursächlichen Fahrereinflusses zu entgehen. Im Falle der Bremsregelung folgt daraus, daß – aus der Sicht des Fahrers – unmotivierte Gierreaktionen grundsätzlich vermieden werden sollten, damit sich der Fahrer vollständig und ausschließlich auf die Bewältigung der vorliegenden, erkennbaren Fahrsituation konzentrieren kann. Wie im nächsten Abschnitt gezeigt wird, ist diese Zielsetzung durch die Einführung kleiner, unterlagerter Lenkeingriffe erreichbar.

6.4.2 Konzept einer direkten Giermomentenkompensation

Die bei geregelten Bremsvorgängen auf μ-split auftretenden Gierreaktionen können nahezu vollständig aufgehoben werden, wenn man die maßgeblichen Bremskraftdifferenzen direkt in geeignete Spur- bzw. Lenkwinkeländerungen δ_v, δ_h umsetzt:

$$\delta_h \; - \; \delta_v \; = \; -\delta^* \; = \; \frac{M_\psi}{l_l}\left(\frac{1}{c_{\alpha,v}} + \frac{1}{c_{\alpha,h}}\right). \tag{6.34}$$

Die Beziehung ergibt sich aus den Querdynamikgleichungen (6.32,6.33) und der Forderung, daß das Fahrzeug weder Quer- noch Gierbeschleunigungen erfährt. Im stationären Zustand ist dies mit leichten Querbewegungen bzw. der Ausbildung eines nichtverschwindenden Schwimmwinkels β verbunden:

$$\beta \; \approx \; -\frac{v_q}{|v|} \; = \; -\frac{M_\psi}{l_l}\left(\frac{1}{c_{\alpha,v}} - \frac{1}{c_{\alpha,h}}\right) \; - \; (\delta_v + \delta_h). \tag{6.35}$$

Offensichtlich kann die Giermomenten-Kompensation an beiden Achsen mit vergleichbarem Lenkaufwand durchgeführt werden. Betrachtet man die Grenzfälle eines reinen Vorderachseingriffs ($\gamma_v = 1$), eines entsprechenden Hinterachseingriffs ($\gamma_v = 0$) sowie den Zustand gleichmäßiger Lenkwinkelaufteilung ($\gamma_v = 0.5$):

$$\delta_v = \gamma_v\,\delta^*; \qquad \delta_h = -(1-\gamma_v)\,\delta^*, \tag{6.36}$$

so sind folgende Querbewegungen zu erwarten:

$$\beta_{(\gamma_v=0)} = -\frac{2M_\psi}{l_l c_{\alpha,v}}; \qquad \beta_{(\gamma_v=\frac{1}{2})} = -\frac{M_\psi}{l_l}\left(\frac{1}{c_{\alpha,v}} - \frac{1}{c_{\alpha,h}}\right); \qquad \beta_{(\gamma_v=1)} = \frac{2M_\psi}{l_l c_{\alpha,h}}. \tag{6.37}$$

Eine gleichmäßige Kompensation an beiden Achsen sollte somit insgesamt schwächere Gierreaktionen hervorrufen als ein reiner Vorderachseingriff. Etwas stärkere Querbewegungen stellen sich bei Kompensationseingriffen an der Hinterachse ein ($\gamma_v = 0$), wenn das Fahrzeug im Grundzustand untersteuernd abgestimmt ist. Unter Berücksichtigung des technischen bzw. konstruktiven Aufwands erscheint der Vorderachseingriff am besten geeignet zu sein, um einerseits die angestrebte Neutralität gegenüber μ-split-induzierten Giermomenten herzustellen, andererseits aber auch eine angemessene, handlungskompatible Rückmeldung über die vorliegende Gefahrensituation an den Fahrer vermitteln zu können.

6.4.3   Konstruktive Realisierung

Aufgrund der Proportionalität zwischen dem Giermoment M_ψ und dem Lenkwinkelbedarf δ_v, δ_h (6.34,6.36) bietet sich an, die Bremskraftunterschiede an beiden Fahrzeugseiten direkt zur Aufhebung der Gierreaktion zu verwenden. Das ist für geregelte Bremsvorgänge leicht möglich, denn die wirksamen Bremskräfte $F_{x,y}$ können in diesem Fall durch die lokalen Radbremsdrücke $p_{x,y}$ erfaßt werden:

$$F_{v/h,l/r} = K_{v/h}\,p_{v/h,l/r}; \qquad K_{v/h} = \frac{2\,(r_{Bre}\,\mu_{Bre}\,A_{RBZ})_{v/h}}{r_{dyn}}. \tag{6.38}$$

Die Konstanten K_v bzw. K_h ergeben sich aus den konstruktiven Parametern der Radbremseinheiten (vgl. Abschn. 3.2). μ_{Bre} ist der Reibungskoeffizient der Paarung Bremsbelag-Bremsscheibe; r_{Bre} gibt den Abstand zwischen dem Punkt der Klemmkrafteinleitung und der Radmitte an, den sog. effektiven Reibradius der Bremse. Die Kolbenfläche der Radbremszylinder ist mit A_{RBZ} bezeichnet, r_{dyn} ist der dynamische Rollradius der verwendeten Reifen.

Betrachtet man Standard-ABS-Systeme, die gewöhnlich zugunsten der Fahrstabilität auf eine individuelle Regelung der Hinterradbremskräfte verzichten (s.o. „Select-Low-Regelung", [36, 94, 137]), so kann die Gierreaktion allein auf die

Bremsdruckunterschiede Δp_v an der Vorderachse zurückgeführt werden. Die Kompensationsbedingung lautet damit:

$$\delta^* = -c_K \, \Delta p_v = -c_K(p_{v,l} - p_{v,r}); \qquad c_K = \frac{l_s \, K_v}{2 \, l_l}\left(\frac{1}{c_{\alpha,v}} + \frac{1}{c_{\alpha,h}}\right). \qquad (6.39)$$

Für ein durchschnittliches Mittelklassefahrzeug führt dies auf Kompensationsfaktoren von $c_K \approx 3 \cdots 4\,°/100bar$. Dabei ist zu berücksichtigen, daß die Schräglaufsteifigkeiten der Achsen $c_{\alpha,v}$, $c_{\alpha,h}$ um bis zu Faktor zwei abgemindert werden können, wenn die Reifen-Fahrbahnreibung einer Fahrzeugseite verschwindet.

Die Abschätzung (6.36) zeigt, daß μ-split-bedingte Gierreaktionen mit Spurwinkelkorrekturen von bis zu 4° an einer Fahrzeugachse bzw. von etwa 2° an beiden Achsen aufgehoben werden können. Dies setzt jedoch voraus, daß der Kompensationseingriff unmittelbar und direkt mit dem Giermomentenaufbau verknüpft wird (vgl. Abschn. 6.4.2). Im Falle zeitlich verzögerter Lenkeingriffe müßten stattdessen – entgegen der vorangehenden Argumentation – stärkere Querdynamikreaktionen hingenommen werden, wofür entsprechend aufwendige, dynamische Kompensationsstrategien herzuleiten wären. Im Sinne des vorgeschlagenen Konzepts muß somit ein Weg gefunden werden, die zentrale Kompensationsbedingung (6.39) direkt und verzögerungsfrei im Fahrzeug umzusetzen.

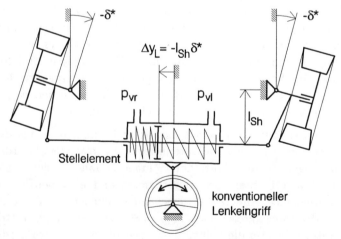

Abb. 6.8: Giermomentenkompensation an der Vorderachse durch die Einkopplung giermomentenproportionaler Zusatzlenkwinkel.

Abb. 6.8 zeigt eine konstruktive Lösung für den Kompensationseingriff an der Vorderachse. Die erforderlichen Lenkwinkelkorrekturen werden durch ein in die Spurstange integriertes Stellelement erzeugt, welches die Bremsdruckunterschiede über mechanische Federn in äquivalente Verschiebungen Δy_L der Mittellage umsetzt. Der Eingriff erfolgt somit am Lenkgetriebeausgang und ist für den Fahrer – aufgrund der üblichen Abschirmungsmaßnahmen gegenüber Vorderachsanregungen – kaum spürbar.

Abschätzungen anhand realer Achskonstruktionen zeigen, daß die Stellwege auch bei vollständiger Kompensation auf $|\Delta y_L| < 6mm$ beschränkt werden können. Für die Auslegung der hydraulischen Wirkflächen ist der Einfluß des Stellelements auf die Lenkung und deren Rückwirkung auf die Fahrzeugbremsen entscheidend. Beide Effekte können weitgehend vernachlässigt werden, wenn man Kolbendurchmesser im Bereich von $30\cdots40mm$ wählt. Dadurch erreichen die Kräfte *im* Stellelement etwa das Kraftniveau der Radbremszylinder und liegen um Faktor $10\cdots100$ höher als die im Lenkgestänge üblichen Kraftwirkungen. Unerwünschte Bremswirkungen infolge von Lenkeingriffen und Beeinträchtigungen der Lenkungssteifigkeit durch das Stellelement sind folglich nicht zu erwarten.

Die Einführung des Kompensationselements nach Abb. 6.8 führt jedoch zu einer volumetrischen Kopplung der Bremsregelkreise an den Vorderrädern, die im Rahmen konventioneller ABS-Systeme nicht vorgesehen ist. Daher müssen entweder Modifikationen in den Regelalgorithmen vorgenommen werden, die diesem Effekt Rechnung tragen, oder es sind zusätzliche konstruktive Maßnahmen zur Separation der Bremskreise zu treffen. Abb. 6.9 zeigt das Schema einer geeigneten Hydraulikschaltung. Um die angestrebte Entkopplung zu erreichen, wird ein weiterer, unabhängiger Hydraulikkreis mit eigener Druckversorgung und entsprechenden Speichervolumina aufgebaut. p_0 ist der Basisdruck des Systems, p_V der durch die Pumpe erzeugte Versorgungsdruck. Im Bereich dieses Stellgrößenintervalls sorgen die Druckregelventile für einen permanenten Abgleich der internen Drücke $\hat{p}_{v,l}$, $\hat{p}_{v,r}$ mit den anliegenden Radbremszylinderdrücken $p_{v,l}$, $p_{v,r}$, ohne jedoch merkliche Volumina aus den Bremskreisen abzuziehen.

Aufgrund des konstruktiven Aufwands derartiger Lösungen werden die Vorteile des ursprünglich einfachen Kompensationskonzepts relativiert. Hardwareorientierte Entkopplungen dürften daher nur in Frage kommen, wenn die erforderlichen Komponenten größtenteils bereits vorhanden sind, etwa bei Fahrzeugen mit Antriebsschlupfregelung. Anderenfalls erscheint es effizienter, die volumetrische Kopplung der Bremsregelkreise nach Abb. 6.8 zuzulassen und stattdessen die Bremsregelstrategien – also die Software – in geeigneter Weise zu modifizieren.

6.4.4   Gesamtfahrzeugsimulation und Konzeptbewertung

Die Eigenschaften der direkten Giermomentenkompensation sowie die Einflüsse unsicherer oder störungsbehafteter Fahrzeugparameter können auf der Grund-

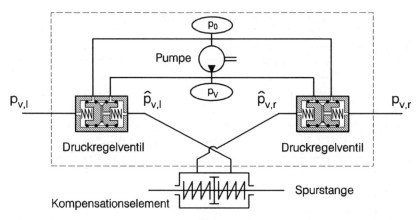

Abb. 6.9: Hydraulikschaltung zur volumetrischen Entkopplung der Bremskreise bei der direkten Giermomentenkompensation.

lage der vorangehenden Modellbetrachtungen im Detail untersucht und diskutiert werden. Um den Ansatz umfassend zu bewerten, erscheint es jedoch zweckmäßig, eine zweite, von der Konzeptentwicklung unabhängige Verifikation durchzuführen. Dies soll im folgenden anhand realitätsnaher Gesamtfahrzeugsimulationen mit komplexen, nichtlinearen Fahrzeug- und Komponentenmodellen erfolgen. Damit wird sichergestellt, daß ggf. vorhandene Beschreibungs- bzw. Verständnisfehler aufgedeckt werden können und bisher nicht berücksichtigte Sekundäreffekte der Kompensation – sofern vorhanden – zutage treten.

Zur Beurteilung der Giermomentenkompensation wurden detaillierte Simulationsrechnungen für ein Mittelklassefahrzeug mit Heckantrieb durchgeführt. Das Gesamtmodell umfaßt eine quasi-physikalische Repräsentation der Reifendynamik und die hydraulischen, mechanischen und elektronischen Komponenten eines Serien-ABS-Systems mit synchroner Hinterachsansteuerung. Daher kann die Kompensation ausschließlich auf die Bremsdruckunterschiede an der Vorderachse ausgerichtet werden. Im Rahmen der Untersuchung werden die Druckdifferenzen praktisch direkt in additive Korrekturlenkwinkel an der Achse umgesetzt, allerdings unter Berücksichtigung der kinematischen und elastokinematischen Eigenschaften der Radführung. Die Einleitung der Stellsignale erfolgt über ein Tiefpaßfilter, um die hydraulischen und mechanischen Trägheiten näherungsweise nachzubilden und um die ABS-bedingte Aufrauhung der Radlenkwinkelverläufe sinnvoll zu begrenzen. Rückwirkungen des Kompensationseingriffs auf die ABS-Regelung werden nicht betrachtet.

Als Testmanöver wird eine Vollbremsung auf einer ortsfesten μ-split Fahrbahn untersucht. Die linke Fahrspurhälfte weist Kraftschlußbeiwerte von $\mu = 1$ auf,

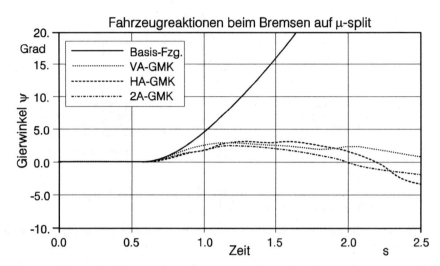

Abb. 6.10: Fahrzeugreaktionen beim Bremsen auf μ-split ohne und mit unterschiedlichen Konzepten zur Giermomentenkompensation.

rechts gilt $\mu = 0.2$. Die Kraftschlußgrenze befindet sich anfangs etwa $50cm$ links der Fahrspurmitte, damit die Gierreaktion des Fahrzeugs möglichst lange unter identischen Randbedingungen beobachtet werden kann. Anfangs beträgt die Fahrgeschwindigkeit $v = 100km/h$. Zum Zeitpunkt $t = 0.5s$ wird das Bremspedal innerhalb von $0.2s$ maximal betätigt und anschließend in dieser Position gehalten. Das Lenkrad ist während des gesamten Manövers in Mittelstellung fixiert. In der Simulation wird der Serienzustand des Fahrzeugs mit drei verschiedenen Kompensationsvarianten verglichen: reiner Vorderachseingriff (VA-GMK), reiner Hinterachseingriff (HA-GMK) und kombinierte Vorder- und Hinterachskompensation (2A-GMK). Die Stärke des Kompensationseingriffs wird jeweils so eingestellt, daß keine merklichen Gierbewegungen auftreten (vgl. Abb. 6.10).

Die Analysen zeigen, in Übereinstimmung mit den Modellbetrachtungen, daß der Eingriff an der Vorderachse am besten geeignet ist, um die Gierreaktionen des Fahrzeugs abzubauen. In diesem Fall treten die kleinsten Spurabweichungen auf, wie Abb. 6.11 belegt. Die Hinterachsansteuerung reduziert den Gierwinkel zwar in gleicher Weise, das Fahrzeug sich bewegt jedoch wesentlich schneller zur Seite und erreicht bereits nach einer Sekunde Spurabweichungen von etwa $0.6m$. Die HA-Stabilisierung greift faktisch erst 2 Sekunden nach Bremsbeginn und mündet in einen stationären Spurversatz von mehr als $1.5m$. Dieses Ergebnis ist zwar deutlich besser als der Ausgangszustand, erfordert aber nach wie vor heftige und schnelle Lenkreaktionen des Fahrers, welche die Fahrstabilität beeinträchtigen könnten. Daher werden neuere ABS-Regelungen grundsätzlich mit einer sog.

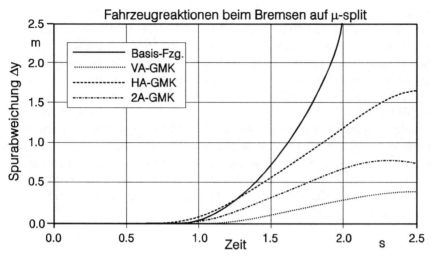

Abb. 6.11: Abweichung von der Fahrspur Δy beim Bremsen auf μ-split ohne und mit unterschiedlichen Konzepten zur Giermomentenkompensation.

Giermomentenabschwächung ausgeführt, die den Aufbau von größeren Bremskraftdifferenzen regelungstechnisch verzögert und damit dem Fahrer Gelegenheit gibt, entsprechende Lenkkorrekturen kontrolliert einzuleiten.

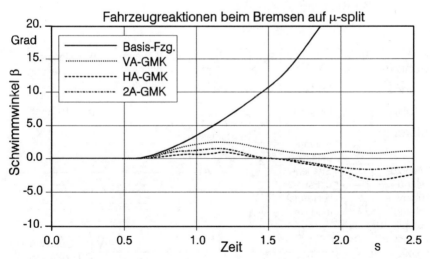

Abb. 6.12: Schwimmwinkel β beim Bremsen auf μ-split ohne und mit unterschiedlichen Konzepten zur Giermomentenkompensation.

Die Gesamtfahrzeugsimulationen belegen, daß mit der Giermomentenkompensation Fahrzeugverzögerungen von $5\cdots6 m/s^2$ erreicht werden können. Das entspricht einer Kraftschlußausschöpfung von mehr als 85% für die Fahrzeuglängsrichtung bereits bei Bremsbeginn. Das Kraftübertragungsvermögen der Reifen wird – im Gegensatz zur Giermomentenabschwächung – während des gesamten Bremsvorgangs vollständig ausgenutzt, was zu deutlichen Bremswegreduktionen führt. Die Rückwirkung des Stelleingriffs auf das Lenkrad ist dabei kaum stärker als im Bezugsfahrzeug, d.h. der Fahrer wird durch den Kompensationseingriff vermutlich weder gestört noch irritiert. Die in Abb. 6.12 dargestellten Schwimmwinkelverläufe zeigen ebenfalls ein quasi neutrales Fahrzeugverhalten gegenüber μ-split-Bremsungen. Sofern die Fahrzeugeigenschaften mit Giermomentenkompensation auch bei anderen Manövern, etwa bei Kurvenbremsungen, akzeptabel bleiben, sollte das Konzept einen merklichen Beitrag zur Erhöhung der Fahrsicherheit liefern können.

6.5 Modulare Bremsregelungs-Systeme

Die verschiedenen Aufgaben einer Bremsregelung (vgl. Abschn. 5.2) können in naheliegender Weise separaten Funktionseinheiten zugewiesen werden, die ihren jeweiligen Aufgabenumfang mehr oder minder unabhängig vom Zustand des Gesamtsystems erfüllen. Abb. 6.13 zeigt die Struktur eines in diesem Sinne modularisierten ABS-Konzepts.

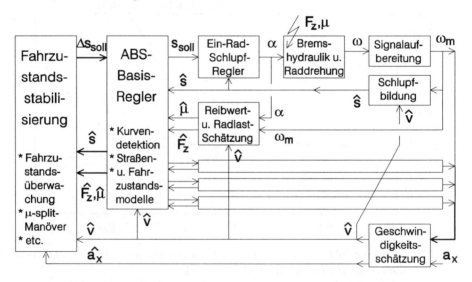

Abb. 6.13: Ein modulares ABS-Konzept mit funktionaler Struktur und klarer Schnittstellenkonvention.

Die systematische Trennung der Funktionen hat den Vorzug, daß die entwickelten Module einzeln abgestimmt und optimiert werden können. Dadurch wird die technische Aufgabe insgesamt erleichtert und erreicht, daß die Funktionseinheiten auch für andere Anwendungen, z.B. für Antriebsschlupfregelungen oder für Fahrsicherheitssysteme verwendet werden können. Eine wesentliche Voraussetzung für dieses Vorgehen ist jedoch, die Modulfunktionen und -schnittstellen klar gegeneinander abgrenzen zu können. – Die Anzahl der Interaktionsgrößen muß absolut minimiert werden, um die wechselseitige Beeinflussung der Komponenten überschauen, analysieren und beurteilen zu können. Insbesondere sind enge Kopplungen zwischen (Fahr-) Zustandsüberwachung und Regelung, wie sie z.B. bei konventionellen Bremsregelungen auftreten, möglichst zu vermeiden.

6.5.1 Separation der Teilfunktionen

Im Mittelpunkt der Anordnung stehen individuelle Bremsregelkreise für die einzelnen Räder (vgl. Abb. 6.13), die den Bremsschlupf s an den jeweils gültigen Sollwert s_{soll} heranführen. Die Vorgabegrößen werden von einem zentralen ABS-Basisregler generiert, dessen primäre Aufgabe darin besteht, an allen Rädern eine optimale Kraftschlußausschöpfung zu erreichen. In dieser Funktionseinheit werden einfache Modellvorstellungen des Fahrzustands und der Reifencharakteristik entwickelt, um beispielsweise Kurvenfahrten oder Bremsvorgänge auf inhomogenen Fahrbahnbelägen in geeigneter Weise behandeln zu können.

Die Geschwindigkeitsschätzung ist ebenfalls als globales Funktionselement ausgeführt, da die interessierende Größe v dem übergeordneten System, d.h. dem Fahrzeug, zuzurechnen ist. Die Reifen-Fahrbahn-Reibung μ und die Radlast F_z müssen hingegen als radspezifische Störgrößen aufgefaßt – und daher lokal ermittelt werden. Die Ergebnisse dieser Abschätzungen werden im Basisregler auf Plausibilität überprüft und mit Blick auf das Gesamtfahrzeug aufgearbeitet.

Das bisher beschriebene Regelungskonzept würde zur bestmöglichen Längsverzögerung des Fahrzeugs führen. Es hätte jedoch zur Konsequenz, daß der Fahrer in bestimmten kritischen Situationen die Kontrolle über das Fahrzeug verlieren könnte, etwa beim heftigen Bremsen auf Fahrbahnen mit stark verschiedenen Reibwerten zwischen beiden Fahrzeugseiten. Die damit verbundenen Drehmomente um die Fahrzeughochachse sind nur dann beherrschbar, wenn geeignete Kompensationsmaßnahmen getroffen werden (vgl. Abschn. 6.4) oder der Störmomentenaufbau zu Lasten der Bremswirkung in angemessener Weise verzögert wird [60, 152]. Übergeordnete Regelungseingriffe dieser Form, die die Fahrsicherheit vor dem Hintergrund der Fähigkeiten und Grenzen des Fahrers sicherstellen, sind in der Funktionseinheit „Fahrzustandsstabilisierung" zusammengefaßt.

Das in Abb. 6.13 dargestellte ABS-Systemkonzept erfüllt die obigen Modularisierungskriterien, sofern sich der Signalfluß tatsächlich auf die angegebenen Austauschgrößen beschränkt. Für die Geschwindigkeitsschätzung hat dies beispielsweise zur Folge, daß auch in diesem Modul ein einfaches Fahrzeugmodell und ggf. einfache Reifenmodelle mitgeführt werden müssen, um einen vom Fahrzustand unabhängigen, zuverlässigen Schätzwert bereitstellen zu können. Aus physikalischen Gründen ist hierbei zu erwarten, daß dies nur gelingt, wenn man eine weitere, unabhängige Meßgröße in die Auswertung einbezieht, z.B. die Fahrzeuglängsbeschleunigung a_x.

Die konkrete Ausgestaltung der einzelnen Module erfordert neben der Funktionsbeschreibung und der Definition der Interaktionsgrößen eine präzise Formulierung des Anforderungsprofils und der relevanten Betriebsbedingungen, was i.a. umfangreiche versuchstechnische und rechnerische Untersuchungen voraussetzt. Die folgenden Abschnitte konzentrieren sich daher im wesentlichen auf die zentralen Funktionselemente zur Stabilisierung und Regelung der Raddrehung. Alle weiteren Module werden im Rahmen dieser Analyse entweder durch einfache Ansätze beschrieben oder deren Zielgrößen als bekannt vorausgesetzt.

6.5.2 Regelung des Bremsschlupfes am Rad

Aufgrund der starken Nichtlinearitäten und der großen Parameterschwankungen in der Regelstrecke ist es erforderlich, die wesentlichen Eigenschaften der Bremshydraulik und der Bremskraftübertragung in den Reglerentwurf einzubeziehen. Die in Abschn. 5.4 entwickelten Modellvorstellungen dienen als Grundlage für die folgende Ausarbeitung. Dadurch ist es möglich, die dominanten Systemeigenschaften im interessierenden Betriebsbereich qualitativ und quantitativ zu erfassen und zu entscheiden, welche Regelungsansätze zur Stabilisierung der Raddrehung beim Bremsen geeignet sind.

Bei genauerer Betrachtung liefern die Modellgleichungen für die Ventilansteuerung und die Bremshydraulik (5.39,5.40) einen direkten Hinweis zur Verbesserung des Streckenverhaltens – und damit zur Vereinfachung des Regelungsproblems. Ausgangspunkt der Überlegung sind die mit der Pulsbreitenansteuerung verbundenen Ventilkennlinien $\bar{\alpha}(\alpha^*)$. Da die Kurven monoton nicht fallen, besteht die Möglichkeit, die Regelsignale α^* im Kreis so aufzubereiten, daß die resultierenden mittleren Ventilöffnungen $\bar{\alpha}$ damit übereinstimmen:

$$\alpha^{inv} := \bar{\alpha}^{-1}(\alpha^*); \qquad \bar{\alpha} = \bar{\alpha}[\alpha^{inv}(\alpha^*)] \equiv \alpha^*. \tag{6.40}$$

Durch die Implementierung der inversen Kennlinie $\bar{\alpha}^{-1}(\alpha^*)$ werden die quasistatischen Nichtlinearitäten der Ventilaktuatorik praktisch eliminiert (vgl. Abb. 5.9). Das wirkt sich vor allem bei kleineren Regelsignalen α^* aus, die nun – im

Gegensatz zur direkten Ansteuerung (5.39) – gleichwertige, nichtverschwindende Ventilöffnungen $\bar{\alpha}$ generieren können. Dadurch werden Grenzzyklen vermieden und die Regelgüte insgesamt erhöht.

Für die Reglerentwicklung erhält man zudem die Möglichkeit, die inverse Kennlinie als festen Bestandteil der Strecke – und folglich auch des Ventilmodells – auffassen zu können. Die ursprünglichen Übertragungseigenschaften (5.39) müssen in diesem Fall nicht berücksichtigt werden; der Bremsdruck kann direkt aus den Regelsignalen α^* abgeleitet werden (5.40):

$$\dot{p} = k_1\,\alpha^* + k_2\,|\alpha^*|; \qquad -1 \leq \alpha^* \leq 1. \tag{6.41}$$

Um die verbleibende Zwischengröße $\dot{p}$ eliminieren zu können, muß die Zustandsgleichung für die Raddrehung (5.43) differenziert werden. Unter der Annahme einer konstanten Fahrzeugverzögerung $b_F = -\dot{v}$ erhält man:

$$v\,\dddot{s} - [2\,b_F + b_R(s)]\,\ddot{s} + \left(\dot{\mu} + \mu\,\frac{\dot{F}_z}{F_z}\right) a_R(s) = \frac{k_b\,r_{dyn}}{J}\,\dot{p}. \tag{6.42}$$

Die Parameter b_R und a_R hängen aufgrund der Kraftschlußcharakteristik vom Rotationszustand s des Rades ab:

$$b_R(s) = -\frac{F_z\,r_{dyn}^2}{J\,s_{max}}\,f'\!\left(\frac{s}{s_{max}\mu}\right); \qquad a_R(s) = \frac{F_z\,r_{dyn}^2}{J}\,f\!\left(\frac{s}{s_{max}\mu}\right). \tag{6.43}$$

Unter Vernachlässigung von Reibwert- und Radlastschwankungen sowie der Asymmetrie und Beschränkung des Stelleingriffs erhält man ein quasi-lineares Modell des Systemverhaltens:

$$v\,\dddot{s} - [2\,b_F + b_R(s)]\,\ddot{s} = \overline{K}\,\alpha^*; \qquad \overline{K} = \frac{k_1\,k_b\,r_{dyn}}{J}. \tag{6.44}$$

Sofern die Regelung in der Lage ist, den Schlupf auf ein kleines Schwankungsintervall in der Umgebung s_B des Sollwerts s_{soll} einzugrenzen, sollte auch der Kennlinienparameter $b_R(s)$ durch den zugehörigen Mittelwert $\overline{b}_R(s_B)$ substituierbar sein. Das Übertragungsverhalten der Strecke wird somit auf ein lineares, zeitinvariantes System 2.Ordnung zurückgeführt.

Aufgrund dieser Charakteristik erscheint es naheliegend, die Stabilisierung der Raddrehung durch einen parametervarianten PD-Regler herbeizuführen:

$$\overline{K}\,\alpha^* = K_P(v)\,[s_{soll} - s] + K_D(v)\,[\dot{s}_{soll} - \dot{s}]. \tag{6.45}$$

Dadurch verhält sich der geschlossene Regelkreis ebenfalls wie ein lineares System 2.Ordnung:

$$v\,\ddot{s} + [K_D(v) - 2b_F - b_R(s)]\,\dot{s} + K_P(v)\,s = K_P(v)\,s_{soll} + K_D(v)\,\dot{s}_{soll}. \tag{6.46}$$

Die Eigenfrequenz und die Dämpfung des geregelten Systems sollten sich durch geeignete Parameteradaptionen $K_D(v)$, $K_P(v)$ auf die Anforderungen einer effektiven Bremsregelung abstimmen lassen.

6.5.3   Reglerauslegung

Die Abstimmung der Bremsregelung muß vor allem vor dem Hintergrund der Annahmen und Vereinfachungen erfolgen, die im Zuge der Herleitung der obigen Modellvorstellungen getroffen wurden. Die Freiheiten in der Konfiguration des geschlossenen Kreises (6.46) werden de facto durch die Stellgrößenbeschränkung ($|\alpha^*| \leq 1$) und die Verzögerungen im Bereich der Ventildynamik und der Meßsignalaufbereitung eingeschränkt.

Aus diesen Gründen ist davon auszugehen, daß man im Gesamtsystem kaum höhere Eigenfrequenzen f_R als etwa $7 \cdots 15 Hz$ erzielen kann, wenn man die Dynamik der heutigen ABS-Komponenten in Betracht zieht. – Geringe Verzögerungen bzw. Totzeiten im Bremsregelkreis sind nicht nur für das Störungsverhalten von Bedeutung. Sie bestimmen auch die Amplituden der Regelungsgrenzzyklen, die sich im Zusammenhang mit mechanisch instabilen Zuständen der Raddrehung jenseits des Kraftschlußmaximums einstellen. Im Interesse einer hohen Regelgüte sind daher möglichst hohe Eigenfrequenzen anzustreben und folglich alle Komponenten im Regelkreis hinsichtlich ihres Verzögerungsverhaltens zu optimieren.

Um Regelungsschwingungen wirksam unterdrücken zu können, erscheint es zweckmäßig, die Systemdämpfung D_R mit $\sqrt{2}/2$ anzusetzen. Auf der Basis dieser Spezifikationen können die erforderlichen Reglerparameter ermittelt werden:

$$K_P = (2\pi f_R)^2 v; \qquad K_D = 2D_R 2\pi f_R v + 2b_F + \overline{b_R}(s^B). \qquad (6.47)$$

Wenn die Eigenschaften der Bremsregelung – wie gefordert – nicht vom Fahrzustand abhängen sollen, muß der Regelungseingriff offensichtlich mit sinkender Fahrgeschwindigkeit v zurückgenommen werden. Unter Berücksichtigung der Schlupfdefinition (5.42) wird an dieser Stelle deutlich, daß die Regelaktivität hauptsächlich vom Kontakt zwischen Reifen und Fahrbahn – und den damit verbundenen Gleitgeschwindigkeiten – geprägt wird.

Während der P-Anteil durch die Frequenzvorgabe f_R eindeutig festgelegt wird (6.47), kann der Parameter K_D nur in Verbindung mit dem Betriebszustand der Bremsregelung bestimmt werden. Der D-Anteil der Regelung entscheidet letztlich über die Stabilität des geschlossenen Kreises (6.46). Im Sinne einer worst-case Betrachtung ist daher zu fordern, daß K_D stets für positive Systemdämpfungen sorgt:

$$K_D = 2D_R 2\pi f_R v + \max\{ 2b_F + \overline{b_R}(s^B) \}. \qquad (6.48)$$

Die Fahrzeugverzögerungen sind i.a. auf $b_F \leq 10 m/s^2$ beschränkt. Der entscheidende Ausdruck in (6.48) ist somit der Radverzögerungsparameter $\overline{b_R}(s_B)$. Im ungünstigsten Fall, d.h. wenn die Raddrehung extrem instabil ist, kann $\overline{b_R}(s_B)$ Werte von bis zu $500 m/s^2$ annehmen. Derartige Bedingungen findet man z.B. bei

Pkw-Reifen mit ausgeprägten Maxima in der Kraftschlußkennlinie (6.43), wenn die Regelung den Bremsschlupf im Umfeld des Wendepunkts einstellt. Die Auslegung des Reglers muß sich an diesem kritischen Betriebszustand und an extremen Reifeneigenschaften orientieren, damit eine insgesamt robuste Charakteristik entsteht. Dadurch wird sichergestellt, daß der geschlossene Regelkreis – unabhängig vom Reifen und vom Betriebspunkt – stets stabil ist und äußere Störungen mit Dämpfungen größer D_R behandelt.

Abb. 6.14 zeigt die Ergebnisse der Reglerabstimmung für ein typisches Pkw-ABS-System. Die dargestellten, normierten Kennlinien $K_P/\overline{K}$ und $K_D/\overline{K}$ geben an, wie Regelabweichungen in entsprechende Ventilöffnungen α^* (6.45) umgesetzt werden und bieten damit die Möglichkeit, die Auswirkungen der stets vorhandenen Stellgrößenbeschränkung (6.41) zu diskutieren. Beispielsweise können bei Geschwindigkeiten von $100 km/h$ Schlupfabweichungen von bis zu 10% und Schlupfgradienten von bis zu 250%/s innerhalb des verfügbaren Stellgrößenintervalls ausgeregelt werden, wenn die Reglergrenzfrequenz mit $f_R = 7 Hz$ angesetzt wurde. Bei einer $15 Hz$-Abstimmung führen bereits 2.5% Schlupffehler bzw. Gradienten von 120%/s zu Stelleingriffen im Sättigungsbereich der Ventile. Hinsichtlich des P-Anteils wird der Bereich quasi-linearen Regelungsverhaltens damit weitgehend ausgeschöpft. Die D-Anteile erscheinen in dieser Beziehung weniger kritisch, was die Möglichkeit einräumt, die Stabilität und die Regelgüte durch eine angemessene Anhebung von $K_D(v)$ weiter verbessern zu können.

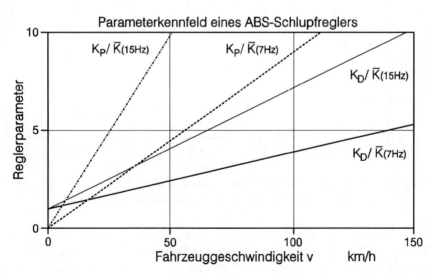

Abb. 6.14: Zur Abstimmung eines modellorientierten Bremsreglers im Hinblick auf die Fahrgeschwindigkeit und die Eigenfrequenz des geschlossenen Regelkreises.

6.5.4   Regelgüte und Sensitivität

Das entwickelte Regelungskonzept kann in einfacher Weise zu einem vollständigen Antiblockiersystem mit individuellen, radspezifischen Regelkreisen erweitert werden (vgl. Abb. 6.13). Im Rahmen einer Funktionsvalidierung erscheint es jedoch sinnvoll, zunächst nur die Eigenschaften der vorgeschlagenen Schlupfregelung – im Zusammenspiel mit der realen ABS-Hardware und den üblichen Parameterstörungen beim Bremsen – zu untersuchen. Daher wird die Regelungsaufgabe im folgenden auf die Einhaltung eines bestimmten, vorgegebenen Schlupfwerts s_{soll} in der Umgebung des Kraftschlußmaximums reduziert. – Auf die Darstellung der Schätzvorschriften für Reibung und Radlast kann somit verzichtet werden. Der Geschwindigkeitseingang wird in trivialer Weise durch die Übergabe der realen, allerdings praxisgerecht gefilterten Fahrzeuggeschwindigkeit bedient. Unter diesen Voraussetzungen liefern Gesamtfahrzeugsimulationen mit detaillierten Fahrzeug-, Bremshydraulik- und Signalverarbeitungsmodellen eine angemessene Grundlage zur Beurteilung der Güte des zentralen Regelungskonzepts (6.46).

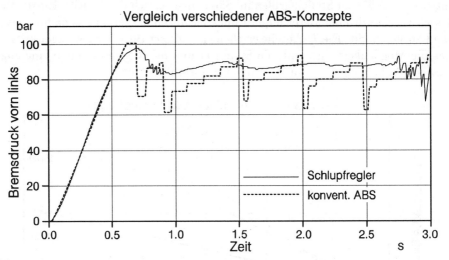

Abb. 6.15: Bremsdruckverlauf am linken Vorderrad beim Bremsen auf einer griffigen Fahrbahn: $PD(v)$-Regelung und konventioneller ABS-Regler.

Dabei zeigt sich, daß die Regelung vor allem bei Bremsvorgängen auf hohem Reibwert und Schlupfvorgaben im instabilen Bereich der Kraftschlußkennlinie zu Grenzschwingungen mit Amplituden von bis zu 3% und systematischen Abweichungen von bis zu 5% Schlupf neigt. Wie genauere Betrachtungen ergeben, ist der Effekt einerseits auf die Asymmetrie des Regeleingriffs (6.41), andererseits aber auch auf die Nichtlinearitäten der realen Ventilansteuerung (Zeittaktung, Amplitudenquantifizierung) und die Verzögerungen der Ventildynamik zurückzuführen. Derartige Grenzschwingungen können unterdrückt werden, wenn man die Signalverzögerungen im Regelkreis wirksam reduziert oder kompensiert. Für das untersuchte Fahrzeug- und ABS-System haben sich Prädiktionszeiten von $5 \cdots 10 ms$ als optimal erwiesen, um Regelschwingungen praktisch vollständig zu unterdrücken. Insgesamt ist festzustellen, daß die dynamischen Eigenschaften aller Regelkreis-Komponenten maßgeblich zur erreichbaren Regelgüte beitragen. Deutliche Verschlechterungen einzelner Elemente führen i.a. zum Verlust der Stabilität des gesamten Regelkreises, zumindest in der Umgebung kritischer Betriebszustände.

In Abb. 6.15 ist der Bremsdruckverlauf einer geregelten Bremsung auf griffiger Fahrbahn dargestellt. Die niederfrequente Schwingung bei Bremsbeginn ist auf Aufbaubewegungen des Fahrzeugs und die damit verbundenen Radlaständerungen zurückzuführen. Im Gegensatz zu konventionellen ABS-Systemen wird das zur Verfügung stehende Kraftschlußpotential in jedem Moment optimal ausgeschöpft. Das führt zu einer deutlichen Steigerung der mittleren Bremsverzögerung, wie Abb. 6.16 zeigt. Dabei ist allerdings zu beachten, daß der zum Vergleich herangezogene konventionelle ABS-Regler mit der üblichen Select-Low-Regelung an der Hinterachse betrieben wurde, wodurch die Effizienz der Regelung zusätzlich beeinträchtigt wird.

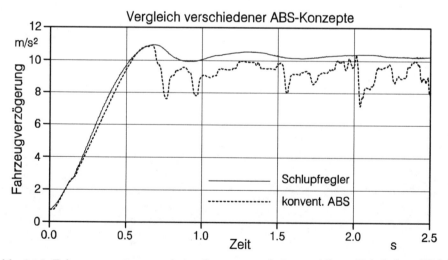

Abb. 6.16: Fahrzeugverzögerung beim Bremsen auf einer griffigen Fahrbahn: $PD(v)$-Regelung und konventioneller ABS-Regler.

Das Verbessungspotential durch klassische, parametervariante Regelungsansätze der Form (6.45) hängt sehr stark vom Fahrzustand und von den Umgebungsbedingungen ab. Deutliche Steigerungen sind vor allem auf Fahrbahnbelägen mit niedrigem Reibwert zu erwarten, da die relative Höhe der Bremsdruckschwankungen bei konventionellen Systemen in diesen Fällen besonderes groß ist. Es zeigt sich ferner, daß der Ansatz (6.45) bei mittleren und starken Radlastfluktuationen ähnliche Einbußen in der Bremswirkung erfährt, wie sie von konventionellen ABS-Systemen bekannt sind [11]. Hier wirken sich die technischen Grenzen der ABS-Hardware aus, denn die verwendeten Magnetventile sind nur bedingt in der Lage, die notwendigen Bremsdruckanpassungen hinreichend schnell vorzunehmen. Diese Problematik sollte sich jedoch durch eine Weiterentwicklung des Konzepts (6.45) in Richtung einer modellgestützten, radspezifischen Bremsregelung unter Einbeziehung der Längskraft- und Radlastdynamik bewältigen lassen.

7   Zusammenfassung

Die Dynamik des Fahrzeugs und seiner Komponenten ist in starkem Maße durch Nichtlinearitäten und komplizierte Wechselwirkungen geprägt. Es zeigt sich jedoch, daß diese Problematik, wie auch die stets vorhandenen Unschärfen in Bezug auf das Fahrerverhalten und die Einflüsse der Fahrzeugumgebung, durch eine klare Definition der Systemgrenzen und eine präzise Formulierung der interessierenden technischen Fragestellung in einer Art und Weise aufbereitet werden kann, die systematische und effiziente Analysen ermöglicht bzw. fördert. Der zentrale Gedanke des Konzepts ist es, die komplexen Wirkstrukturen im Gesamtsystem „Fahrzeug" aufzubrechen, dabei die zugrunde liegenden physikalischen Effekte zu identifizieren und diese in möglichst einfache, untereinander kompatible und physikalisch konsistente Teilmodelle zu überführen.

Die notwendigen Analysen und Modellkonstitutionen werden zunächst für das Gesamtsystem Fahrer-Fahrzeug-Umgebung durchgeführt und anschließend am Beispiel der eigentlichen Fahrzeugdynamik sowie der Dynamik des Reifens und der Bremsregelungen intensiviert. Besondere Beachtung findet hierbei, daß die dynamischen Eigenschaften des Fahrzeugs und seiner Komponenten sowohl vom inneren Aufbau – also der Wirkungsstruktur – und den zugehörigen Parametern – d.h. den invarianten geometrischen und physikalischen Kenngrößen – als auch vom betrachteten Operationsraum abhängen. Beispielsweise ist die Fahrzeugcharakteristik beim Bremsen in der Kurve mitunter sehr verschieden vom wohlbekannten Verhalten bei Geradeausfahrt mit konstanter Geschwindigkeit [121]. Dies hat zur Folge, daß die Gültigkeit und Kompatibilität der entwickelten Modelle nicht nur in Bezug auf die jeweils interessierende Systemeigenschaft, sondern auch hinsichtlich des zulässigen bzw. validierten Einsatzbereichs im Zustandsraum zu beleuchten ist.

In diesem Sinne werden die Eigenschaften des Fahrzeugs anhand der klassischen Differenzierung nach Längs-, Quer- und Vertikaldynamik diskutiert. Die Betrachtung berührt eine Reihe bekannter Modellbausteine, etwa das lineare Einspurmodell für die Querdynamik oder das sog. Viertelfahrzeugmodell für einfache Vertikaldynamikuntersuchungen. Diese und weitere elementare Ansätze, die sich bei der lokalen Nachbildung wichtiger fahrdynamischer Effekte bewährt haben, werden systematisch überprüft, funktional erweitert und im Hinblick auf Kompatibilität und Konsistenz ergänzt. Dabei zeigt sich, daß durch die Berücksichtigung wesentlicher nichtlinearer Wechselwirkungen zum Teil erhebliche Verbesserungen der Allgemeingültigkeit der Modellansätze – vor allem bezüglich der Validität in unterschiedlichen Betriebspunkten – und der Sicherheit der Ergebnisse erreicht werden können, ohne die spätere Systemanalyse nachhaltig zu komplizieren.

Auf der Basis dieser Überlegungen können z.B. die mitunter starken Veränderungen des Fahrzeugverhaltens bei größeren Quer- und Längskraftbeanspruchungen oder bei unterschiedlichen Fahrgeschwindigkeiten auf wenige dynamische Kenngrößen zurückgeführt werden und in Relation zu den Fahrereigenschaften und dessen Erfahrungshorizont [151] diskutiert werden. Die Validität und die Wirkungsbeiträge der verwendeten Modellformulierungen lassen sich stets in einfacher Weise durch Vergleiche mit detaillierten Gesamtfahrzeugsimulationen [122] in den relevanten Betriebsbereichen überprüfen. Ein eindrucksvolles Beispiel hierfür wird u.a. mit der Nachbildung des Wankfreiheitsgrads durch ein reibungsbehaftetes System 2.Ordnung dargestellt. Das Konzept ermöglicht somit, die jeweils interessierenden fahrdynamischen Interaktionen mit angemessener Genauigkeit nachzubilden, dabei aber ausschließlich diejenigen Effekte bzw. Teilmodelle in die Analyse aufzunehmen, die einen hohen Wirkungsbeitrag im Sinne der vorliegenden Problemstellung aufweisen. Dadurch gelingt es mehr und mehr, die entscheidenden Zusammenhänge aufzudecken, zu verstehen und zur Gestaltung und Optimierung von Fahrzeugkonzepten und -komponenten einzusetzen.

Um die Übertragbarkeit der Methode zu veranschaulichen, werden zwei wichtige Fahrzeugkomponenten mit hohem Dynamikbeitrag, Reifen und Bremsregelungssysteme, in analoger Weise aufgearbeitet. Beim Reifen, der wesentlichen Anteil am Fahrverhalten [79] und der Dynamik eines Kraftfahrzeugs hat, führt vor allem die detaillierte Analyse der Kinematik und der Kraftwirkungen des Reifen-Fahrbahn-Kontakts auf sehr kompakte und teilweise neue Modellkonzepte mit hohem Aussagepotential. So wird anhand einer Energiebilanz für die Raddrehung deutlich, daß der Reifen Rotation und Translation eher wie ein Übersetzungsgetriebe denn als starre Abrollbedingung verknüpft. Auf dieser Grundlage können einige Effekte der Abrollkinematik leichter und widerspruchsfrei erklärt werden.

In ähnlicher Weise lassen sich die wesentlichen Einflußgrößen auf das longitudinale und laterale Kraftübertragungsvermögen des Reifens, die Radvertikalkraft und die globale Reifen-Fahrbahn-Reibung, auf der Basis der elementaren Kontaktphysik von der konstruktiven Charakteristik des Reifens selbst separieren. Dadurch können überschaubare Modellansätze für die linearen und nichtlinearen Reifeneigenschaften sowie für die wechselseitigen Abhängigkeiten zwischen Kraft- und Bewegungsgrößen formuliert werden, die im Hinblick auf den Fahrzustand frei konfigurierbar sind und die wesentlichen Wirkgrößen in angemessener Genauigkeit wiedergeben. Die Analyse bringt u.a. zutage, daß die Radvertikalkraft, die sog. Radlast, in Form einer Parametererregung in die Dynamik des Reifen-Fahrbahn-Kontakts eingeht. Dies erklärt die aus umfangreichen experimentellen Untersuchungen bekannte Frequenz- und Amplitudenabhängigkeit des Radlasteinflusses [89] und liefert neue Ansatzpunkte zur ganzheitlichen Bewertung der Sicherheitsrelevanz von Radlastschwankungen, die sowohl der Intensität als auch der Frequenzzusammensetzung der Störgrößen Rechnung tragen.

Aus der Sicht der Modellbildung sind moderne Bremsregelungen in zweierlei Hinsicht interessant. Zum einen repräsentieren sie eine neue Klasse von interdisziplinären, mechatronischen Fahrzeugsubsystemen, indem sie neben den klassischen mechanischen Bauelementen zusätzlich sensorische Komponenten, rechnerbasierte elekronische bzw. digitale Regelungen und – im betrachteten Falle – elektrohydraulische Aktuatoren enthalten. Zweitens bedingen die hohen technischen Anforderungen, die hinsichtlich Regelgüte und Robustheit an eine Bremsregelung gestellt werden, daß praktisch alle Komponenten des Regelkreises im Bereich ihrer dynamischen Leistungsgrenzen betrieben werden müssen. Letzteres läßt sich auf der Basis der entwickelten Fahrzeug- und Reifenmodelle leicht zeigen und führt – in Verbindung mit dem etablierten Aktuatorprinzip einer volumetrischen Bremsdruckmodulation – zu konkreten Spezifikationen für die Dynamik des gesamten Bremsregelkreises.

Um zu klären, welche Potentialreserven im Bereich der Bremsregelung noch zu aktivieren sind, und wie die Regelstrategie und ggf. die Komponenten in diesem Sinne modifiziert werden können, ist es erforderlich, die funktionalen Streckenelemente durch entsprechende logische oder physikalische Modelle zu beschreiben. Zur Verifikation werden sowohl lokale, bauteilspezifische Meßinformationen als auch Gesamtfahrzeugversuche zugrunde gelegt. Dies führt schließlich auf ein System von Modellbausteinen, die sowohl die Regellogik als auch die Dynamik der Stellventile und der einzelnen Drossel-, Speicher-, Rohrleitungs- und Volumenelemente bis hin zum Radbremszylinder mit hoher Genauigkeit beschreiben. Neben präzisen Regelkreisanalysen erhält man die Möglichkeit, die für kritische Betriebszustände relevanten Wirkungsmechanismen zu identifizieren, um sie auf kompakte und damit für die Systementwicklung besser geeignete Beschreibungsformen abzubilden. Letzteres läßt sich anhand detaillierter Gesamtfahrzeugsimulationen in eindrucksvoller Weise dokumentieren.

Insgesamt führt die systematische Analyse des Fahrzeugs, des Reifens und der Bremsregelungen zu einer umfangreichen Modellbibliothek für fahrdynamische Untersuchungen, die letztlich die Invarianten der Fahrzeugdynamik und Fahrzeugsystemdynamik für die besprochenen Fachgebiete in komprimierter Form wiedergibt. Aus diesem Fundus kompatibler, wirkungsorientierter und weitgehend physikalischer Modellkomponenten können problemspezifische Systembeschreibungen konfiguriert werden, die alle im Sinne der vorliegenden Fragestellung wichtigen Zusammenhänge nachbilden, sonst aber so einfach wie möglich aufgebaut sind. Die Auswahl der relevanten Modellbausteine wird durch die genaue Angabe der jeweiligen Validitätsbereiche unterstützt und kann mit Hilfe detaillierter Gesamtfahrzeugsimulationen, die – im Gegensatz zum Fahrversuch – stets auch konkrete Einblicke in die inneren Wirkungszusammenhänge erlauben, leicht verifiziert und optimiert werden.

Das Konzept einer modellgestützten Fahrzeugdynamikanalyse führt schließlich zu systematischeren und effizienteren Lösungsstrategien, wie im letzten Abschnitt anhand praxisnaher Problemstellungen gezeigt wird. Wichtig ist dabei, daß die zugrunde gelegten Fahrzeug- und Komponentenmodelle vor allem das Problemverständnis vertiefen, indem sie die relevanten Interaktionen offenlegen. Dies gilt z.B. für die betrachteten Beschleunigungsspektren zur Komfortbewertung, deren charakteristische Minima mit Hilfe einfacher Modellüberlegungen auf Interferenzen infolge der Anregungseinkopplung zurückgeführt werden können – und damit eher im Zusammenhang mit der Fahrgeschwindigkeit als mit der vorliegenden Fahrwerksabstimmung zu sehen sind.

Sowohl bei der Konzeption von Wankstabilisierungen als auch bei der Entwicklung von Fahrzustandsmeßverfahren können die Modelle unmittelbar zur Herleitung der erforderlichen Algorithmen verwendet werden. Dies führt bei der aktiven Wankregelung einerseits zu vergleichsweise einfachen und überschaubaren Formalismen für die Zielfunktionen „Wankunterdrückung" und „invariantes Eigenlenkverhalten", ermöglicht andererseits aber auch direkte, quantitative Aussagen über den erreichten Stabilitätsgewinn und den Einfluß veränderter Umgebungsbedingungen. Zur Erfassung des Fahrzustands, d.h. des Schwimmwinkels und der Giergeschwindigkeit, wird ein modellgestütztes Meß- und Adaptionsverfahren auf der Basis einfacher Lenkwinkel- und Querbeschleunigungssignale entwickelt. Hier kommt das Potential einfacher, aber im Sinne ihres Wirkungsbeitrages geschickt kombinierter Modellformulierungen besonders zum Tragen, denn es zeigt sich, daß die interessierenden Kenngrößen bis in den Bereich der Kraftschlußgrenzen mit hoher Genauigkeit ermittelt werden können.

Eine ähnlich gute Übereinstimmung zwischen Modellvorhersagen und den Ergebnissen der Systemverifikation ergibt sich auch bei dem vorgeschlagenen Konzept zur direkten Kompensation bremskraftinduzierter Giermomente durch unterlagerte Lenkeingriffe. Schließlich wird bei einer weitergehenden Analyse des Problems der Bremsregelung klar, daß eine konsequente Systemmodellierung unmittelbar Ansätze zur Verbesserung des Streckenverhaltens aufzeigen kann. Zudem gelingt es, die für die Auslegung kritischen Betriebspunkte zu identifizieren und entsprechend spezialisierte Minimalmodelle der Streckendynamik abzuleiten, die unmittelbar zur Entwicklung und Parametrierung effizienter Reglerstrukturen geeignet sind. Die Ergebnisse zeigen gewisse Potentialreserven gegenüber konventionellen Bremsregelungen auf, belegen aber auch, daß deutliche Verbesserungen – vor allem mit Blick auf die Robustheit gegenüber Fahrbahnanregungen – nur durch eine leistungsfähigere Aktuatorik zu erzielen sind.

Die diskutierten Beispiele aus der Fahrdynamikanalyse und der Systemkonzeption verdeutlichen die Vorzüge modellorientierter Verfahren im Hinblick auf das Verständnis für die vorliegende Problemstellung, das Auffinden von Ansatzpunkten zur Systemgestaltung und die quantitative Beurteilung von Störeffekten. Vor diesem Hintergrund sollten die in den vorangehenden Abschnitten entwickelten Modellbausteine viele konstruktive Beiträge zur weiteren Verbesserung des Fahrzeugs und seiner sicherheits- und komfortrelevanten Komponenten liefern können.

Literatur

[1] Acker, B., Darenberg, W., u. Gall, H., *Aktive Federungen für Personenwagen*, Ölhydr. u. Pneum. 33(1989), 11, 874-877.

[2] Alberti, V., *Möglichkeiten der adaptiven Fahrwerksdämpfung im Kraftfahrzeug*, ATZ 93(1991), 5, 282-293.

[3] Ammon, D., *Linear and Nonlinear Approximation of Power Density Spectra with Linear Dynamical Filter Systems*, in: Manley, J., McKee, S. a. Owens, D., Proc. *Third European Conference on Mathematics in Industry*, August 28-31, 1988, Glasgow, Kluwer A. P. a. Teubner, Stuttgart, 1990, 217-223.

[4] Ammon, D., *Approximation und Generierung stationärer stochastischer Prozesse mittels linearer dynamischer Systeme*, Diss., Univ. Karlsruhe, 1989.

[5] Ammon, D., *Approximation and Generation of Gaussian and Non-Gaussian Stationary Processes*, in: Euromech 250 Colloq. *Nonlinear Structural Systems under Random Conditions*, June 19-23, 1989, Como, Structral Safety, (Elsevier S. P.,), 8(1990), 153-160.

[6] Ammon, D. a. Wedig, W., *Identification of Power Spectra – Linear and Nonlinear Approaches*, in: Proc. ICOSSAR '89 *Structural Safety and Reliability*, August 8-11, 1989, San Francisco, ICOSSAR-Paper No. T23D-05.

[7] Ammon, D., *Modellierung von Fahrbahnunebenheiten*, in: Natke, H. G., Neunzert, H. u. Popp, K., *Dynamische Probleme - Modellierung und Wirklichkeit*, Mitt. d. Curt-Risch-Inst., Hannover, 1990, 59-75.

[8] Ammon, D. u. Klein, W., *Numerisch gesicherte Approximation von Leistungsdichtespektren durch vollständige Filter*, ZAMM, 70(1990), T51-T52.

[9] Ammon, D. u. Bormann, V., *Zur Kohärenz zwischen den Unebenheitsanregungen an linker und rechter Fahrspur*, in: VDI-Tagungsbericht *Unebenheiten von Straße und Schiene als Schwingungsursache*, Braunschweig, 1991, VDI-Ber. Nr. 877, Düsseldorf, 1991, 103-118.

[10] Ammon, D., *Problems in Road Surface Modelling*, 12th IAVSD-Symp., Suppl. to *Vehicle System Dynamics*, Vol. 20, Swets a. Zeitlinger, Amsterdam, 1992, 28-41.

[11] Ammon, D., *Bremsregelungen und Zufallsstörungen*, ZAMM 73(1993), 4-5, T214-T217.

[12] Ammon, D., *Radlastschwankungen, Seitenführungsvermögen und Fahrsicherheit*, in: VDI-Tagungsbericht *Reifen, Fahrwerk, Fahrbahn*, Hannover, 1993, VDI-Ber. Nr. 1088, Düsseldorf, 1993, 243-252.

[13] Ammon, D., Apel, A., Mitschke, M. a. Schittenhelm, H., *Driver Behaviour Model for Longitudinal and Directional Control in Emergency Manoeuvres*, in: 5th Int. EAEC-Congress, Conference C *Active Safety, Components and Sub-Components*, June 21-23, 1995, Strasbourg, SIA-Paper No. 9506C12.

[14] Ammon, D. u. Meljnikov, D., *Nichtlineare, modellgestützte ABS-Regelkonzepte*, erscheint im Sonderheft *Regelungstechnik im Auto*, Z. Automatisierungstechnik, 1995.

[15] Ammon, D., Gipser, M., Rauh, J. u. Wimmer, J., *Effiziente Simulation der Gesamtsystemdynamik Reifen-Achse-Fahrwerk*, erscheint in: VDI-Tagungsbericht *Reifen, Fahrwerk, Fahrbahn*, Hannover, 1995, VDI-Verlag, Düsseldorf, 1995.

[16] Aschenbrenner, K. M., Biehl, B. u. Wurm, G. W., *Mehr Verkehrssicherheit durch bessere Technik? Felduntersuchungen zur Risikokompensation am Beispiel des Antiblockiersystems (ABS)*, BASt-Proj.-Ber. 8323, Bergisch Gladbach, 1992.

[17] Babbel, E., *Reifenmodell für die schnelle Berechnung von Kräften und Momenten*, in: VDI-Tagungsbericht *Reifen, Fahrwerk, Fahrbahn*, Hannover, 1987, VDI-Ber. Nr. 650, Düsseldorf, 1987, 217-238.

[18] Bakker, E., Nyborg, L. a. Pacejka, H. B., *Tyre Modelling for Use in Vehicle Dynamics Studies*, SAE-Paper No. 870421, 1987.

[19] Bisimis, E., *Influence of Antiskid Systems on Vehicle Directional Dynamics*, SAE-Paper No. 790455, 1979.

[20] Bleckmann, H.-W., Burgdorf, J., v. Grünberg, H.-E., Timtner, K. a. Weise, L., *The First Compact 4-Wheel Anti-Skid System with Integral Hydraulic Booster*, SAE-Paper No. 830483, 1983.

[21] Bleckmann, H.-W., a. Weise, L., *The new four-wheel anti-lock generation: a compact anti-lock and booster aggregate and an advanced electronic safety concept*, Proc. Instn. Mech. Engrs., Vol. 200, No. D4, 1986, 275-282.

[22] Böhm, F., *Zur Mechanik des Luftreifens*, Habil., Univ. Stuttgart, 1966.

[23] Böhm, F., Eichler, M. u. Klei, J., *Vergleich der Berechnung von dynamischen Rollvorgängen mit Messungen am Reifenprüfstand*, in: Natke, H. G., Neunzert, H. u. Popp, K., *Dynamische Probleme - Modellierung und Wirklichkeit*, Mitt. d. Curt-Risch-Inst., Hannover, 1990, 155-173.

[24] Böhm, F., *Reifenmodell für hochfrequente Rollvorgänge auf kurzwelligen Fahrbahnen*, in: VDI-Tagungsbericht *Reifen, Fahrwerk, Fahrbahn*, Hannover, 1993, VDI-Ber. Nr. 1088, Düsseldorf, 1993, 65-81.

[25] Böning, B., Folke, R. a. Franzke, K., *Traction Control (ASR) Using Fuel-Injection Suppression – A Cost Effective Method of Engine-Torque Control*, SAE-Paper No. 920641, 1992.

[26] Bösch, P., *Der Fahrer als Regler*, Diss., Univ. Wien, 1991.

[27] Böttiger, F. u. Reichelt, W., *Beitrag zur Bewertung der aktiven Sicherheit im Regelkreis Fahrer-Fahrzeug-Straße*, in: Anl. z. VDI-Tagungsbericht *Berechnung im Automobilbau*, Würzburg, 1988, VDI-Ber. Nr. 699, Düsseldorf, 1988.

[28] Bowman, J. E. a. Law, E. H., *A Feasibility Study of an Automotive Slip Control Braking System*, SAE-Paper No. 930762, 1993.

[29] Braun, H., *Untersuchungen von Fahrbahnunebenheiten und Anwendungen der Ergebnisse*, Diss., Univ. Braunschweig, 1969.

[30] Burckhardt, M., *Der Einfluß der Reifenkennlinie auf Signalverarbeitung und Regelverhalten von Fahrzeugen mit Anti-Blockier-Systemen*, Autom. Ind. 3/1987, 231-238.

[31] Burckhardt, M. u. Burg, H., *Berechnung und Rekonstruktion des Bremsverhaltens von PKW*, Information-Ambs, Kippenheim, 1988.

[32] Burkhart, H., *Untersuchungen zur fahrerrelevanten Reifenbeurteilung bei benetzten Fahrbahnoberflächen*, Diss., Univ. Karlsruhe, 1990.

[33] Buschmann, G., Ebner, T.-H. a. Kuhn, W., *Electronic Brake Force Distribution Control – A Sophisticated Addition to ABS*, SAE-Paper No. 920646, 1992.

[34] Chen, Z., *Menschliche und automatische Regelung der Längsbewegung von Personenkraftwagen*, Diss., Univ. Braunschweig, VDI-Fortschr.-Ber., 168(12), VDI-Verlag, Düsseldorf, 1992.

[35] Danner, M., Langwieder, K. u. Schmelzing, W., *Möglichkeiten und Probleme der Beurteilung der aktiven Fahrzeugsicherheit durch Auswertung des realen Unfallgeschehens*, VDI-Ber. Nr. 418, Düsseldorf, 1981, 139-146.

[36] Decker, H., Emig, R. a. Goebels, H., *Anti-Lock Braking System for Commercial Vehicles*, SAE-Paper No. 881821, 1988.

[37] Demel, H., *Möglichkeiten und Grenzen verschiedener Brems- und Antriebsschlupf-Regelsysteme für Pkw*, Autom. Ind. 5/1987, 551-556.

[38] Desens, J., *Verbesserung der Fahrstabilität von Pkw-Gespannen mit aktiv gesteuerten Lenkungen*, Diss., Univ. Berlin, 1991.

[39] Dettinger, J., Burckhardt, M. u. Grandel, J., *Notbremsungen aus hohen Ausgangsgeschwindigkeiten mit und ohne ABS*, Verkehrsunf. u. Fahrzeugtechn., 6/1991, 157-166.

[40] Dibbern, K., *Ermittlung eines Kennwerts für den ISO-Fahrspurwechsel in Versuch und Simulation*, Diss., Univ. Karlsruhe, VDI-Fortschr.-Ber., 164(12), VDI-Verlag, Düsseldorf, 1992.

[41] Dibbern, K., Laermann, F.-J. u. Matheis, A., *Zur Relevanz eines Fahrermodells bei der Analyse von Fahrzeugkonzepten*, Autom. Ind. 2/1992, 97-102.

[42] Dieckmann, T., *Erkenntnisse aus der bisherigen Entwicklung des schlupfbasierten Kraftschlußpotential-Meßsystems*, in: VDI-Tagungsbericht *Reifen, Fahrwerk, Fahrbahn*, Hannover, 1993, VDI-Ber. Nr. 1088, Düsseldorf, 1993, 329-344.

[43] Dreyer, A., Hoppe, P., Jacob, U. u. Maretzke, J., *IACD – Intelligent Computer Aided Driving*, Autom. Ind. 2/1990, 147-151.

[44] Dreyer, A. a. Heitzer, H.-D., *Control Strategies for Active Chassis Systems with Respect to Road Friction*, SAE-Paper No. 910660, 1991.

[45] Dreyer, A., *Das Fahrverhalten von Pkw bei gleichzeitigem Lenken und Bremsen*, ATZ 95(1993), 3, 144-150.

[46] Duckstein, H., Leinfellner, H. u. Sommer, H.-D., *Der VW-Transporter Syncro*, ATZ 87(1985), 9, 405-417.

[47] Eckel, H.-G., *Rollwiderstand und Verlustleistung von Personenwagenreifen auf unterschiedlich gekrümmter Fahrbahn*, Diss., Univ. Karlsruhe, 1985.

[48] Eichhorn, U. u. Roth, J., *Kraftschluß zwischen Reifen und Fahrbahn – Einflußgrößen und Erkennung*, in: VDI-Tagungsbericht *Reifen, Fahrwerk, Fahrbahn*, Hannover, 1991, VDI-Ber. Nr. 916, Düsseldorf, 1991, 169-183.

[49] Eichler, M. u. Oertel, C., *Zur Standardisierung der Schnittstelle zwischen Reifenmodellen und Fahrzeugmodellen*, ATZ 96(1994), 3, 184-188.

[50] Essers, U. u. v. Glasner, E.-C., *Bremsen in der Kurve mit und ohne ABS*, Autom. Ind. 1/1990, 19-25.

[51] Faog, W., Pankiewicz, E., Röser, C., Schmid, W. u. Troll, H., *Der neue BMW-Simulationsprüfstand für Antiblockiersysteme*, ATZ 96(1994), 1, 50-58.

[52] Färber, B., *Zuverlässigkeit und Gültigkeit technischer Hilfssysteme*, VDI-Ber. Nr. 1046, Düsseldorf, 1993, 241-246.

[53] Fatec GmbH, *ABS FaTec C2*, FaTec Fahrzeugtechnik GmbH, Publ. PC21D-9.89, Alzenau, 1989.

[54] Fiala, E., *Die Wechselwirkungen zwischen Fahrzeug und Fahrer*, ATZ 69(1967), 10, 345-348.

[55] Fiala, E., *Frequenzgänge für Fahrer und Fahrzeug*, Autom. Ind. 2/1970, 79-83.

[56] Fiala, E., *Reifen, Fahrer, Lenkverhalten*, VDI-Ber. Nr. 778, Düsseldorf, 1989, 397-423.

[57] Förster, H.-J., *Der Fahrzeugführer, ein Homo Instrumentalis*, VDI-Ber. Nr. 948, Düsseldorf, 1992, 379-443.

[58] Frühauf, F. u. Hennecke, D., *Fahrwerksregelung mit elektrohydraulischen Schwingungsdämpfern*, Ölhydr. u. Pneum. 33(1989), 9, 733-741.

[59] Fujita, K., Ohashi, K., Inoue, Y. a. Ise, K., *Development of automotive integrated control system*, in: EAEC-Tagungsbericht *Vehicle and Traffic Systems Technology*, Vol. 1, Strasbourg, 1993, VDI-Verl., Düsseldorf, 1993, 201-225.

[60] Gerstenmeier, J. a. Emig, R., *ABS electronics, current status and future prospects*, Proc. Instn. Mech. Engrs., IMechE-Paper No. C239/85, 1985.

[61] Gerz, U., *Auf dem Wege zu Grenzwerten für Fahrbahnunebenheiten – Teil 1 u. Teil 2*, Autom. Ind. 5/1987, 461-473 u. 6/1987, 649-657.

[62] Gipser, M., *Verbesserungsmöglichkeiten durch aktive Federungselemente aus theoretischer Sicht*, in: VDI-Tagungsbericht *Berechnung im Automobilbau*, Würzburg, 1986, VDI-Ber. Nr. 546, Düsseldorf, 1986, 63-84.

[63] Gipser, M., *DNS-Tire – ein dynamisches, räumliches, nichtlineares Reifenmodell*, in: VDI-Tagungsbericht *Reifen, Fahrwerk, Fahrbahn*, Hannover, 1987, VDI-Ber. Nr. 650, Düsseldorf, 1987, 115-135.

[64] Gipser, M., *Zur Modellierung des Reifens in CASCaDE*, in: Natke, H. G., Neunzert, H. u. Popp, K., *Dynamische Probleme - Modellierung und Wirklichkeit*, Mitt. d. Curt-Risch-Inst., Hannover, 1990, 41-57.

[65] Göhring, E., *Beitrag zum Entwicklungsstand des Nutzfahrzeugreifens unter besonderer Berücksichtigung des Kraftschlußverhaltens*, in: VDI-Tagungsbericht *Reifen, Fahrwerk, Fahrbahn*, Hannover, 1987, VDI-Ber. Nr. 650, Düsseldorf, 1987, 189-215.

[66] Görich, H.-J., Jacobi, S. u. Reuter, U., *Ermittlung des aktuellen Kraftschlußpotentials eines Pkws im Fahrbetrieb*, in: VDI-Tagungsbericht *Reifen, Fahrwerk, Fahrbahn*, Hannover, 1993, VDI-Ber. Nr. 1088, Düsseldorf, 1993, 299-328.

[67] Griffin, M. J., *Handbook of Human Vibration*, Academic Press, London, 1990.

[68] Hagiwara, T. a. Kaku, T., *Effect of Driving Conditions on Driver's Scanning Pattern*, JSAE-Rev., 13(1992), No. 4, 88-90.

[69] Harada, H. a. Iwasaki, T., *Stability Criteria an Evaluation of Steering Maneuver in Driver-Vehicle-System – Handling Stability against Crosswind Gusts*, JSAE-Rev., 13(1992), No. 4, 44-50.

[70] Hartmann, B., *Bremsen auf nassen Fahrbahnen*, in: VDI-Tagungsbericht *Reifen, Fahrwerk, Fahrbahn*, Hannover, 1991, VDI-Ber. Nr. 916, Düsseldorf, 1991, 185-215.

[71] Heath, A. N., *Modelling and Simulation of Road Roughness*, in: Anderson, R. J., *The Dynamics of Vehicles on Roads and on Tracks*, Proc. 11th IAVSD-Symp., Kingston, 1989, Swets a. Zeitlinger, Amsterdam, 1989, 275-284.

[72] Heeß, G. a. van Zanten, A., *System Approach to Vehicle Dynamic Control*, SAE-Paper No. 885107, 1988.

[73] Hennecke, D., Ziegelmeier, F. u. Baier, P., *Anpassung der Dämpferkennung an den Fahrzustand eines Pkw*, in: VDI-Tagungsbericht *Reifen, Fahrwerk, Fahrbahn*, Hannover, 1987, VDI-Ber. Nr. 650, Düsseldorf, 1987, 311-334.

[74] Heydinger, G. J., Garrott, W. R., Chrstos, J. P. a. Guenther, D. A., *A Methodology for Validating Vehicle Dynamics Simulations*, SAE-Paper No. 900128, 1990.

[75] Heydinger, G. J., Garrott, W. R. a. Chrstos, J. P., *The Importance of the Tire Lag on Simulated Transient Vehicle Response*, SAE-Paper No. 910235, 1991.

[76] *In der Obhut der Elektronik*, Autotechnik, 8/1993, 20-21.

[77] Inagaki, S., Inoue, H., Sato, S., Tabata, M. a. Kokubo, K., *Development of Feedforeward Control Algorithms for Active Suspension*, SAE-Paper No. 920270, 1992.

[78] Jonner, W.-D., Maisch, W., Mergenthaler, R. u. Sigl, A., *Antiblockiersystem und Antriebsschlupf-Regelung der fünften Generation*, ATZ 95(1993), 11, 572-580.

[79] Käding, W., Kalb, E., Müller, K., Drähne, E., Grave, L. u. Schröder, C., *Untersuchung des Einflusses von Reifen- und Fahrzeugparametern auf die Fahrzeugreaktionen bei kleinen Querbeschleunigungen (0,1-0,2 g) am Daimler-Benz Fahrsimulator*, in: VDI-Tagungsbericht *Reifen, Fahrwerk, Fahrbahn*, Hannover, 1993, VDI-Ber. Nr. 1088, Düsseldorf, 1993, 281-298.

[80] Kawakami, H., Sato, H., Tabata, M., Inoue, H. a. Itimaru, H., *Development of Integrated System Between Active Control Suspension, Active 4WS, TRC and ABS*, SAE-Paper No. 920271, 1992.

[81] Keßler, B., *Bewegungsgleichungen für Echtzeitanwendungen in der Fahrzeugdynamik*, Diss., Univ. Stuttgart, 1989.

[82] Klein, H.-C., *Pkw-ABV-Bremssysteme mit weiteren integrierten Funktionen*, Autom. Ind. 5/1989, 659-673.

[83] Knoflacher, H., *ABS-System – Die Auseinandersetzung zweier Weltbilder*, Z. Verkehrssich., 40(1994), 2, 87-88.

[84] Kollatz, M. u. Schulze, D. H., *Eine systematische Darstellung einfacher Reifenmodelle*, in: Stühler, W., *Fahrzeug Dynamik*, Vieweg, Braunschweig, 1988, 35-54.

[85] Konishi, J., Shiraishi, Y., Katada, K., Ito, H. a. Yokote, M., *Development of Electronically Controlled Air Suspension System*, SAE-Paper No. 881770, 1988.

[86] Kortüm, W. u. Lugner, P., *Systemdynamik und Regelung von Fahrzeugen*, Springer, Berlin, 1994.

[87] Krehan, P., *Reifenrollwiderstandsmessung auf der Straße*, in: VDI-Tagungsbericht *Reifen, Fahrwerk, Fahrbahn*, Hannover, 1989, VDI-Ber. Nr. 778, Düsseldorf, 1989, 233-248.

[88] Küçükay, F. u. Bock, C., *Geregelte Wandlerkupplung für den neuen 7er von BMW*, ATZ 96(1994), 11, 690-697.

[89] Laermann, J., *Seitenführungsverhalten von Kraftfahrzeugreifen bei schnellen Radlaständerungen*, Diss., Univ. Braunschweig, VDI-Fortschr.-Ber., 73(12), VDI-Verlag, Düsseldorf, 1986.

[90] Langwieder, K., Danner, M. u. Wrobel, M., *Ansatzpunkte zur Beurteilung des Fahrverhaltens in seiner Auswirkung auf das reale Unfallgeschehen*, VDI-Ber. Nr. 368, Düsseldorf, 1980, 299-309.

[91] Langwieder, K. u. Danner, M., *Möglichkeiten und Grenzen des Aussagebereichs zu Fragen der aktiven Sicherheit – Erkenntnisse einer Großzahluntersuchung von Pkw-Alleinunfällen*, FISITA-Paper No. 82107, 1982, 107.1-107.8.

[92] Leffler, H., *Die Automatische Stabilitäts-Control von BMW*, Autom. Rev. Nr. 28, 1989, 35-37.

[93] Leiber, H. a. Czinczel, A., *Antiskid System for Passenger Cars with a Digital Electronic Control Unit*, SAE-Paper No. 790458, 1979.

[94] Leiber, H. a. Czinczel, A., *Four Years of Experience with 4-Wheel Antiskid Brake Systems (ABS)*, SAE-Paper No. 830481, 1983.

[95] Lissel, E., *Praktische Erfahrungen mit einem Mikrowellen Doppler-Sensor zur Geschwindigkeits- und Wegmessung*, VDI-Berichte Nr. 741, 1989, 135-151.

[96] Lugner, P. a. Mittermayr, P., *A Measurement Based Tyre Characteristics Approximation*, in: *1st. International Colloquium on Tyre Models for Vehicle Dynamics Analysis*, IAVSD, Delft, October 21-22, 1991.

[97] Madau, D. P., Yuan, F., Davis, L. I. a. Feldkamp, L. A., *Fuzzy Logic Anti-Lock Brake Systems for a Limited Range Coefficient of Friction Surface,* IEEE-Paper No. 930614, 1993.

[98] Matschinsky, W., *Zur Analyse und Synthese räumlicher Einzelradaufhängungen,* ATZ 73(1971), 7, 247-254.

[99] Matsumoto, S., Yamaguchi, H., Inoue, H. a. Yasuno, Y., *Improvement of Vehicle Dynamics Through Braking Force Distribution Control,* SAE-Paper No. 920645, 1992.

[100] Meier-Dörnberg, K. E. u. Strackerjan, B., *Prüfstandsversuche und Berechnungen zur Querdynamik von Luftreifen,* Autom. Ind. 4/1977, 15-24.

[101] Meyer, W. E. u. Kummer, H. W., *Die Kraftübertragung zwischen Reifen und Fahrbahn,* ATZ 66(1964), 9, 245-250.

[102] Mitschke, M., *Dynamik der Kraftfahrzeuge,* Band B: Schwingungen, 2. Aufl., Springer, Berlin, 1984.

[103] Mitschke, M., Wallentowitz, H. u. Schwartz, E., *Vermeiden querdynamisch kritischer Fahrzustände durch Fahrzustandsüberwachung,* in: VDI-Tagungsbericht *Reifen, Fahrwerk, Fahrbahn,* Hannover, 1991, VDI-Ber. Nr. 916, Düsseldorf, 1991, 509-529.

[104] Mühlmeier, M., *Bewertung von Radlastschwankungen im Hinblick auf das Fahrverhalten von Pkw,* in: VDI-Tagungsbericht *Reifen, Fahrwerk, Fahrbahn,* Hannover, 1993, VDI-Ber. Nr. 1088, Düsseldorf, 1993, 83-97.

[105] Müller, A., Achenbach, W., Schindler, E., Wohland, T. u. Mohn, F.-W., *Das neue Fahrsicherheitssystem Electronic Stability Program von Mercedes-Benz,* ATZ 96(1994), 11, 656-670.

[106] Müller, E. u. Heißing, B., *Der neue Audi A8 – Teil 2,* ATZ 96(1994), 5, 274-284.

[107] Müller, P. C., Popp, K. u. Schiehlen, W. O., *Berechnungsverfahren für stochastische Fahrzeugschwingungen,* Ing.-Arch., 49(1980), 235-254.

[108] Nakayama, Y., Fumiaki, K., a. Shirai, K., *Development of Linear Hydraulic ABS,* JSAE-Rev., 14(1993), No. 1, 36-41.

[109] Nalepa, E. J., *Anwendungsbeispiele der Computermechanik aus der Entwicklung des Opel Vectra,* Autom. Ind. 1/1989, 91-98.

[110] Oehlerking, C., Oberlack, N., Sauer, J. u. Steinkopff, K.-H., *Wankausgleich – ein System zur Verbesserung von aktiver Sicherheit und Fahrkomfort,* ATZ 95(1993), 1, 20-24.

[111] Ohnuma, A. a. Metz, L. D., *Controllability and Stability Aspects of Actively Controlled 4WS Vehicles,* SAE-Paper No. 891977, 1989.

218   Literatur

[112] Ohyama, Y., *A Totally Integrated Vehicle Electronic Control System*, SAE-Paper No. 881772, 1988.

[113] Oikawa, T., Aoki, Y. a. Suzuki, Y., *Development of Vibrational Rate Sensor and Navigation System*, SAE-Paper No. 870215, 1987.

[114] Oppenheimer, P., *Antilock Braking Regulations*, SAE-Paper No. 860507, 1986.

[115] Pacejka, H. B., *Analysis of the Dynamic Response of a Rolling String-Type Tyre Model to Lateral Wheel-Plane Vibrations*, Veh. Syst. Dyn. 1(1972), 37-66.

[116] Pacejka, H. B., *Approximate Dynamic Shimmy Response of Pneumatic Tires*, Veh. Syst. Dyn. 2(1973), 49-60.

[117] Pacejka, H. B. a. Bakker, E., *The Magic Formula Tyre Modell*, in: *1st. International Colloquium on Tyre Models for Vehicle Dynamics Analysis*, IAVSD, Delft, October 21-22, 1991.

[118] Panik, F., *Fahrzeugkybernetik*, FISITA-Paper No. 845101, 1984, 3.273-3.284.

[119] Pilgrim, R., Rohardt, H. u. Srock, R., *911 Carrera 4, der Allrad-Porsche – Teil 1*, ATZ 90(1988), 11, 615-625.

[120] Popp, K. u. Schiehlen, W., *Fahrzeugdynamik – Eine Einführung in die Dynamik des Systems Fahrzeug-Fahrweg*, Teubner, Stuttgart, 1993.

[121] Pressel, J. u. Boros, I., *Eigenlenk-Kennfeld – Eine ergänzende Methode zur Fahrverhaltensuntersuchung*, in: VDI-Tagungsbericht *Reifen, Fahrwerk, Fahrbahn*, Hannover, 1991, VDI-Ber. Nr. 916, Düsseldorf, 1991, 491-508.

[122] Rauh, J., *Fahrdynamik-Simulation mit CASCaDE*, in: VDI-Tagungsbericht *Berechnung im Automobilbau*, Würzburg, 1990, VDI-Ber. Nr. 816, Düsseldorf, 1990, 599-608.

[123] Reichelt, W., *Ein adaptives Fahrermodell zur Bewertung der Fahrdynamik von Pkw in kritischen Situationen*, Diss., Univ. Braunschweig, 1990.

[124] Reimpell, J. u. Hoseus, K., *Fahrwerktechnik: Fahrzeugmechanik*, Vogel, Würzburg, 1989.

[125] Reimpell, J. u. Sponagel, P., *Fahrwerktechnik: Reifen und Räder*, Vogel, Würzburg, 1986.

[126] Rericha, I., *Methoden zur objektiven Bewertung des Fahrkomforts*, Autom. Ind. 2/1986, 175-182.

[127] Richter, B., *Entwicklungstrends bei aktiven Fahrwerksystemen*, in: VDI-Tagungsbericht *Berechnung im Automobilbau*, Würzburg, 1990, VDI-Ber. Nr. 816, Düsseldorf, 1990, 499-535.

[128] Riedel, A., *IPG-DRIVER – Ein Modell des realen Fahrers für den Einsatz in Fahrdynamik-Simulationsmodellen*, Autom. Ind. 6/1990, 655-662.

[129] Rill, G., *Instationäre Fahrzeugschwingungen bei stochastischer Erregung*, Diss., Univ. Stuttgart, 1983.

[130] Rill, G., *The Influence of Correlated Random Road Excitation Processes on Vehicle Vibration*, in: Hedrick, J. K., *The Dynamics of Vehicles on Roads and on Tracks*, Proc. 8th IAVSD-Symp., Cambridge, 1983, Swets a. Zeitlinger, Amsterdam, 1984, 449-459.

[131] Rill, G., *Steady State Cornering on Uneven Roadways*, SAE-Paper No. 860575, 1985.

[132] Rill, G., *Demands on Vehicle Modelling*, in: Anderson, R. J., *The Dynamics of Vehicles on Roads and on Tracks*, Proc. 11th IAVSD-Symp., Kingston, 1989, Swets a. Zeitlinger, Amsterdam, 1989, 451-460.

[133] Rill, G. *Simulation von Kraftfahrzeugen*, Vieweg, Braunschweig, 1994.

[134] Rompe, R. u. Heißing, B., *Objektive Testverfahren für die Fahreigenschaften von Kraftfahrzeugen*, TÜV-Rheinland, Köln, 1984.

[135] Rompe, K. u. Ehlich, J., *Zum Stand der objektiven Bewertung von Reifen- und Fahrwerkeigenschaften*, in: VDI-Tagungsbericht *Reifen, Fahrwerk, Fahrbahn*, Hannover, 1987, VDI-Ber. Nr. 650, Düsseldorf, 1987, 155-172.

[136] Rompe, K., *Schwingungen, Fahrsicherheit und Fahrerbeanspruchung in modernen Pkw*, Verkehrsunf. u. Fahrzeugtechn., 4/1991, 113-116.

[137] Satoh, M. a. Shiraishi, S., *Performance of Antilock Brakes with Simplified Control Technique*, SAE-Paper No. 830484, 1983.

[138] Schieschke, R., *RALPHS – ein effizientes Rechenmodell zur Ermittlung von Reifenkräften auf physikalischer Basis*, Autom. Ind. 4/1986, 459-462.

[139] Schieschke, R. u. Gnadler, R., *Modellbildung und Simulation von Reifeneigenschaften*, in: VDI-Tagungsbericht *Reifen, Fahrwerk, Fahrbahn*, Hannover, 1987, VDI-Ber. Nr. 650, Düsseldorf, 1987, 95-114.

[140] Schieschke, R., *Zur Relevanz der Reifendynamik in der Fahrzeugsimulation*, in: VDI-Tagungsbericht *Reifen, Fahrwerk, Fahrbahn*, Hannover, 1989, VDI-Ber. Nr. 778, Düsseldorf, 1989, 249-264.

[141] Schieschke, R., *Reifendynamik, Fahrzeugstabilität und Allradlenkung – eine Untersuchung mit IPG-Tire*, Autom. Ind. 3/1991, 237-244.

[142] Seifert, *Nicht immer sind die Bremswege mit ABS kürzer*, Krafthand, 63(1990), 9, 752-753.

[143] Simić, D., *Beitrag zur Optimierung der Schwingungseigenschaften des Fahrzeugs*, Diss., Univ. Berlin, 1970.

[144] Schmidt, A. u. Wolz, U., *Nichtlineare räumliche Kinematik von Rad-aufhängungen – kinematische und dynamische Untersuchungen mit dem Programmsystem MESA VERDE*, Autom. Ind. 6/1989, 639-644.

[145] Schmidt, A., *Methoden und Werkzeuge zur Erstellung von fahrdynamischen Simulationsmodellen*, Autom. Ind. 1/1989, 83-89.

[146] Schnelle K.-P., *Simulationsmodelle für die Fahrdynamik von Personen-kraftwagen unter Berücksichtigung der nichtlinearen Fahrwerkskinematik*, Diss., Univ. Stuttgart, VDI-Fortschr.-Ber., 146(12), VDI-Verlag, Düssel-dorf, 1990.

[147] Schulze, B.-G., *Entwicklung eines Antiblockiersystems mit Hilfe von Hardware in the loop*, Autom. Ind. 4-5/1991, 327-331.

[148] Schuster, H. u. Horn, R., *Der Corrado von Volkswagen – Teil 1*, ATZ 91(1989), 6, 297-302.

[149] Sharp, R. S. a. Hassan, J. H., *Performance predictions for a pneumatic active car suspension system*, Proc. Instn. Mech. Engrs., Vol. 202, No. D4, 1988, 243-250.

[150] Shinozuka, M., *Digital Simulation of Random Processes and its Applications*, J. Sound Vibr., 25(1972), 111-128.

[151] Sievert, W., *Einfluß moderner Elektroniksysteme im Kraftfahrzeug auf die Unfallstatistik*, Z. Verkehrssich., 40(1994), 2, 72-82.

[152] Stoddart, P., *Stop and Steer – Antilock Brakes Surveyed*, Car Design a. Technology, 8(1992), 34-38.

[153] Strackerjan, B., *Die Querdynamik von Kraftfahrzeugreifen*, VDI-Ber. Nr. 269, Düsseldorf, 1976, 67-76.

[154] Tibken, M. *Ein neues ABS nach dem Plunger-Prinzip*, ATZ 92(1990), 1, 40-46.

[155] Uffelmann, F., *AUTODYN – ein digitales Simulationsrechenprogramm für die Fahrdynamik von Personenkraftwagen*, Teil 1 u. Teil 2, ATZ 86(1984), 2, 41-46 u. 5, 243-246.

[156] Voy, C., *Die Simulation vertikaler Fahrzeugschwingungen*, Diss., Univ. Braunschweig, VDI-Fortschr.-Ber., 30(12), VDI-Verlag, Düsseldorf, 1977.

[157] Wallentowitz, H., *Geregelte Fahrwerke*, Autom. Ind. 6/1989, 805-819.

[158] Wallentowitz, H., Donges, E. u. Wimberger, J., *Die Aktive-Hinterachs-Kinematik (AHK) des BMW 850 Ci, 850 CSi*, ATZ 94(1992), 12, 618-628.

[159] Wang, Y. Q., *Ein Simulationsmodell zum dynamischen Schräglaufverhal-ten von Kraftfahrzeugreifen bei beliebigen Felgenbewegungen*, Diss., Univ. Karlsruhe, VDI-Fortschr.-Ber., 189(12), VDI-Verlag, Düsseldorf, 1993.

[160] Wang, Y. Q., Gnadler, R. u. Schieschke, R., *Einlaufverhalten und Relaxationslänge von Automobilreifen*, ATZ 96(1994), 4, 214-222.

[161] Watanabe, K., Kobayashi, K. a. Cheok, K. C., *Absolute Speed Measurement of Automobile from Noisy Acceleration and Erroneous Wheel Speed Information*, SAE-Paper No. 920644, 1992.

[162] Weber, R., *Reifenführungskräfte bei schnellen Änderungen von Schräglauf und Schlupf*, Habil., Univ. Karlsruhe, 1981.

[163] Weber, R., *Beitrag zum Übertragungsverhalten zwischen Schlupf und Reifenführungskräften*, Autom. Ind. 4/1981, 449-458.

[164] Wermann, K.-U., Ernesti, S. u. Breuer, B., *Meßanhänger für die Ermittlung des Kraftschlusses von Nutzfahrzeugreifen*, ATZ 94(1992), 12, 656-661.

[165] Williams, A. R., Kemp, I. a. Walker, J. C., *The Tyre – An Intermediary between Road and Vehicle*, Kautschuk u. Gummi-Kunststoffe, 42(1989), 616-620.

[166] Willumeit, H.-P., *Seitenkraftverlust des schräg rollenden Reifens unter harmonisch veränderlichen Radlasten und konstantem Schräglaufwinkel*, Autom. Ind. 4/1970, 79-84.

[167] Witte, L. u. Gorissen, W., *Beeinflussung der Fahreigenschaften durch den Antrieb*, in: VDI-Tagungsbericht *Reifen, Fahrwerk, Fahrbahn*, Hannover, 1987, VDI-Ber. Nr. 650, Düsseldorf, 1987, 259-282.

[168] Wolz, U., *Dynamik von Mehrkörpersystemen – Theorie und symbolische Programmierung*, Diss., Univ. Karlsruhe, VDI-Fortschr.-Ber., 75(11), VDI-Verlag, Düsseldorf, 1985.

[169] Yoshimoto, K., Tsurumaki, Y., Nakagawa, J. a. Tanaka, M., *Modelling of Driver Behavior when Negotiating a Curve*, JSAE-Rev., 13(1992), No. 4, 90-93.

[170] van Zanten, A., Ruf, W. D. a. Lutz, A., *Measurement and Simulation of Transient Tire Forces*, SAE-Paper No. 890640, 1989.

[171] van Zanten, A., Erhardt, R. u. Pfaff, G., *FDR – Die Fahrdynamikregelung von Bosch*, ATZ 96(1994), 11, 674-689.

[172] Zeitz, M., *The extended Luenberger observer for nonlinear systems*, Syst. a. Contr. Lett., 9(1987), 149-156.

[173] Zierep, J., *Grundzüge der Strömungslehre*, Braun, Karlsruhe, 1979.

[174] Zipkes, E., *Das Phänomen ansteigender Griffigkeitskoeffizienten bei hohen Geschwindigkeiten*, Verkehrsunf. u. Fahrzeugtechn., 28(1990), 101-106.

[175] Zomotor, A., *Fahrwerktechnik: Fahrverhalten*, Vogel, Würzburg, 1987.

Formelzeichen

Im folgenden sind die wichtigsten Formelzeichen sowie die zugehörigen (üblichen) Maßeinheiten in alphabetischer Reihenfolge zusammengestellt:

Größe	Einheit	Bedeutung
$\alpha, \alpha_{...}$	$Grad, rad$	Reifen-Schräglauf (-winkel)
α	$-$	normierte Öffnung eines Hydraulikventils
A	m^2	Querschnittsfläche einer Systemkomponente
a_l	m/s^2	Fahrzeug-Längsbeschleunigung
a_q, a_y	m/s^2	Fahrzeug-Querbeschleunigung
α_{max}	$Grad, rad$	Schräglaufwinkel im Seitenkraftmaximum
α_h	$Grad, rad$	Schräglaufwinkel der Hinterachse
α_v	$Grad, rad$	Schräglaufwinkel der Vorderachse
β	$Grad, rad$	Schwimmwinkel
β	$1/bar$	Kompressibilität eines Hydraulikmediums
c_α	N	Cornering Stiffness, ggf. auch achsbezogen
c_D	$bar/(l/min)^2$	Strömungswiderstand einer Hydraulikkomponente
c_l	N	Längssteife bzw. -Stiffness eines Reifens
c_s	N/m	Reifenfedersteifigkeit in Längsrichtung
c_s	Nm/rad	Fahrzeug-Wankfedersteife aufgrund der Stabilisatoren
c_w	Nm/rad	Fahrzeug-Wankfedersteife aufgrund der Aufbaufederung
c_y	N/m	Reifenfedersteifigkeit in Querrichtung
$c_{y,h}$	N/m	summarische Reifenquerfedersteifigkeit der Hinterachse
$c_{y,v}$	N/m	summarische Reifenquerfedersteifigkeit der Vorderachse
c_z	N/m	Reifenvertikalfedersteife
$\gamma(...)$	$-$	Kohärenzfunktion (Beschr. von Fahrbahnunebenheiten)
D	$-$	Lehr'sches Dämpfungsmaß
δ_F	$Grad, rad$	Lenkradwinkel
δ	$Grad, rad$	Spurwinkel (Lenkwinkel am Rad)
EG	$Grad/(m/s^2)$	Eigenlenkgradient (bzgl. Radlenkwinkel)
$f_{...}$	Hz	(meist) Eigenfrequenz einer Komponente
F_k	N	Klemmkraft bzw. Normalkraft einer Reibungsbindung
F_l, F_x	N	Längskraft (bzgl. Reifen, Achse oder Fahrzeug)
F_M	N	Kraft infolge elektromagnetischen Feldes
F_q, F_y	N	Seitenkraft (bzgl. Reifen, Achse oder Fahrzeug)
F_v, F_z	N	Vertikalkraft (bzgl. Reifen, Achse oder Fahrzeug)

Größe	Einheit	Bedeutung
$f(\ldots)$	–	normierte Längskraftkennlinie eines Reifens
ϕ	$Grad, rad$	Nickwinkel: Drehwinkel um die Querachse
g	m/s^2	Gravitationskonstante ($g = 9.81\, m/s^2$)
$g(\ldots)$	–	normierte Seitenkraftkennlinie eines Reifens
h	–	Index zur Kennzeichnung der Hinterachse
h_s	m	Schwerpunkthöhe bzgl. Fahrbahnniveau
h_w	m	Höhe des Wankpols bzgl. Fahrbahnniveau
i	A	elektrische Stromstärke
j	–	komplexes Argument: $j = \sqrt{-1}$
J	$kg\, m^2$	Rotationsträgheitsmoment eines Rades
J_ϕ	$kg\, m^2$	Nickträgheitsmoment
J_κ	$kg\, m^2$	Wankträgheitsmoment
J_ψ	$kg\, m^2$	Gierträgheitsmoment
κ	$Grad, rad$	Wankwinkel: Drehwinkel um die Längsachse
κ	–	Exponent einer Ventilkennlinie
k_1, k_2	bar/s	Verstärkungsfaktoren für Bremsdruckauf- und -abbau
k_b	Nm/bar	Radbremszylinder-Verstärkung
k_w	Nms/rad	Fahrzeug-Wankdämpfung
K_ψ	$1/s$	Gierverstärkung (bzgl. der Radlenkwinkel)
l	–	Index der Längsrichtung oder der linken Fahrzeugseite
l_e	m	Einlauflänge eines Reifens
l_h	m	Abstand zwischen Schwerpunkt und Hinterachse
l_l	m	Radstand: Abstand zwischen Vorder- und Hinterachse
l_s	m	Spurweite: Abstand zw. den Radmittelebenen einer Achse
l_v	m	Abstand zwischen Schwerpunkt und Vorderachse
m, M	kg	Fahrzeugmasse bzw. anteilige Fahrzeugmasse
μ	–	Kraftschlußbeiwert
M_a	Nm	Antriebsmoment am Rad
M_b	Nm	Bremsmoment am Rad
μ_{gleit}	–	Kraftschlußbeiwert eines Reifens im Zustand Gleiten
μ_{max}	–	maximaler Kraftschlußbeiwert eines Reifens
M_R	Nm	Reibungsmoment (im Sinne von Coulomb-Reibung)
ω	rad/s	Raddrehgeschwindigkeit
ω	$1/s$	Kreisfrequenz (bei Frequenzbereichsanalysen)
Ω	$1/m$	Wegkreisfrequenz (z. Beschr. von Fahrbahnunebenheiten)
ω_g	$1/s$	Grenzfrequenz einer Komponente
p	bar	Druck (in einer Hydraulikkomponente)
p_b	bar	wirksamer Bremsdruck am Rad
p_F	bar	fahrerseitig eingestellter Bremsdruck

Größe	Einheit	Bedeutung
p_0	bar	Basisdruck in einem Hydrauliksystem
q	$-$	Index zur Kennzeichnung der Querrichtung
r	$-$	Index zur Kennzeichnung der rechten Fahrzeugseite
ρ	kg/dm^3	Dichte eines Mediums
r_{dyn}	m	dynamischer Rollradius eines Reifens
r_{stat}	m	Reifenradius bei statischer Einfederung unter Betriebslast
r_0	m	Reifenkonturradius (ohne Last)
s	$\%, -$	Schlupf: bezogene Reifengleitgeschwindigkeit
s	l/min	Volumenstrom (über eine Hydraulikkomponente)
s_{max}	$\%, -$	Schlupf im Umfangskraftmaximum
S_ξ	cm^3	Leistungsdichtespektrum einer unebenen Fahrbahn
t	s	Zeit
Δt	s	Zeitschrittweite zur numerischen Integration
u	V	elektrische Spannung
V	m^3	Volumenaufnahme einer Systemkomponente
v	$-$	Index zur Kennzeichnung der Vorderachse
v, v_l	$m/s, km/h$	Fahrzeug-Längsgeschwindigkeit
v_q, v_y	$m/s, km/h$	Fahrzeug-Quergeschwindigkeit
x	m	Ortskoordinate in Längs- bzw. Umfangsrichtung
ξ_x	m	(meist) Fahrbahnhöhe an der Stelle x
y	m	Ortskoordinate in Querrichtung
ψ	$Grad, rad$	Gierwinkel: Drehwinkel um die Vertikalachse
$\dot{\psi}$	rad/s	Giergeschwindigkeit
z	m	Ortskoordinate in Vertikalrichtung
z	m	Fahrzeugvertikalauslenkung bzgl. Betriebsposition
ζ	m	Radvertikalauslenkung bzgl. Betriebsposition

Sachverzeichnis

Popp/Schiehlen
Fahrzeugdynamik

**Eine Einführung
in die Dynamik des Systems
Fahrzeug - Fahrweg**

Die Fahrzeugdynamik befaßt sich mit der mechanischen Modellierung und der mathematischen Beschreibung landgestützter Fahrzeugsysteme. Ziel ist die Bereitstellung aussagekräftiger Modelle, deren Gleichungen sich analytisch oder numerisch zuverlässig lösen lassen. Damit können Parameterstudien und Simulationsergebnisse neuer Fahrzeugkonstruktionen mit dem Rechner gewonnen werden, lange bevor der erste Prototyp gebaut wird. Der Trend zu kürzeren Entwicklungszeiten und einer großen Variantenvielfalt verlangen heute vom Ingenieur umfassende Berechnungen, für die dieses Buch die Grundlagen vermittelt. Das Grundkonzept beruht auf einer Modularisierung der Fahrzeugteilsysteme mit standardisierten Schnittstellen: Fahrzeugaufbauten, Trag- und Führsysteme und Fahrwegbeschreibungen sind die Komponenten vollständiger Fahrzeug-Fahrweg-Systeme, die durch entsprechende Beurteilungskriterien ergänzt werden. Mathematische Berechnungsmethoden für das resultierende Gesamtsystem werden aufgezeigt. Die der anspruchsvollen Aufgabenstellung entsprechenden theoretischen Verfahren werden am Beispiel einfacher Longitudinal-, Lateral- und Vertikalbewegungen verdeutlicht. Eine Vielzahl von Aufgaben mit ausführlichen Lösungen erleichtern das Verständnis der Theorie und fördern die Anschauung.

Von Prof. Dr.-Ing.
Karl Popp
Universität Hannover
und Prof. Dr.-Ing. Dr. h.c.
Werner Schiehlen
Universität Stuttgart

1993. 308 Seiten.
16,2 x 22,9 cm.
Geb. DM 88,–
ÖS 642,– / SFr 79,–
ISBN 3-519-02373-3

(Leitfäden der angewandten
Mathematik und Mechanik,
Bd. 70)

Preisänderungen vorbehalten.

B.G.Teubner Stuttgart · Leipzig